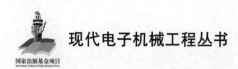
现代电子机械工程丛书

电子设备的先进制造技术

黄 进 赵鹏兵 王建军 孟凡博 编著

U0281308

电子工业出版社
Publishing House of Electronics Industry
北京·BEIJING

内 容 简 介

本书以电子设备先进制造为主线，系统介绍了典型电子设备部件的制造技术，如低温共烧陶瓷基板制造，散热冷板、波导、天线等金属部件的增材制造，以及柔性电子和复合材料成形技术，重点阐述了微滴喷射成形机理、方法和一体化喷射成形制造的工艺与装备。全书共 8 章，包括绪论、低温共烧陶瓷基板制造技术、金属部件的增材制造技术、微滴喷射成形技术、微滴喷射烧结固化技术、曲面部件一体化喷射成形技术、柔性电子增材制造技术、复合材料成形技术，并给出了金属部件、共形承载天线、频率选择表面天线罩增材制造的典型案例。

本书可作为高等院校电子机械工程专业教师、研究生及高年级本科生的教材和参考书，也可供从事电子装备设计、制造、运维等工作的技术人员参考。

图书在版编目（CIP）数据

电子设备的先进制造技术 / 黄进等编著. -- 北京 ：

电子工业出版社，2025. 2. --（现代电子机械工程丛书

）. -- ISBN 978-7-121-48932-7

Ⅰ. TN05-39

中国国家版本馆 CIP 数据核字第 2024WT7378 号

责任编辑：张佳虹
印　　刷：天津千鹤文化传播有限公司
装　　订：天津千鹤文化传播有限公司
出版发行：电子工业出版社
　　　　　北京市海淀区万寿路 173 信箱　邮编：100036
开　　本：787×1 092　1/16　印张：13.75　字数：352 千字
版　　次：2025 年 2 月第 1 版
印　　次：2025 年 2 月第 1 次印刷
定　　价：79.00 元

凡所购买电子工业出版社图书有缺损问题，请向购买书店调换。若书店售缺，请与本社发行部联系，联系及邮购电话：（010）88254888，88258888。

质量投诉请发邮件至 zlts@phei.com.cn，盗版侵权举报请发邮件至 dbqq@phei.com.cn。

本书咨询联系方式：zhangjh@phei.com.cn，（010）88254493。

电子机械工程的主要任务是进行面向电性能的高精度、高性能机电装备机械结构的分析、设计与制造技术的研究。

高精度、高性能机电装备主要包括两大类：一类是以机械性能为主、电性能服务于机械性能的机械装备，如大型数控机床、加工中心等加工装备，以及兵器、化工、船舶、农业、能源、挖掘与掘进等行业的重大装备，主要是运用现代电子信息技术来改造、武装、提升传统装备的机械性能；另一类则是以电性能为主、机械性能服务于电性能的电子装备，如雷达、计算机、天线、射电望远镜等，其机械结构主要用于保障特定电磁性能的实现，被广泛应用于陆、海、空、天等各个关键领域，发挥着不可替代的作用。

从广义上讲，这两类装备都属于机电结合的复杂装备，是机电一体化技术重点应用的典型代表。机电一体化（Mechatronics）的概念，最早出现于 20 世纪 70 年代，其英文是将 Mechanical 与 Electronics 两个词组合而成，体现了机械与电技术不断融合的内涵演进和发展趋势。这里的电技术包括电子、电磁和电气。

伴随着机电一体化技术的发展，相继出现了如机-电-液一体化、流-固-气一体化、生物-电磁一体化等概念，虽然说法不同，但实质上基本还是机电一体化，目的都是研究不同物理系统或物理场之间的相互关系，从而提高系统或设备的整体性能。

高性能机电装备的机电一体化设计从出现至今，经历了机电分离、机电综合、机电耦合等三个不同的发展阶段。在高精度与高性能电子装备的发展上，这三个阶段的特征体现得尤为突出。

机电分离（Independent between Mechanical and Electronic Technologies，IMET）是指电子装备的机械结构设计与电磁设计分别、独立进行，但彼此间的信息可实现在（离）线传递、共享，即机械结构、电磁性能的设计仍在各自领域独立进行，但在边界或域内可实现信息的共享与有效传递，如反射面天线的机械结构与电磁、有源相控阵天线的机械结构-电磁-热等。

需要指出的是，这种信息共享在设计层面仍是机电分离的，故传统机电分离设计固有的诸多问题依然存在，最明显的有两个：一是电磁设计人员提出的对机械结构设计与制造精度的要求往往太高，时常超出机械的制造加工能力，而机械结构设计人员只能千方百计地满足其要求，带有一定的盲目性；二是工程实际中，又时常出现奇怪的现象，即机械结构技术人员费了九牛二虎之力设计、制造出的满足机械制造精度要求的产品，电性能却不满足；相反，机械制造精度未达到要求的产品，电性能却能满足。因此，在实际工程中，只好采用备份的办法，最后由电调来决定选用哪一个。这两个长期存在的问题导致电子装备研制的性能低、周期长、成本高、结构笨重，这已成为制约电子装备性能提升并影响未来装备研制的瓶颈。

随着电子装备工作频段的不断提高，机电之间的互相影响越发明显，机电分离设计遇到的问题越来越多，矛盾也越发突出。于是，机电综合（Syntheses between Mechanical and Electronic Technologies，SMET）的概念出现了。机电综合是机电一体化的较高层次，它比机电分离前进了一大步，主要表现在两个方面：一是建立了同时考虑机械结构、电磁、热等性能的综合设计的数学模型，可在设计阶段有效消除某些缺陷与不足；二是建立了一体化的有限元分析模型，如在高密度机箱机柜分析中，可共享相同空间几何的电磁、结构、温度的数值分析模型。

自 21 世纪初以来，电子装备呈现出高频段、高增益、高功率、大带宽、高密度、小型化、快响应、高指向精度的发展趋势，机电之间呈现出强耦合的特征。于是，机电一体化迈入了机电耦合（Coupling between Mechanical and Electronic Technologies，CMET）的新阶段。

机电耦合是比机电综合更进一步的理性机电一体化，其特点主要包括两点：一是分析中不仅可实现机械、电子、热学的自动数值分析与仿真，而且可保证不同学科间信息传递的完备性、准确性与可靠性；二是从数学上导出了基于物理量耦合的多物理系统间的耦合理论模型，探明了非线性机械结构因素对电性能的影响机理。其设计是基于该耦合理论模型和影响机理的机电耦合设计。可见，机电耦合与机电综合相比具有不同的特点，并且有了质的飞跃。

从机电分离、机电综合到机电耦合，机电一体化技术发生了鲜明的代际演进，为高端装备设计与制造提供了理论与关键技术支撑，而复杂装备制造的未来发展，将不断趋于多物理场、多介质、多尺度、多元素的深度融合，机械、电气、电子、电磁、光学、热学等将融于一体，巨系统、极端化、精密化将成为新的趋势，以机电耦合为突破口的设计与制造技术也将迎来更大的挑战。

随着新一代电子技术、信息技术、材料、工艺等学科的快速发展，未来高性能电子装备的发展将呈现两个极端特征：一是极端频率，如对潜通信等应用的极低频段，天基微波辐射天线等应用的毫米波、亚毫米波乃至太赫兹频段；二是极端环境，如南北极、深空与临近空间、深海等。这些都对机电耦合理论与技术提出了前所未有的挑战，亟待开展如下研究。

第一，电子装备涉及的电磁场、结构位移场、温度场的场耦合理论模型（Electro-Mechanical Coupling，EMC）的建立。因为它们之间存在相互影响、相互制约的关系，需在已有基础上，进一步探明它们之间的影响与耦合机理，廓清多场、多域、多尺度、多介质的耦合机制，以及多工况、多因素的影响机理，并将其表示为定量的数学关系式。

第二，电子装备存在的非线性机械结构因素（结构参数、制造精度）与材料参数，对电子装备电磁性能影响明显，亟待进一步探索这些非线性因素对电性能的影响规律，进而发现它们对电性能的影响机理（Influence Mechanism，IM）。

第三，机电耦合设计方法。需综合分析耦合理论模型与影响机理的特点，进而提出电子装备机电耦合设计的理论与方法，这其中将伴随机械、电子、热学各自分析模型以及它们之间的数值分析网格间的滑移等难点的处理。

第四，耦合度的数学表征与度量。从理论上讲，任何耦合都是可度量的。为深入探索多物理系统间的耦合，有必要建立一种通用的度量耦合度的数学表征方法，进而导出可定量计算耦合度的数学表达式。

第五，应用中的深度融合。机电耦合技术不仅存在于几乎所有的机电装备中，而且在高端装备制造转型升级中扮演着十分重要的角色，是迭代发展的共性关键技术，在装备制造业的发展中有诸多重大行业应用，进而贯穿于我国工业化和信息化的整个历史进程中。随着新科技革命与产业变革的到来，尤其是以数字化、网络化、智能化为标志的智能制造的出现，工业化和信息化的深度融合势在必行，而该融合在理论与技术层面上则体现为机电耦合理论的应用，由此可见其意义深远、前景广阔。

本丛书是从事电子机械工程领域专家们集体智慧的结晶，是长期工作成果的总结和展示。专家们既要完成繁重的科研任务，又要于百忙中抽时间保质保量地完成书稿，工作十分辛苦。在此，我代表丛书编委会，向各分册作者与审稿专家深表谢意！

丛书的出版，得到了电子机械工程分会、中国电子科技集团公司第十四研究所等单位领导的大力支持，得到了电子工业出版社及参与编辑们的积极推动，得到了丛书编委会各位同志的热情帮助，借此机会，一并表示衷心感谢！

中国工程院院士

中国电子学会电子机械工程分会主任委员　段宝岩

2024 年 4 月

前言

Foreword

为满足电子信息系统高频段、高增益，高密度、小型化的发展需求，高性能电子设备正朝着功能综合化和结构功能一体化方向发展，其关键部件中结构部分和电磁/电路部分高度融合，传统机电分离的制造方法已不能满足其研制需求。其承载防护、散热、微波电路和辐射天线高度融合，如果采用传统的电路/天线和承载/散热结构先分别制造再组装的方式，不仅曲面电路成形困难、制造工艺复杂、成品率低，而且性能难以得到保证。因此，亟须攻克高性能电子设备机电集成制造关键技术。

正是针对这一迫切需求，作者从 2012 年起，在国家重点基础研究发展计划（973 计划）项目、国家自然科学基金重点项目和国防基础科研重点项目的支持下，组建了由高校师生和电子设备骨干研究所技术人员组成的研究团队，对低温共烧陶瓷基板、共形承载天线、频率选择表面天线罩制造技术开展了持续研究，研制了系列共形电子一体化成形制造设备，并在典型工程案例中得到了成功应用。

本书是作者及团队近十年来在电子设备制造技术领域科研工作的总结，除署名作者外，还包括其他博士后及博士生的工作，如龚宏萧、梁超余、平补、刘正华等，在此特向他们表示衷心的感谢。此外，书中也介绍了柔性电子和复合材料成形方面的研究现状与成果。

作者还特别感谢段宝岩院士及中国电子学会电子机械工程分会长期以来给予的指导和帮助。

由于作者水平有限，书中难免存在不足之处，敬请读者批评指正。

黄 进

2024 年 6 月 6 日

目录

Contents

第 1 章

绪论

1.1 电子设备概述

电子设备通常指由各类电子器件和（或）机电部件，以及相应的控制软件组成，具备信息感知、处理、存储、通信和控制功能的设备，包括探测设备、通信设备、导航设备、对抗设备等。电子设备广泛应用于国民经济和国防建设各领域，如图 1.1 所示。各类电子设备不仅是信息化的物理载体，而且是信息化水平的重要标志。

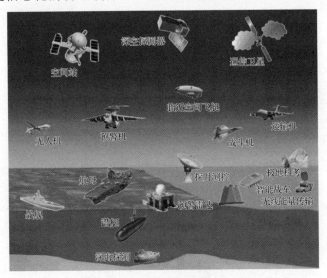

图 1.1 典型电子设备应用领域

电子设备通常由电子系统和机械结构组成，电子系统包括电源、模拟/数字/射频电路、天线等，机械结构包括支撑/防护结构、伺服系统等。随着电子设备朝着高增益、高频段、高密度、小型化、高精度、快响应的方向发展，机械结构和电子系统已高度融合，结构一体化特征日趋显著。例如，相控阵天线已由笨重的箱/砖式结构向轻薄的瓦式结构转变。典型的箱/砖式和瓦式相控阵天线如图 1.2 所示。上述变化体现出两个重要趋势：一是功能综合化，即探测、通信、导航、对抗等功能共用一套射频系统，这要求射频系统高密度、小型化；二是结构功能一体化，即承载结构、散热结构与微波电路、馈电网络高度融合，这要求结构高精度、电路抗干扰、散热高效能。

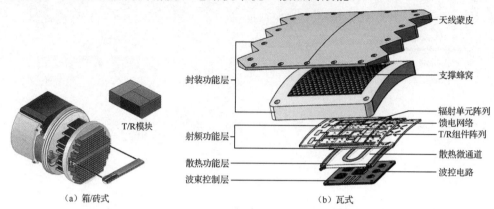

（a）箱/砖式　　　　　　　　　　　（b）瓦式

图 1.2　典型的箱/砖式和瓦式相控阵天线

传统上，电子设备采用机电分离的方法制造，即首先分别制造结构、电磁和散热部分，其次组装到一起，最后通过多轮调试及改进设计与工艺的方法逐步解决其中的不匹配问题。以机载共形承载相控阵天线为例，对于结构部分，通常采用复合材料热压成形的方法制造；对于电磁部分，采用特定的介质材料先制造具有辐射单元、馈电网络的基板，随后在其表面焊装由放大器、移相器等电子器件构成的 T/R 组件[①]；对于散热部分，采用切削加工及焊接方法制造冷板和散热器；这 3 个部分完成后，再通过焊接、黏结、热压等方式将其组装到一起，最终构成具有承载功能和电磁辐射功能的天线。机载共形承载相控阵天线制造流程如图 1.3 所示。

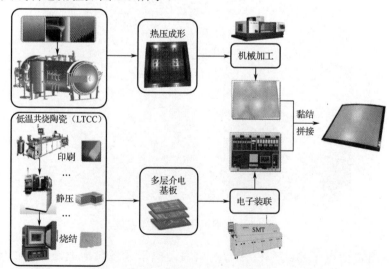

图 1.3　机载共形承载相控阵天线制造流程

---

① T/R 组件一般指无线收发系统中射频与天线之间的部分。

对于多层介质基板而言，其印制电路板（PCB）制造工艺及设备已非常成熟，结构件的机械加工工艺也已成熟，电子装联和电子封装在本系列丛书中有相应专著，这些内容本书不再赘述。

1.2 先进制造技术概述

先进制造技术（Advanced Manufacturing Technology，AMT）在传统制造技术的基础上，综合利用计算机技术、网络技术、控制技术、传感技术与机光电一体化技术，显著提高生产效率与产品品质，降低成本，以提高制造业的市场应变能力，推动制造业和国民经济的发展。

先进制造技术是制造技术的最新发展阶段，是由传统制造技术发展而来的，保持了传统制造技术中的有效要素。随着高新技术的渗入和制造环境的变化，先进制造技术已经产生了质的变化。先进制造技术是制造技术与现代高新技术结合而产生的一个完整的技术群，是一类具有明确范畴的新技术领域，是面向21世纪的技术。

先进制造技术是面向工业应用的技术，应适合在工业企业推广并可取得良好的经济效益，其发展往往是针对某一具体制造业的需求而发展起来的，有明显的需求导向特征。先进制造技术以提高企业的竞争力为目标，注重产生最好的实践效果而非追求技术的"高精尖"。

美国机械科学研究院（AMST）提出了先进制造技术体系，如图1.4所示。可见，它由多层次技术群构成，并以优质、高效、低耗、清洁、灵活的基础制造技术为核心，主要包括3个层次。

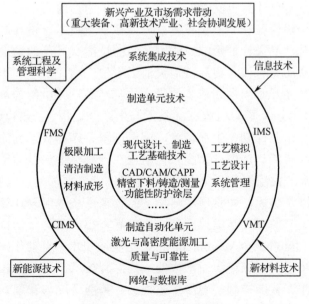

图1.4　先进制造技术体系

（1）现代设计、制造工艺基础技术。包括计算机辅助设计（CAD）、计算机辅助制造（CAM）、计算机辅助工艺规划（CAPP）、数控编程、精密下料、精密塑性成形、精密铸造、精密加工、精密测量、毛坯强韧化、精密热处理、优质高效连接技术、功能性防护涂层等。

（2）制造单元技术。包括制造自动化单元技术、极限加工技术、质量与可靠性技术、系统管理技术、清洁制造技术、材料成形技术、激光与高密度能源加工技术、工艺模拟及工艺设计技术等。

（3）系统集成技术。包括网络与数据库、柔性制造系统（FMS）、计算机集成制造系统（CIMS）、智能制造系统（IMS）、虚拟制造技术（VMT）等。

以上 3 个层次都是先进制造技术的组成部分，但其中每一个层次都不等于先进制造技术的全部。它强调了先进制造技术从基础制造技术、新型制造单元技术到先进制造技术的发展过程，也表明了在新兴产业及市场需求的带动之下，以及在各种高新技术的推动下先进制造技术的发展过程。

先进制造技术主要包括：

（1）增材制造技术（Additive Manufacturing，AM）融合了计算机辅助设计、材料加工与成形技术，以数字模型文件为基础，通过软件与数控系统，将专用的金属材料、非金属材料及医用生物材料，按照挤压、烧结、熔融、光固化、喷射等方式逐层堆积，以制造出实体物品。与传统的、对原材料去除/切削、组装的加工模式不同，增材制造是一种"自下而上"通过材料累加的制造方法。这使得过去受到传统制造方式的约束，而无法实现的复杂结构件制造变为可能。增材制造技术还有快速原型（Rapid Prototyping）、快速成形、三维打印（3D Printing）、实体自由制造（Solid Free-form Fabrication）等多种称谓，其内涵仍在不断深化，外延也在不断扩展。

（2）虚拟制造技术以计算机支持的建模、仿真技术为前提，对设计、加工制造、装配等全过程进行统一建模。在产品设计阶段，虚拟制造技术可以实时并行模拟产品未来制造的全过程及其对产品设计的影响，预测产品的性能、产品的制造技术、产品的可制造性与可装配性，从而更有效、更经济地灵活组织生产，使工厂和车间的设计布局更合理、有效，以达到产品开发周期和成本的最小化、产品设计质量的最优化、生产效率的最高化。虚拟制造技术填补了 CAD/CAM 技术与生产全过程、企业管理之间的技术缺口，把产品的工艺设计、作业计划、生产调度、制造过程、库存管理、成本核算、零部件采购等融入企业生产经营活动，在产品投入之前就在计算机上加以显示和评价，使设计人员和工程技术人员在产品实际制造之前，通过计算机模拟来预见可能发生的问题和后果。虚拟制造系统的关键是建模，即将现实环境下的物理系统映射为计算机环境下的虚拟系统。虚拟制造系统生产的产品是虚拟产品，但具有真实产品的一切特征。

（3）智能制造（Intelligent Manufacturing）是制造技术、自动化技术、系统工程与人工智能等学科互相渗透、互相交织而形成的一门综合技术。其具体表现为智能设计、智能加工、机器人操作、智能控制、智能工艺规划、智能调度与管理、智能装配、智能测量与诊断等。智能制造强调通过智能设备和自主控制来构建新一代的智能制造系统模式。智能制造系统具有自律能力、自组织能力、自学习与自我优化能力、自修复能力，因而适应性强；同时，由于其采用 VR（虚拟现实）技术，人机界面更加友好。智能制造在制造过程中能进行智能活动，如分析、推理、判断、构思和决策等。通过人与智能机器的合作共事，扩大、延伸和部分地取代人类专家在制造过程中的脑力劳动。智能制造把制造自动化的概念更新，扩展到柔性化、智能化和高度集成化。智能制造对于降低成本，以及提高生产效率、产品品质及制造业市场应变能力具有重要意义。

1.3　电子设备先进制造特点

在信息时代，电子设备已融入生活和社会发展的各个方面，新型电子设备层出不穷，电子设备的制造向设备密集、信息密集、智能密集的方向发展，相应地，电子设备制造技术已完成从手工、机械化、单机自动化到刚性流水自动化的转变，正朝着柔性自动化、智能化方向发展，其先进制造的特点日益突出，体现在以下几个方面。

（1）交叉融合特色鲜明。随着电子设备朝着高密度、小型化的方向发展，传统的行业划分及技术领域逐渐模糊，交叉融合的特色尤为突出，如封装技术与组装技术的融合、PCB（印制电路板）/LTCC（低温共烧陶瓷）/HTCC（高温共烧陶瓷）与 SMT（表面组装技术）的渗透、元器件制造与板级组装技术的交会等。

（2）自动化程度进一步提升。随着电子设备朝着功能综合化的方向发展，其集成度日益提升，芯片/模组/基板制造、板级装联已基本实现全自动制造，腔体滤波器等机电部件的调试已逐步实现自动化，大型、复杂电子设备的装配调试手段不断完善，且自动化程度逐步提高。

（3）柔性化、智能化发展迅猛。随着电子设备朝着个性化、智能化的方向发展，要求其制造满足柔性化、智能化的要求。例如，SMT 生产线中，锡膏印刷机、贴片机、回流焊炉普遍装有视觉系统，可针对不同的产品，迅速实现定位、对准和温度精确控制。此外，为了满足柔性化和共形电子制造需求，增材制造技术也得到了迅速发展。

本书围绕上述特点，重点叙述电子设备的典型先进制造技术，包括低温共烧陶瓷基板制造技术、共形/柔性电子的增材制造技术和复合材料成形工艺等。

第 2 章

低温共烧陶瓷基板制造技术

2.1　概述

低温共烧陶瓷（Low Temperature Co-fired Ceramics，LTCC）技术于 20 世纪 80 年代问世，于 20 世纪 90 年代逐步成熟，于 21 世纪成功应用于高频无源器件制备。它具有高频特性好、热稳定性高等特点，且具有一定的承载能力，是制造微波、毫米波射频前端的理想基板。目前，国内外已成功研制基于低温共烧陶瓷基板的微波组件和瓦式天线。本章结合 LTCC 工艺，介绍了共形承载天线多功能基板的制造原理、工艺和设备，以及相应的高密度封装技术。

2.2　低温共烧陶瓷基板成形

2.2.1　低温共烧陶瓷基板特性

LTCC 是在高温共烧陶瓷基板（High Temperature Co-fired Ceramics，HTCC）的基础上逐步发展的。HTCC 采用氧化铝绝缘材料和钼（Mo）、钨（W）、钼锰（Mo-Mn）等导体材料，采用流延法制造生片，再加工过孔、导电图形，并经过多片叠层后，在 1600℃ 高温下共烧而成。为了提高基板密度，要求采用更精细的导线，而 Mo、W、Mo-Mn 等材料的电导率较低，导致电阻急剧增大，传输信号显著衰减。为此，要使用金（Au）、银（Ag）、铜（Cu）等高电导率材料；为保证与硅基器件的可靠装联，要求绝缘材料具有低膨胀系数；为保证高频信号传输，要求绝缘材料具有低介电常数。在此需求牵引下，逐步发展出采用石英陶瓷和 Au、Ag、Cu 及其合金 Ag-Pd、Ag-Pt、Au-Pt 等高导电率材料在 900℃ 温度下共烧而成的 LTCC。与 HTCC 相比，LTCC 具有基板密度高、高频特性好的特点，在计算机、通信、防务领域得到了比较广泛的应用。例如，美国杜邦公司研制了基于 8 层 LTCC 基板的毒刺导弹测试系统；日本富士通公司研制了基于 61 层 LTCC 基板的 VP2000 系列超级计算机多芯片组件，其尺寸为 245mm×245mm，支持 144 双极性芯片，如图 2.1 所示；日本 NEC 公司研制了 78 层 LTCC 基板，尺寸为 252mm×252mm，含 11540 个 I/O 端口，可安装多达 100 个超大规模集成电路芯片。

图 2.1 富士通公司研制的 61 层 LTCC 基板的 VP2000 系列超级计算机多芯片组件

1. 高频特性

高频传输损耗（1/Q）可用介电损耗（$1/Q_d$）和导体损耗（$1/Q_c$）的关系来描述。其中，介电损耗是传输线路中导体和地线间积累电荷的损耗。当频率升高时，电流泄漏增大，导体中电流流动受阻。介电损耗示意如图 2.2 所示。介电损耗可表示为

$$1/Q_d = \frac{20\pi \log e}{\lambda_g} \tan\delta = 2.73 \frac{f}{c} \sqrt{\varepsilon_r} \tan\delta \qquad (2\text{-}1)$$

式中，λ_g 为波长；f 为频率；c 为光速；ε_r 为介电常数；δ 为介电损耗角。

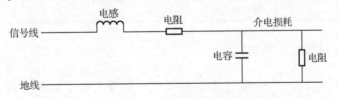

图 2.2 介电损耗示意

导体损耗取决于表面电阻。当频率增高时，由于趋肤效应，电流趋于导体表面，集肤深度 d 与频率的平方根成反比，表面电阻 R_s 由集肤深度 d 和导体的电导率 σ 决定，即反比于电导率的平方根、正比于频率的平方根，可表示为

$$R_s = \frac{1}{d\sigma} = \sqrt{\frac{\pi f \mu_0}{\sigma}} = \sqrt{\pi f \mu_0 \rho} \qquad (2\text{-}2)$$

式中，μ_0 为真空磁导率，ρ 为导体的电阻率。图 2.3 为典型的介电损耗和导体损耗的频

率特性。可见，在低频（<1GHz）时，导体损耗比介电损耗对信号衰减的影响更大；而在高频（>1GHz）时，介电损耗比导体损耗对信号衰减的影响更大。常用多层基板材料的介电性能比较如表 2.1 所示。可见，与常用的多层印制板材料——玻璃纤维环氧树脂覆铜板（如 FR-4）相比，LTCC 介电损耗更小，更适用于对高频特性敏感的高频段天线。

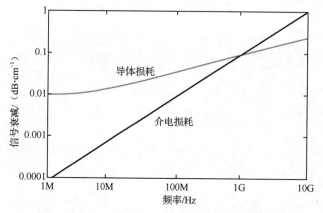

图 2.3 典型的介电损耗和导体损耗的频率特性

表 2.1 常用多层基板材料介电性能比较（2GHz）

材　料		介 电 常 数	介电损耗因子（$\tan\delta$）
陶瓷	钠钙玻璃	6.8	0.010
	硼硅玻璃	4.5	0.006
	硅玻璃	3.8	0.00016
	氧化铝	9.0	0.0003
	LTCC（氧化铝硼硅玻璃）	5.0～8.0	0.005～0.0016
有机材料	环氧树脂	3.1	0.030
	FR-4（环氧树脂+60%玻璃）	4.3	0.015
	聚酰亚胺	3.7	0.0037
	聚四氟乙烯	2.0	0.0005

2. 热特性（热膨胀、热阻）

电路基板（以下简称"基板"）制造完成后，还要与电子器件（以下简称"器件"）进行装联，从而构成具有特定功能的部件或系统。在装联过程中，基板与器件都要承受焊接（如回流焊、共晶焊）导致的热应力。此外，在电路工作过程中，有源器件发热同样导致基板和器件承受热循环载荷的作用，因此，基板材料的热特性对于电路的可靠性具有重要影响。常用基板材料的热特性如表 2.2 所示。可见，LTCC 的热膨胀系数小于FR-4 的热膨胀系数，且与硅的热膨胀系数接近，因此，在焊接和电路工作时，使用 LTCC 材料的基板与器件间热应力更小。此外，LTCC 的导热系数高于 FR4 的导热系数，便于器件散热。

表 2.2 常用基板材料的热特性

电路基板材料	热膨胀系数/ ($\times 10^{-6} \cdot ℃^{-1}$)	导热系数/ ($W \cdot m^{-1} \cdot K^{-1}$)
LTCC	3.0～4.0	2.0
FR-4（环氧树脂+60%玻璃）	16.0～18.0	0.25
聚酰亚胺	20.0～30.0	0.16～0.22
硅	3.5	150

2.2.2 低温共烧陶瓷基板成形工艺

低温共烧陶瓷基板成形工艺如图 2.4 所示。第 1 步，将 LTCC 陶瓷粉末和有机浆料混合在一起，制成陶瓷浆料；第 2 步，将配置好的陶瓷浆料采用流延法制成厚度均匀、致密也具有韧性的生瓷带；第 3 步，将流延好的生瓷带，切割成 8 英寸（20.32cm）或 12 英寸（30.48cm）的生瓷带；第 4 步，在需要的通孔位置处，采用机械或激光打孔工艺在生瓷带上加工通孔；第 5 步，采用丝网印刷的方式，将设计好的电子线路图形印刷在生瓷带上；第 6 步，采用填孔或印刷设备，将通孔灌满银浆；第 7 步，将多个印刷有电子线路图形的生瓷带对位后叠层，采用等静压设备进行等静压；第 8 步，采用生瓷片切割机将等静压后的膜片切割为单个基板；第 9 步，进行低温（800℃～900℃）共烧；第 10 步，对基板进行导角后印刷端电极和侧边电极；第 11 步，测试检验。其中，切片、电极印刷、测试检验等工艺与厚膜技术类似，这里不再赘述。下面分别介绍制备 LTCC 基板特有的工艺过程。

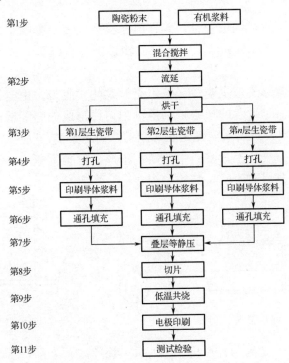

图 2.4 低温共烧陶瓷基板成形工艺

1．粉料准备与混合

制备 LTCC 的原材料包括无机陶瓷粉料和有机材料。为了获得优异的成形性能，需要对原材料进行选择、预处理（如热力、化学和机械处理）和配料合成。

在材料选择上，对于无机陶瓷粉料，包括陶瓷粉料和玻璃粉料，要求其电荷差异尽量小，以避免不同粉料的聚集。在选择粉料的颗粒直径和比表面积时，需考虑适合成形的黏结剂加入量和烧结时玻璃的流动性，以避免烧结收缩比过大，即尽量选择颗粒直径大而比表面积小的粉料。此外，两种粉材的颗粒尺寸应尽量接近，以获得均匀致密的烧结体。对于有机材料，主要包括黏结剂、可塑剂、分散剂和润湿剂。黏结剂用于增加成形性并赋予坯件一定的强度，常用的黏结剂包括丙烯酸聚合物、环氧乙烷聚合物、羟乙基、聚乙烯醇等。可塑剂使浆料具有流变性，赋予坯件一定的可塑性和柔韧性，常用的可塑剂包括邻苯二甲酸二丁酯、硬脂酸丁酯、邻苯二甲酸二甲酯、松香酸甲酯、磷酸三甲苯酯等。分散剂用于控制浆料的 pH 值和颗粒表面电荷，避免桥连效应导致的浆料絮凝，常用的分散剂包括三油酸甘油酯、苯磺酸、磷酸酯、辛二烯等。润湿剂用于降低表面张力以改善陶瓷粉料的润湿性，常用的润湿剂包括烷基芳基聚醚醇、聚乙二醇乙醚、聚氧乙烯酯、单油酸甘油等。由于这些有机材料在烧结后都必须完全消除，所以这些添加剂都应控制在最小用量。

选择好各种材料后，进行预处理并称量，置于球磨机中进行混合搅拌，获得下一步流延所需浆料。

2．流延

混合浆料经过流延后得到生瓷带，其性能在很大程度上影响了最终 LTCC 的成形质量。LTCC 流延设备如图 2.5 所示，包括载片输送带、流延头、喂浆机、干燥区和收片单元。

载片输送带用于载运流延生瓷片，采用无皱纹的塑胶带，由电机经传动轴驱动进行匀速运动。流延头是流延设备的核心，利用刮刀刀锋形成的间隙挤出一定厚度的陶瓷浆料，形成等厚薄片。喂浆机定量向流延头（刮刀）输送浆料，以生成质地均匀的生瓷片。干燥区利用红外和热空气将流延浆料中的溶剂干燥，得到生瓷片。收片单元从输送带上收集干燥的生瓷片。典型的流延头结构如图 2.6 所示。

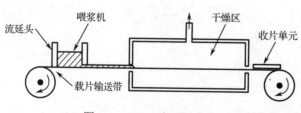

图 2.5　LTCC 流延设备

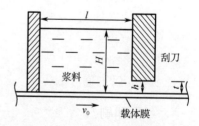

图 2.6　典型的流延头结构

设 t 为生瓷片厚度，l 为刀片厚度，g 为重力加速度，α 为干燥收缩率，H 为浆料液面高度，v_0 为载送带速度，ρ 和 μ 分别为浆料的密度和黏度，h 为刀锋间隙，则

$$t = \alpha \left(\frac{\rho g H}{12 \mu l v_0} h^3 + \frac{h}{2} \right) \tag{2-3}$$

为控制生瓷片厚度，在浆料特性一定的前提下，需控制好刀锋间隙、载片输送带速度和浆料液面高度；当浆料被挤出时，还要考虑刮刀所受冲击而适当增加刀锋间隙。由于浆料是非牛顿流体，具有显著的流变效应——剪切变稀特性。当浆料受到刮刀的剪切作用时，其黏性降低、流动性增加；通过刮刀后，其黏性增加，可避免不必要的弯曲、变形。因此，合理选择载片输送带速度和刀锋间隙，保持适当的剪切速率，有助于获得表面光滑、质地均匀的生瓷片。流延后，由于成形浆料黏性持续改变，需尽快干燥以固定其形状。

3．打孔

为形成层间电气互联的导电通孔，需要在生瓷片上形成通孔，可采用机械冲孔或激光打孔方式，要求孔径尺寸准确、表面光滑、无裂纹等微观缺陷。对于机械冲孔，由于混合到 LTCC 浆料中的氧化铝等坚硬微粒会磨损冲头，易引起崩口、黏屑和凹片等多种缺陷。典型的机械冲孔缺陷如图 2.7 所示。如果生瓷片较脆，通孔下端面易产生崩口。如果生瓷片较软，底部易黏屑，导致通孔堵塞。此外，如果载膜被推进通孔内，移去凹进的载体膜后，生瓷片或后续填入的导电粉料易被内埋，从而造成凹片缺陷。机械冲孔形成的微通孔的孔径和孔距的一致性较好，顶部边缘比较平滑，但底部边缘较粗糙，内壁较平直，顶部和底部开口大小相接近。

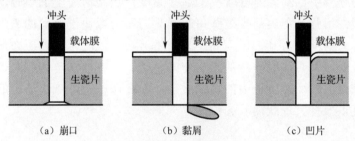

图 2.7　典型的机械冲孔缺陷

激光打孔是将聚焦的激光束沿着通孔边缘发射到生瓷带上，利用激光能量将陶瓷材料蒸发掉，最终形成一个通孔，是生瓷片的理想打孔方法。由于 CO_2 激光器功率大，易于气化生瓷片内的有机黏合剂，打孔过程中对生瓷片影响小，最小孔径可达 50μm，目前常用 CO_2 激光器作为光源。为了在较厚的 LTCC 瓷带层上形成较小的通孔，必须把激光束调得很精细，使通孔的内壁更平直，以避免出现圆锥形孔壁。目前，用激光打孔形成孔径 50μm 以下通孔的贯通性较差。

4．丝网印刷

为了在生瓷片上印刷导电图形以构成电路，通常采用丝网印刷的方法，即首先制备相应于待印刷电路的掩膜（丝网），将丝网放置在待印刷的生瓷片上方并保留适当间隙，使用刮刀以恒定的力量和速度将导电油墨均匀涂抹，在剪切力的作用下，导电油墨将透过丝网镂空处印刷至生瓷片表面，同时释放丝网，导电油墨自流平形成厚度均匀的薄膜。导电图形的丝网印刷过程如图 2.8 所示。

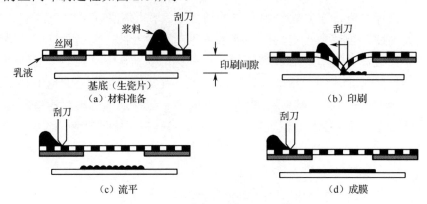

图 2.8　导电图形的丝网印刷过程

为了获得高性能的导电图形，要求印刷图形位置准确、墨量适中、形状精确、印刷稳定，因此，需要对丝网规格、印刷条件、油墨特性等参数进行优化。

LTCC 导电图形印刷所用的丝网是由不锈钢丝编织而成的。除孔口外，其余部位均以乳液覆盖。构成网孔的钢丝直径、孔数和感光乳剂的厚度均需根据所印制图形的特点进行优化。丝网也会由于重复使用而变得松弛，需要定期检查更换。此外，在印刷前还应检查并清洗丝网上的残余油墨，以保证印刷质量。

在丝网印刷过程中，刮刀速度取决于油墨黏度。当刮刀速度适中时，基于剪切变稀效应，油墨流动性增强，更容易推过孔口。刮墨刀压力取决于丝网的变形量，以及丝网与基底（生瓷片）的间距。刮刀压力高，易产生流渗；反之，刮刀压力低，可导致印刷模糊。油墨的流变特性对印刷质量的影响非常显著。在高剪切率印刷时，可增大油墨的流动性，以便获得清晰而厚度适中的精细线条；而在印刷后，减小油墨的流动性，使油墨有较高的黏度以保持其形状而不会流动。

5. 通孔填充

通常采用刮刀将导体材料填充到生瓷片上已开好的通孔内。为获得形状精确、质地均匀的通孔，需要确定最优的填充密度。如果导体的填充密度大于生瓷片中粉料的填充密度，在基板烧结后，导体的体积将大于内孔的容积，对导体和陶瓷产生的应力将使通孔发生扭曲、孔壁处产生裂纹；相反，如果填充密度不够，将导致通孔阻抗过大乃至断路。由于粉料流动性差，难以填满过孔时，易出现空洞，因此，应选择流动性好的粉料，采用两种甚至多种不同颗粒尺寸的粉料，以及在填充时使生瓷片振动的方式提高填充密度。通孔填充示意如图 2.9 所示。

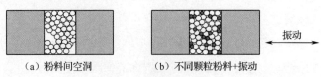

图 2.9　通孔填充示意

6. 叠层

叠层是将多个印刷导电图形和填充通孔的生瓷片校位并叠加到一起，以进行加压和烧结。校位叠片的主要步骤如下。

将生瓷片放置在 CCD（电荷耦合器件）摄像头和固定平台间的三轴（XY-θ）精密运动平台上，当四角标志未对准摄像头中心时，其偏差可从摄像头所摄图像中读取。根据偏差，调整三轴精密运动平台，使四角标志与相应的摄像头中心对准，将生瓷片叠放至固定平台，并重复操作将所有的生瓷片依次叠放。图 2.10 为校位叠片的主要过程。

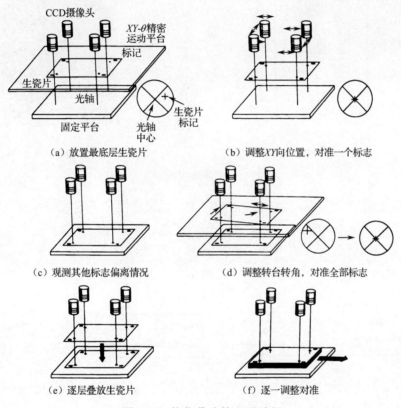

图 2.10　校位叠片的主要过程

7. 等静压

为使严格对位的 LTCC 生瓷片叠片坯体结合为一体，通常采用等静压的方式，即将叠片装于薄膜袋中，在真空包装机中抽真空并密封，再装于等静压机的层压腔内，在约 80℃温水中按设定的压力均匀受压，成为致密体。根据帕斯卡原理，在密闭容器中的液体或气体介质的压强可向各方向均等传递，因此称之为等静压。与单/双向模压方式相比，该方式形成的致密体密度高、均匀性一致，但等静压后各方向均有收缩。

等静压机结构如图 2.11 所示。压力系统由活塞、压力缸和水箱组成。压力缸和水箱均为圆筒状结构，水箱在压力缸外围，压力缸活塞上有层压腔，料盒放在层压腔中，层压腔随活塞可以自动升降，方便装取 LTCC 叠层件。气动增压泵、压力变送器和泄压阀用于控制压力，通过气动增压泵持续向水箱内注水使水压上升，通过压力变送器实时监测压力值，直至达到压力设定值，气动增压泵停止工作。在恒压过程中，气动增压泵可自动补偿压力的下降。当恒压计时结束后，气动增压泵自动泄压。压力的泄放通过泄压回路，考虑到异常情况，另有手动泄压回路。

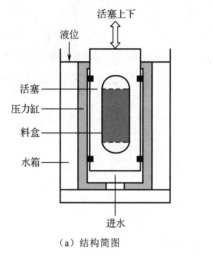

（a）结构简图　　　　　　　　　　　　　　　　　　（b）设备外形

图 2.11　等静压机结构

分层缺陷如图 2.12 所示。在等静压过程中，如果叠层体各层胶结充分，在烧结后各层同步收缩，烧结体均匀致密，如图 2.12（a）所示；如果叠层体内存在层与层之间胶结不良，在等静压或烧结时，相应的生瓷片各自分离和收缩，形成无中心点的收缩集结区，从而导致分层缺陷，如图 5.12（b）所示。

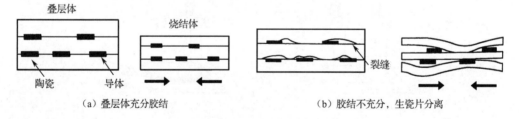

（a）叠层体充分胶结　　　　　　　　　　（b）胶结不充分，生瓷片分离

图 2.12　分层缺陷

这种分层缺陷在 10 层以上 LTCC 基板制造中比较容易产生，其中一个原因是导电油墨与生瓷片的胶结特性与生瓷片间的胶结特性不一致，导致在印有大面积油墨的界面（如地线）胶结特性较差。为此，在层间可采用热熔树脂或选择与陶瓷粉料中树脂成分兼容的导电油墨以改善胶结特性。此外，为保证各叠层体充分胶结，需要根据材料特性和各层导电图形的特点对等静压工艺进行优化。典型的等静压工艺包括单步加压、双步加压和可编程加压，其曲线如图 2.13 所示。其中，P_0 为设定压力（典型值为 30MPa），t_r 为升压时间，t_0 为恒压时间；P_1 为第一步设定压力，P_2 为第二步设定压力，t_1 为第一步恒压时间，t_2 为第二步恒压时间。

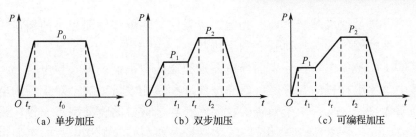

（a）单步加压　　　　　　　（b）双步加压　　　　　　　（c）可编程加压

图 2.13　典型的等静压工艺曲线

8. 共烧

共烧是将经过等静压的多层基板坯体放入烧结炉，对陶瓷和导电材料进行排胶和烧结成形。基板起泡、变形或分层，以及金属化图形脱落或基板碎裂等是共烧过程中易产生的缺陷。为减少或避免上述缺陷，在排出导体材料中的抗氧化剂和黏结剂的过程中，要求控制烧结收缩及基板的整体变化，使两种材料保持同步收缩以避免产生烧结缺陷。

控制烧结收缩率可通过控制粉体的颗粒度、流延黏合剂的比例、热压叠片的压力等手段实现。陶瓷的烧结收缩率主要受玻璃粉料特性的影响，通过优选粉料和均匀颗粒的粉料可减少烧结收缩率的差异。生瓷片密度与烧结收缩率关系如图 2.14 所示。为保持烧结收缩率为 16.4%～16.5%，生瓷片密度应控制为 1.421～1.424g/cm³。

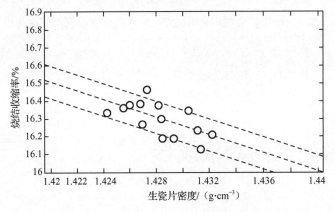

图 2.14　生瓷片密度与烧结收缩率关系

为实现沿 X-Y 方向零收缩，可采用如下工艺。一是自约束烧结工艺。基板在自由共烧过程中呈现自身抑制平面方向收缩的特性，该工艺无需增设新设备，但材料系统唯一，不能很好地满足制造不同性能产品的需要。二是压力辅助烧结工艺。通过在 Z 轴方向加压烧结，抑制 X-Y 方向上的收缩。三是无压力辅助烧结工艺。在叠层体材料间加入夹层（如在 LTCC 烧结温度下不烧结的氧化铝），约束 X 轴和 Y 轴方向的移动，烧成后研磨掉上下面夹持用的氧化铝层。四是复合板共同压烧工艺。将生坯黏附于金属板（如高机械强度的钼或钨等）进行烧结，以金属片的束缚作用降低生坯片 X-Y 方向的收缩。五是陶瓷薄板与生坯片堆栈共同烧结工艺。即将陶瓷薄板作为基板的一部分，烧成后不去除，也无须抑制残留物。

烧结时，垫板也会影响烧件的收缩。如果基板与垫板黏连，导致烧件不能在不同方向上同步收缩，极易造成基板弯曲。为此，可采用与基板接触面积小的栅格式垫板，不仅会减小对烧件收缩的影响，而且有利于排胶。

在多层 LTCC 基板中，各层表面导电图形和通孔中是铜、银等导电材料，其余部分是陶瓷。其中，导电材料的含量受各层导电图形和通孔数量影响。对于高频电路而言，这一比例通常为 3%～5%。由于陶瓷的收缩率和导电材料的收缩率不一致，易导致在共烧时出现裂纹、过孔分离等缺陷。图 2.15 为陶瓷浆料与铜浆料烧结收缩率随烧结温度的变化情况。

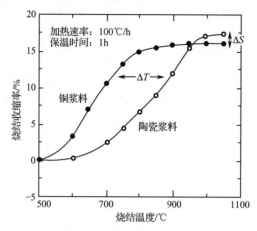

图 2.15　陶瓷浆料与铜浆料烧结收缩率随烧结温度的变化情况

为了减小两种材料收缩率差异，有研究表明，可在铜浆料中添加适量的氧化铝粉料等。由于氧化铝粉料在 LTCC 的烧结温度下不发生变化，可增加铜的收缩系数；同时，由于其锚定作用，对增强界面的黏附也有一定的效果。

2.3　微通道散热冷板成形

2.3.1　LTCC 微通道冷板结构

图 2.16　典型的微通道结构

共形承载天线通常采用相控阵体制，为增强其信息感知能力，必须提高辐射功率。目前，T/R 组件功率密度已大于 $500W/cm^2$，强迫风冷已无法将功率芯片产生的热量导出，以维持其正常的工作温度。对基于 LTCC 的共形承载天线，若能在 LTCC 基板上集成微通道散热器，便于将功率芯片产生的热量迅速导出，从而维持芯片的正常工作温度且保持阵面温度均匀，以提高阵面的幅相一致性。图 2.16 为典型的微通道结构。

由于 LTCC 基板的厚度通常小于 3mm，且在 LTCC 基板上还要布置导电过孔和导电图形，因此，微通道的截面尺寸通常不大于 0.5mm×0.5mm。

2.3.2 LTCC 微通道成形工艺

在 LTCC 衬底上制造微通道的工艺有如下两种。

1. 渐进层压法

渐进层压法是一种不填充牺牲材料，通过激光刻蚀和分次渐进的层压减小微通道变形的方法，其工艺路线如下：

首先，对欲刻蚀微通道的生瓷片进行叠层，并进行预层压；其次，对预层压后的叠层采用激光刻蚀的方法加工出微通道，避免机械加工产生微通道变形；随后，将加工出微通道的叠层分别进行层压，在其顶端和底端附加薄金属模板，以均匀化压力；最后，将这些叠层进一步堆叠、层压，并与预层压后的顶层和底层生瓷片堆叠后进行层压。LTCC 微通道的渐进层压法如图 2.17 所示。

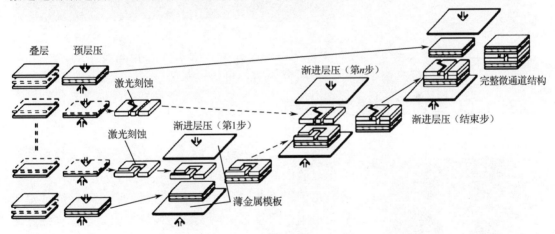

图 2.17 LTCC 微通道的渐进层压法

渐进层压避免了在微通道叠层上集中层压，可在不使用牺牲材料的前提下减小微通道的塌陷和变形。图 2.18 为采用渐进层压法制造的 LTCC 微通道截面。可见，其顶端和底端塌陷和变形均不明显，垂直壁面的倾斜是在激光刻蚀过程中，由激光斜射导致的。

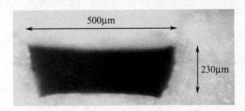

图 2.18 采用渐进层压法制造的 LTCC 微通道截面

2．使用牺牲材料的单轴层压法

相较于渐进层压法，使用牺牲材料的单轴层压法只在垂直于 LTCC 基板的方向施加压力，有助于减小层压导致的通道塌陷。使用牺牲材料的单轴层压法工艺路线如下。

首先，在 5MPa、58℃的单轴层压压力下，将 LTCC 生瓷片层压 60s，形成第一部分 P1；随后，在 5MPa、55℃的层压条件下，将加工有微通道且填充牺牲材料的生瓷片 P2 与 P1 层压 40s；在此基础上，采用同样的层压条件，将其他部分（P3 和 P4）和前面已层压的部分（P1 和 P2）层压在一起，如图 2.19 所示；最后，进行排胶和烧结，可得到内嵌微通道的 LTCC 基板。烧结后的 LTCC 微通道如图 2.20 所示。

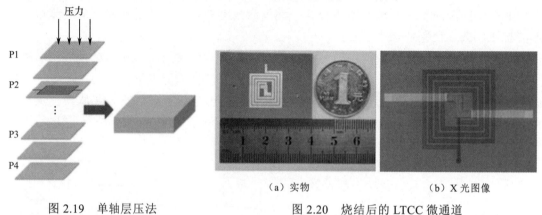

（a）实物　　　　　　　　　（b）X 光图像

图 2.19　单轴层压法　　　　　　　图 2.20　烧结后的 LTCC 微通道

2.3.3　LTCC 微通道腔体变形控制

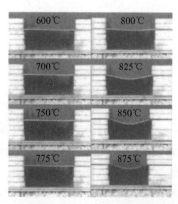

图 2.21　LTCC 基板内部空腔变形

叠层后，含空腔的 LTCC 基板在等静压及烧结后会产生显著的变形。LTCC 基板内部空腔变形如图 2.21 所示。由于通道截面尺寸小，变形后容易造成堵塞或流阻显著增大，严重影响微通道的换热性能。下面详细叙述结构变形小、均匀致密的 LTCC 微通道制造技术。

对于微通道空腔，为了避免或减小变形，一个可行的途径是将填充材料填入空腔，在等静压和烧结时起支撑作用。对于开放型腔体结构，在等静压和烧结后，填充材料易于取出。选择填充材料的重点是保证层压时腔体不变形，以及在烧结时与 LTCC 基板的匹配问题。为解决上述问题，可采用同种材料制作的嵌件用于 LTCC 层压工艺。而对于内埋腔体结构的散热微通道，由于其是封闭腔体，在层压和烧结后腔体中的填充材料无法取出，也无法采用化学腐蚀或干法刻蚀的方法去除。因此，采用在 LTCC 基板烧结时将易于挥发的牺牲材料作为埋置腔的填充材料，是一种比较理想的方法。

牺牲材料必须满足：层压和烧结时可提供三维结构支撑；牺牲材料与 LTCC 基板热膨胀系数（Thermal Coefficient of Expansion，TCE）匹配，在烧结时牺牲材料不对腔体造成受压；可用于印刷工艺；烧结后易于去除。符合上述要求的牺牲材料主要有石蜡、聚合物材料及碳基牺牲材料等。石蜡一般熔点较低（57～63℃），即使高熔点石蜡的熔点也仅为 120℃ 左右。聚合物材料的熔点一般为 200～400℃，而 LTCC 多层基板烧结时在 600℃ 以上才明显收缩，这时牺牲材料早已挥发，失去了支撑腔体的作用，因此，聚合物材料无法应用于 LTCC 微通道腔体制造。碳基牺牲材料在 800℃ 时才烧尽，在 600～800℃ 时对腔体有支撑作用，最适用于 LTCC 内埋微通道腔体的成形。

LTCC 碳基牺牲材料有碳带和炭黑膏两种，如图 2.22 所示。碳带主要用于圆形、矩形等规则形腔体的填充；可用裁纸刀或手术刀片分切，也可用热切机裁剪，分切尺寸精确，边缘光滑、平整。碳带不必制作丝网掩模版，其大小、形状可任意裁剪，又不会污染 LTCC 基板，便于进行原型试验。其缺点是需解决碳带尺寸与腔体尺寸的匹配问题。当碳带尺寸太小，在层压时，会导致通道变形、产生裂纹缺陷；当碳带尺寸太大（特别是厚度方向），在层压时，会产生凸起，同样导致通道变形，烧结后更为显著。为此，可通过反复试验优化碳带尺寸。

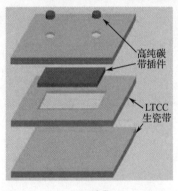

（a）碳带

（b）炭黑膏

图 2.22　LTCC 碳基牺牲材料

为实现圆形腔体、螺旋线、弯曲微流道等特殊腔体的批量生产，需要制作炭黑膏的丝网掩模版，以精确控制印刷尺寸。对于较深的填充腔可通过印刷、烘干工序的多次重复，达到要求的填充厚度。由于要进行丝网印刷，炭黑膏的颗粒度需达到微米量级，因此，对于大颗粒的碳粉要先进行球磨。图 2.23 为炭黑膏与 LTCC 基板烧结时牺牲材料的质量随温度的变化情况。可见，在 600～800℃ 时，炭黑膏质量百分比快速减小，陶瓷材料烧结成形后，炭黑膏将不复存在。图 2.24 为 LTCC 基板烧结时体积收缩率随温度的变化情况。可见，在 670～875℃ 体积快速收缩 15%，其中炭黑膏在 800℃ 时烧尽，而 LTCC 基板已收缩 10%。因此，在基板烧结过程中，炭黑膏发挥了支撑作用。图 2.25 为添加牺牲材料前后 LTCC 微通道截面。可见，未添加牺牲材料时，腔体完全塌陷；而添加牺牲材料后，有效控制了腔体变形。

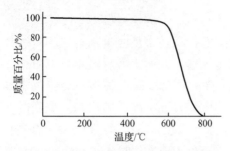

图 2.23　炭黑膏与 LTCC 基板烧结时牺牲材料
的质量随温度的变化情况

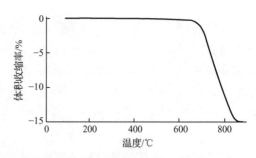

图 2.24　LTCC 基板烧结时体积收缩率随
温度的变化情况

 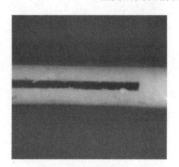

（a）未加牺牲材料　　　　　　　　（b）添加牺牲材料

图 2.25　添加牺牲材料前后 LTCC 微通道截面

2.4　LTCC 模组的封装

2.4.1　射频模组的二维封装

　　LTCC 基板具有优异的性能，可作为载板将多个射频电路裸芯片构成的 T/R 组件直接封装且与馈电网络和辐射单元集成，不仅缩短了传输线长度，而且可大幅减小天馈系统[①]的体积，是高密度有源相控阵天线的重要发展趋势。一般来说，天线与射频芯片可采用水平结构或垂直结构的集成方式，如图 2.26 所示。水平结构集成将芯片和天线水平并列放置在两个独立的腔体中，天线的馈电点和芯片通过键合线或倒装焊方式互连。此种方式隔离度好，但集成度不高。垂直结构集成将天线垂直封装于芯片的上方，利用倒装焊和垂直通孔实现互联，集成度显著提高。为减小天线和芯片间的干扰，可在二者间引入金属屏蔽层。

　　为了实现射频芯片与馈电网络的互连，可采用引线键合封装和倒装焊接封装两种技术，下面分别进行说明。

---

　　① 天馈系统指天线向周围空间辐射电磁波的系统。

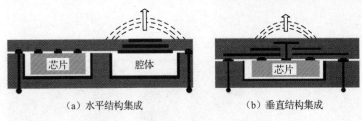

（a）水平结构集成　　　　　　　　（b）垂直结构集成

图 2.26　天线与射频芯片的集成方式

1. 引线键合封装

将射频芯片和天线封装于图 2.27 所示的结构中，射频芯片通过键合线、馈电通孔、信号迹线、通孔互连。除键合线外，均采用 LTCC 工艺制备。

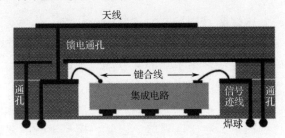

图 2.27　天线与射频芯片的引线键合封装

键合线采用引线键合工艺制备，即将铝丝或金丝等细金属引线，利用热、压力、超声波能量，使金属引线与基板焊盘紧密焊合，实现芯片与基板间的电气互连和芯片间的信息互通。引线键合示意如图 2.28 所示。在理想控制条件下，金属引线和基板间会发生电子共享或原子的相互扩散，从而使两种金属间实现原子量级上的键合。

图 2.28　引线键合示意

根据能量的施加方式，引线键合工艺可以分为 3 种：热压键合、超声键合和热超声键合。其中，热超声键合降低了键合温度，提高了键合强度，已成为主流键合工艺。

根据键合工具的不同，引线键合主要有两种基本形式：球形键合和楔形键合。在球形键合工艺中，将引线垂直插入毛细管劈刀的工具中，引线在电火花作用下受热熔成液态，由于表面张力的作用而形成球状。在基于视觉系统的精密控制作用下，劈刀首先下降，在球接触晶片的键合区对球加压，使球和焊盘金属形成冶金结合，从而完成焊接过程。之后，劈刀提起并沿预定的轨道移动（又称为弧形走线），到达第二个键合点（焊盘）时，利用压力和超声能量形成月牙式焊点，劈刀垂直运动截断金属丝的尾部，这样完成两次焊接和一个弧线循环。球形键合点如图 2.29 所示。球形键合通常使用直径为 75μm

（常用 50μm、25μm、18μm）以下的细金属丝，以提高其在高温受压状态下的柔性、抗氧化性和成球性。球形键合一般用于焊盘间距大于 50μm 的场合。

 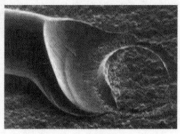

（a）第 1 点　　　　　　　　　　（b）第 2 点

图 2.29　球形键合点

楔形键合工艺是将金属丝穿入楔形劈刀背面的小孔内，金属丝与晶片键合区平面呈 30°～60°。当楔形劈刀下降到焊盘键合区（以下简称"焊区"）时，劈刀将金属丝压在焊区表面，采用超声或热声焊实现第 1 点的键合焊。随后，劈刀抬起并沿着劈刀背面的孔对应的方向按预定的轨道移动，到达第 2 个键合点（焊盘）时，利用压力和超声能量形成第 2 个键合焊点，劈刀垂直运动截断金属丝的尾部，这样完成两次焊接和一个弧线循环。由于在楔形键合过程中不会出现焊球，因此，楔形键合工艺形成的焊点小于球形键合工艺形成的焊点，楔形键合工艺有利于提高微波电路的性能。楔形键合点如图 2.30 所示。

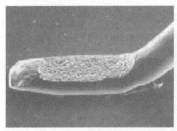 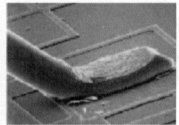

（a）第 1 点　　　　　　　　　　（b）第 2 点

图 2.30　楔形键合点

采用 LTCC 基板的共形承载天线其工作频段较高（K、Ka），不必要的分布电容、电感对电路的功率、驻波、损耗等性能有显著影响。因此，在工程设计中，须采取措施尽量降低损耗。键合的性能不仅与键合丝的数量有关，而且与键合丝的长度、键合丝的高度、键合丝的直径、键合丝的间距密切相关。在微波混合电路中，芯片焊区到微带线的最佳距离为 20～30mil[①]，键合的一致性和重复性非常重要。对金线键合丝（以下简称"金丝"）来说，其电感 L 为

$$L = \frac{\mu}{2\pi} \ln \frac{4h}{d} \qquad (2\text{-}4)$$

式中，h 为金丝的高度，d 为金丝的直径。因此，要使 L 减小，必须使 h 减小、d 增大，

———————

① mil：千分之一英寸，1mil≈25.4μm。

即金丝的高度要低、金丝的直径要大。在自由空间中，金丝的电感不依赖于频率，可根据式（2-5）计算。

$$L_{\mathrm{w}} = 5.08 \times 10^3 l \left(\ln \frac{l}{d} + 0.386 \right) \qquad (2\text{-}5)$$

式中，尺寸单位为 mil，电感单位为 nH（纳亨）。从中可以看出，电感随长度成比例地增加。因此键合时，应使金丝尽可能地短，金丝的直径尽可能地大。但是由于焊区尺寸和焊区间距限制，金丝直径不可能太大。因此，需要降低金丝的高度和长度。因此，在组装过程中，应遵循以下原则。

（1）在长度相同的情况下，金丝的高度越低越好，以平直为最佳（对单根金丝而言）。但是腔体、电路、芯片的热膨胀系数不同，平直金丝在高/低温冲击中会因热失配而失效。从键合工艺的特点来看，平直金丝的键合稳定性很难保证。此外，金丝的高度过大将造成局部的高阻抗，引起互联失配，还会产生较强的高频辐射效应，使系统无法稳定工作。为兼顾微波特性和可靠性，必须保持适当的高度。

（2）在高度相同的情况下，金丝的长度越短越好。

（3）如果芯片焊区允许，尽量同时键合两根金丝或三根金丝。

2. 倒装焊接封装

倒装焊（Flip Chip）技术实质是将芯片功能区朝下，以倒扣的方式背对着基板，通过焊接凸点与基板进行互连。其中，芯片放置方向与传统封装功能区朝上相反，故称倒装芯片。倒装焊接剖面如图 2.31 所示。倒装焊接封装一般采用平面工艺在芯片的输入端/输出端（I/O）制作焊接凸点，将芯片上的焊接凸点与基板上的焊盘进行对位、贴装；然后使用焊料回流工艺在芯片和基板焊盘间形成焊球；再在芯片与基板间的空隙中填充底部填充胶，最终实现芯片与基板间的电、热和机械连接。图 2.32 为倒装焊接封装工艺。

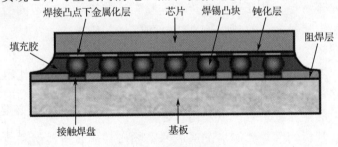

图 2.31　倒装焊接剖面

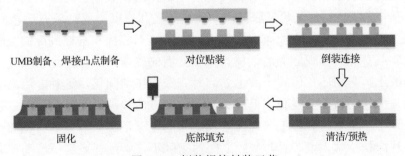

图 2.32　倒装焊接封装工艺

倒装焊接封装技术中关键工艺包括 UBM（多层金属膜）制备、焊接凸点制备、倒装连接和底部填充等，它们直接决定着倒装芯片的封装质量。

（1）UMB 制备

UBM 是芯片焊盘与焊接凸点之间的一层金属化层，目的是使芯片与基板互连工艺更容易实现、互连可靠性更高。UBM 要与芯片焊盘及焊接凸点间形成良好的欧姆接触，防止焊接凸点或焊接材料直接与芯片焊盘接触。连接材料具有良好的黏附性能和机械性能，同时具有优良的电性能和导热性能。UBM 通常由黏附层、扩散阻挡层和浸润层等组成。在进行焊料回流或焊点退火等高温处理时，UBM 可防止焊接凸点或焊接材料进入下面的焊盘中。UBM 制备方法主要有溅射、蒸发和化学镀等。

（2）焊接凸点制备

焊接凸点由蒸发的薄膜金属制成，其截面如图 2.33 所示。焊接凸点制备工艺有蒸发/溅射、焊膏印刷-回流、化学镀、电镀、钉头、置球凸点（SB_2-Jet）、印刷、转移等多种方法。

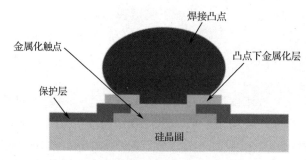

图 2.33　焊接凸点截面

（3）倒装连接

倒装连接主要有熔焊、热压焊、热声焊、胶黏连接等。针对不同的焊接凸点材料，应选用不同的倒装连接技术，以满足倒装焊接可靠性的需求。

（4）底部填充

由于硅芯片、焊接凸点和基板等材料的热膨胀系数不匹配，在使用过程中很容易因热失配而造成连接失效。底部填充将芯片、焊接凸点和基板紧紧地黏附在一起，起到重新分配整个芯片上的热膨胀系数，以及由机械冲击产生的应力和应变的作用。底部填充能够减少硅芯片和基板间因热膨胀失配造成的影响，并能有效地缓冲因机械冲击造成的损伤，大幅提高倒装连接的寿命，与相同封装无填充的倒装工艺比较，其使用寿命可以提高 5～20 倍。底部填充工艺包括底部流动填充工艺和底部不流动填充工艺两种。其中，底部流动填充工艺是在毛细表面张力作用下，用胶填充芯片和基板底部的空隙。胶的流动能够尽量驱赶芯片和基板之间的气体，减少气泡的残留；底部不流动填充工艺先将填充胶涂在基板上，再将芯片倒置于其上并同时完成焊接和固化。这种非流动加工方式无须加助溶剂与清理助溶剂，避免了毛细填充法流动慢的弊端，而且将回流焊和固化结合在一起，提升了加工效率。如果芯片与基板之间的空隙足够大，可选用底部流动填充工艺；如果芯片面积特别大或芯片与基板之间的空隙小，则选择底部不流动填充工艺。

2.4.2　射频模组的三维立体封装

随着共形承载天线工作频段和集成度的提高，即使采用前述的射频器件高密度平面封装仍难以满足要求。三维立体封装的出现为集成度的进一步提高提供了有效手段。目前，三维立体封装主要包括 3 种形式：叠层型 3D 封装（Package on Package，PoP）、硅圆片规模集成封装（WSI）和埋置型 3D 封装。对于共形承载天线而言，图 2.34 所示的射频前端的叠层型 3D 封装，采用叠层互连的封装方法，不仅缩小了体积，具有更好的兼容性，而且功耗小，降低了热管理的难度，具有更好的适用性。下面详细介绍叠层型 3D 封装。

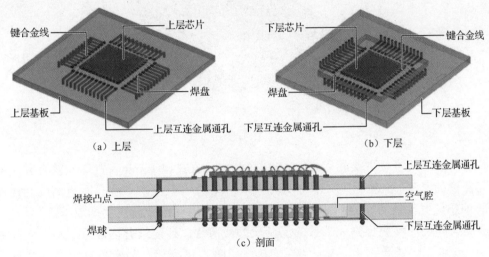

图 2.34　射频前端的叠层型 3D 封装

叠层型 3D 封装是在 2D 平面封装的基础上，利用高密度的互连技术，让芯片在水平和垂直方向上获得延展，在其正方向堆叠两片以上互连的裸芯片封装，实现高带宽、低功耗。堆叠结构应用在射频系统领域，有助于解决系统集成 TX/RX[①]射频前端链路、天线、变频模块、基带部分的小型化和电磁兼容等难题。

叠层型 3D 封装主要有芯片叠层和封装叠层两种形式。芯片叠层的集成主要分为两类，一类是多芯片通过四边引线逐层键合；另一类是通过硅通孔（Through-Silicon Vias，TSV）技术的垂直堆叠。

芯片叠层，即叠层型 3D 芯片封装，包括 3 种堆叠方法：芯片与芯片的堆叠（Die to Die，D2D）、芯片与晶圆的堆叠（Die to Wafer，D2W）、晶圆与晶圆的堆叠（Wafer to Wafer，W2W）。芯片叠层的关键在于如何实现芯片与芯片、芯片与基板之间的互连。现在最普遍的实现方式是引线键合，而最主要的问题是必须有足够的面积和空间以实现键合。根据提供面积与空间的方式不同，芯片叠层封装方式主要分为 3 种：一是金字塔形叠层封装，即使用大小不同的芯片，下层芯片的面积要大于上层芯片的面积；二是垫板式叠层

---

① TX：发射端；RX：接收端。

封装，即通过在上/下层芯片之间加入一块面积小的普通硅片，使上/下两层芯片间存在实现引线键合所需的空间；三是错位式叠层封装，即使用大小相同的芯片，将紧连的两层进行错位贴装，从而产生面积及空间以实现引线键合，错位式叠层封装根据错位方式又可分为滑移式与交替式。

芯片与芯片的堆叠指利用传统的引线键合技术，将多个芯片在垂直方向上堆叠起来，然后再进行封装，形成整体的封装结构。D2D 叠层方式如图 2.35 所示。其主要流程：晶圆研磨/减薄→晶圆贴膜→晶圆切割/划片→黏片/贴片→打线/键合→芯片堆叠→打线/键合→目视检测→塑封→电镀→打标→切筋成形。

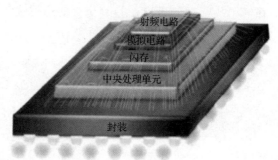

图 2.35 D2D 叠层方式

芯片与晶圆的堆叠主要利用 Flip-Chip（倒装）方式和 Bump（置球）键合方式实现芯片与晶圆的互连。与芯片与芯片的堆叠相比，芯片与晶圆的堆叠具有更高的互连密度和性能，并且可与高性能的 Flip-Chip 键合机配合，以获得较高的生产效率。

晶圆与晶圆的堆叠将完成扩散的晶圆研磨成薄片，逐层堆叠而成。层与层之间通过直径 10μm 以下的硅通孔（TSV）实现连接，如图 2.36 所示。与常见 IC（集成电路）封装的引线键合或焊接凸点键合技术不同，TSV 技术能够使芯片在三维方向堆叠的密度更大、外形尺寸更小，有助于降低功耗。

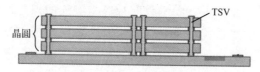

图 2.36 W2W 叠层方式

内封装是在同一个封装腔体内堆叠多个芯片以形成 3D 封装的技术方案，如图 2.37 所示。内封装实际是在基础装配封装（Basic Assembly Package，BAP）上部堆叠多个封装芯片，整体形成封装的一种结构。

图 2.37 内封装

封装叠层是以多层封装进行堆叠实现 3D 封装的技术方案。封装叠层实际是在一个处于底部的封装件上面再叠加另一个与其相匹配的封装件，组成一个新的封装整体，两者之间的连接可依靠引线或基板。封装叠层可分为引线框架型与基板型封装，其中，基板型封装具有更高的封装密度、更薄的封装外形和更大的工艺灵活性。封装叠层是两个独立的封装器件被绑定在一起，而内封装是多个芯片被绑定在一个封装体内。最简单的封装叠层包含两个叠层芯片，如图 2.38 所示。

图 2.38　封装叠层

封装叠层具有以下优点：器件的选择具有很大的自由度，只要确保各封装体测试过关后就可将不同厂商的封装器件堆叠在一起，两者或者多者相互独立，使得用户使用时具有更大的选择性；返修、检测、测试便捷；在封装体出现问题时可以拆开单独检修、测试。因此，封装叠层更适用于共形承载天线射频前端的封装。

本章小结

本章介绍了低温共烧陶瓷基板成形工艺及基于 LTCC 的共形承载天线制造方法，包括多层 LTCC 导电基板的材料、制造工艺、内嵌散热微通道的共形承载天线 LTCC 基板制造方法和射频前端的高密度封装技术。由于 LTCC 工艺尚无法实现曲面多层导电基板的制造，因此，采用此种方法只能研制平面的射频前端，之后通过罩体实现与载体平台的共形。

参考文献

[1] Yoshihiko Imanaka. 多层低温共烧陶瓷技术[M]. 詹欣祥，周济，译. 北京：科学出版社，2010.

[2] R.R. Tummala. Ceramics and glass-ceramic packaging in the 1990s[J]. Journal of the American Ceramic Society, 1991, 74(5): 895-908.

[3] R. Pitchumani, V.M. Karbhari. Generalized fluid flow model for ceramic tape coating[J]. Journal of the American Ceramic Society, 1995, 78(9): 2497-2506.

[4] M. Fujimoto, N. Narita, H. Takahashi, et al., Miniaturization of chip inductors using multilayer technology and its applications as chip components for high frequency power modules[J]. Industrial Ceramics, 2001, 12: 26-28.

[5] 李晓燕，冯哲，张建宏. LTCC 层压工艺及设备，电子工业专用设备[J]. 2012, 10: 24-26.

[6] M. F. Shafique, A. Laister, Michael Clark, et al. Fabrication of embedded microfluidic

channels in low temperature co-fired ceramic technology using laser machining and progressive lamination[J]. Journal of the European Ceramic Society, 2011, 31: 2199-2204.

[7] 梁钰. 用于水体金属离子检测的 LTCC 无线微流控传感器研究[D]. 中国科学院大学（中国科学院上海硅酸盐研究所），2022.

[8] 李有成，李海燕，王颖麟. LTCC 腔体及微流道制作技术[J]. 电子工艺技术，2014, 35(1): 22-25.

[9] K. Suhas. Materials and processes in 3D structure of low temperature co-fired ceramics for meso-scale devices[J]. Industrial Ceramics, 2009, 29(3): 1-8.

[10] 任春岭，鲁凯，丁荣峥. 倒装焊技术及应用[J]. 电子与封装，2009, 9(3): 15-20.

第 3 章

金属部件的增材制造技术

3.1 概述

  电子设备中往往包含多种形状复杂的金属构件，如波导、金属反射面、微通道热沉等。电子设备中典型的金属构件如图 3.1 所示。如果采用传统的切削加工的方法，不仅工序多、效率低，而且无法加工封闭的构件。如果采用金属增材制造的方式，即基于数字模型，采用粉末状金属材料，运用黏合、烧结或熔融方式，通过逐层增材打印的方式来构造三维物体，就可将具有复杂腔体的结构一次成形，不仅可简化金属构件的结构从而减少质量，而且可显著提高加工效率。典型的金属增材制造零部件如图 3.2 所示。

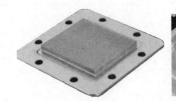

（a）波导　　　　　　　　　　　　　　　（b）微通道热沉

图 3.1　电子设备中典型的金属构件

图 3.2　典型的金属增材制造零部件

金属增材制造具有以下特点：

（1）精度高。金属增材制造设备的精度基本可控制在 0.05mm 以下。

（2）周期短。金属增材制造无须制作模具，从而使工件的加工时间大大缩短，一般几个小时甚至几十分钟就可以完成一个工件的成形。

（3）个性化制造。金属增材制造对于工件的外形和内部结构无限制，不管是一个还是多个不同的工件，都能以相同的成本制作出来。

（4）材料多样性。金属增材制造可以实现铝合金、不锈钢、钛合金、铁-镍-钴基高温合金等材料的成形，以满足电子设备对不同部件导热、耐热和承载性能的要求。

目前，可用于直接制造金属功能零件的增材制造技术主要有选择性激光熔融（Selective Laser Melting，SLM）、选择性激光烧结（Selective Laser Sintering，SLS）、黏结剂喷射（Binder Jetting，BJ）、激光近净成形（Laser Engineered Net Shaping，LENS）等。典型的金属增材制造技术如表 3.1 所示。

表 3.1 典型的金属增材制造技术

成 形 方 式	设　　备	材　　料	工　　艺
选择性激光熔融（SLM）	热源为大功率激光器，采用振镜进行光束扫描，粉末床成形	单一金属粉材	激光直接熔融粉材，无复杂的后处理
选择性激光烧结（SLS）	热源为小功率激光器，采用振镜进行光束扫描，粉末床成形	复合粉材（高熔点金属+低熔点金属、有机黏结剂）	激光熔融低熔点金属/有机黏结剂，后处理改善性能
黏结剂喷射（BJ）	黏结剂用阵列喷头喷射，粉末床成形	单一金属粉材黏结剂	金属粉材黏结成形，后处理改善性能
激光近净成形（LENS）	热源为大功率激光器，同轴金属粉材喷头	单一金属粉材	金属粉材与已沉积层同时熔化，层厚及扫描间距大

3.2 选择性激光熔融技术

选择性激光熔融技术的定义：通过热能选择性地熔化粉末床区域的增材制造工艺，即高能激光束的热作用使金属粉末快速熔化，经散热凝固后与基体金属冶金焊合，逐层累积成三维实体的一种增材制造技术。激光束按照三维 CAD 切片模型中规划好的路径在金属粉末床层表面进行逐层扫描，扫描过的金属粉末经熔化、凝固达到冶金结合的效果，最终获得设计的金属零件，其成形原理如图 3.3 所示。选择性激光熔融技术可直接成形出近乎全致密且力学性能良好的金属零件。选择性激光熔融技术制造的涡轮叶片如图 3.4 所示。

为了完全熔化金属粉末，要求激光功率密度超过 $10^6 W/cm^2$。目前，用选择性激光熔融技术的激光器主要有 Nd-YAG 激光器、CO_2 激光器、光纤激光器。上述激光器产生的激光波长分别为 1064nm、10640nm、1090nm。金属粉末对 1064nm 等较短波长激光的吸收率较高，而对 10640nm 等较长波长激光的吸收率较低。因此，在金属零件成形过程中，具有较短波长激光器的激光能量利用率高，具有较长波长的 CO_2 激光器的激光能量利用率低。选择性激光熔融常用材料包括模具钢、钛合金、铝合金，以及 CoCrMo 合金、铁镍合金、铜合金粉末材料，其粒度范围为 15～53μm，应具备良好的球形度、流动性及低氧含量。

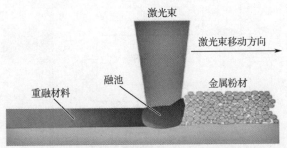

图 3.3　选择性激光熔融成形原理

图 3.4　选择性激光熔融技术制造的涡轮叶片

3.2.1　选择性激光熔融工艺

选择性激光熔融设备主要包括送粉腔室、粉床、升降机构、送粉装置、预热激光、扫描激光、数字振镜等。选择性激光熔融工艺原理如图 3.5 所示。其制造过程主要包括以下步骤。

步骤 1：送粉装置将送粉腔室内的金属粉末以非常薄的层厚铺设到粉床上。

步骤 2：预热激光照射待打印区域，给该区域的金属粉末预热。

步骤 3：扫描激光在数字振镜的作用下，根据工件的二维扫描形状，按预先设定的路径扫描，熔化金属粉末，金属粉末凝固后与下层金属冶金焊合，完成单层成形。

步骤 4：粉床在升降机构的作用下降低一个层高，送粉腔室在升降机构的作用下升高一个层高。

重复步骤 1～步骤 4，完成逐层成形。整个过程通常在设备内部的受控气氛中执行，零件制成后，通常要使用带锯从构建板上卸下成形零件。该成形零件的表面较为粗糙，依据工件的要求有时需要进行后期处理，以提高尺寸精度、降低表面粗糙度。

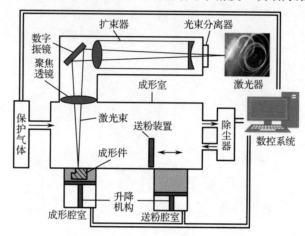

图 3.5　选择性激光熔融工艺原理

选择性激光熔融的优点如下：

（1）金属颗粒完全熔化、逐层堆积而成，其零件致密度和机械加工零件致密度接近，超过 99%。

（2）打印零件的尺寸较准确（可达±0.1mm）。

（3）可打印的材料种类多，未熔化的金属粉末可以重复利用。

（4）无需后续处理工艺。

选择性激光熔融的缺点如下：

（1）激光源功率大，密闭加工空间导致加工成本高。

（2）由于需要将金属加热至熔化，激光束停留时间长，打印速度偏低。

（3）表面较为粗糙（Ra 为 20～50μm）。

（4）加工室需要惰性气体保护。

3.2.2　影响成形质量的因素及工艺参数优化

在选择性激光熔融成形过程中，高能束激光直接作用于金属粉末上，成形区域温度场存在动态时变、瞬时不均匀的特性，影响了成形质量。图 3.6 为温度场、应力场对微观组织的影响过程。

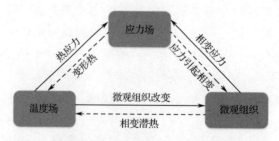

图 3.6　温度场、应力场对微观组织的影响过程

1．影响选择性激光熔融成形质量的因素

（1）功率密度

激光是熔化金属粉末的主要热源，其扫描的功率密度是影响成形质量最主要的因素之一。功率密度过大，熔化道过融，易吸附周围粉末，从而增加表面粗糙度；功率密度过小，粉末不完全熔化，熔化道不连通，易形成空洞。此外，选择性激光熔融是逐层堆叠的，热积累会导致成形层表面温度逐步升高。

（2）激光光斑尺寸

激光光斑尺寸决定了单融道的宽度，直接影响成形件的分辨率。对于电子设备中的薄壁金属部件的成形而言，必须控制好激光光斑尺寸。

（3）离焦量

离焦量指激光束焦点相对于粉床表面的距离，当离焦量为零时，光斑最小。随着层高的变化，离焦量将逐步变化。离焦量过小会导致光斑中心功率密度过高，熔池中的金属直接蒸发，产生锁孔效应，增大孔隙率；离焦量过大会导致光斑中心功率密度过低，由于光斑能量服从高斯分布，边缘处的能量不足以充分熔化金属粉末，从而产生吸附现象。

（4）扫描路径

激光扫描过程中，能量大部分用于熔化金属粉末，还有一部分能量通过熔池向周围粉末和工件传导。每当成形新的一层时，前续层还要再经历加热和冷却的过程，直至工件成形全部完成。激光通常采用两种扫描方式：一是 S 形往复扫描，但在首尾处散热时间被压缩，不利于薄壁件成形；二是单向扫描，会增加散热时间，但应注意扫描方向要与铺粉方向保持一定的夹角，以免薄壁件某点成形缺陷而导致整个工件铺粉不均。

（5）粉层厚度

粉层过厚时，激光功率不够则熔不透，层间结合强度下降；粉层过薄时，激光穿透会导致已经成形的前续层再次重熔，影响成形件的精度和性能。

激光功率、扫描速度、扫描间距、层厚通常用激光能量密度表示为

$$\text{ED}_\text{v} = \frac{P}{vht} \tag{3-1}$$

式中，ED_v 为激光能量密度（J/mm^3）；P 为激光功率（W）；v 为扫描速度（mm/s）；h 为扫描间距（mm）；t 为层厚（mm）。

激光能量密度、扫描速度对 Ti6Al4V 钛合金成形件表面硬度的影响如图 3.7 所示。激光功率、扫描速度对 Ti6Al4V 钛合金成形件密度的影响如图 3.8 所示，铺粉厚度、扫描速度对 316L 不锈钢成形件粗糙度的影响如图 3.9 所示。

2．铝合金选择性激光熔融成形主要缺陷及工艺优化

铝合金具有质量轻、导电/导热率高的特点，铝合金材质的裂缝天线、波导、馈源是电子系统中的最常用的金属部件。下面给出铝合金选择性激光熔融成形的主要缺陷。

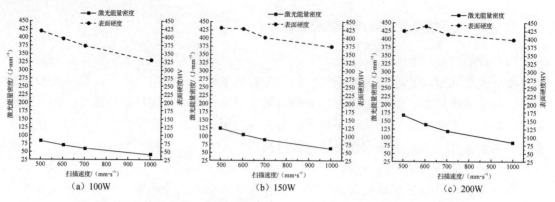

图 3.7　激光能量密度、扫描速度对 Ti6Al4V 钛合金成形件表面硬度的影响

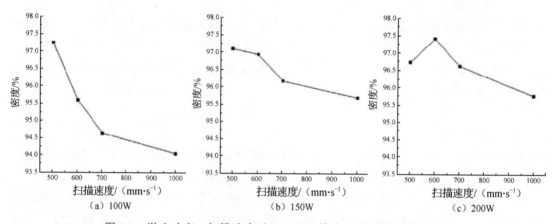

图 3.8　激光功率、扫描速度对 Ti6Al4V 钛合金成形件密度的影响

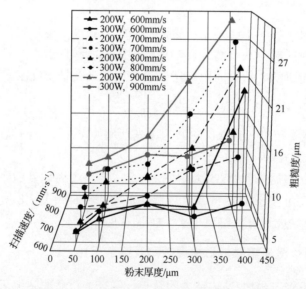

图 3.9　铺粉厚度、扫描速度对 316L 不锈钢成形件粗糙度的影响

（1）孔隙

孔隙是最常见的选择性激光熔融成形缺陷。由于铝合金粉末具有较低的激光吸收率、相对较高的热导率及较低的松装密度，使得孔隙这一缺陷在选择性激光熔融成形铝合金零件中十分常见。根据孔隙的形状及形成机理可将其分为两大类。第一类为冶金孔隙，具有小尺寸（约数十微米）的球形形态，呈周期性弥散分布。此类孔隙是激光加工过程中粉末间的气体溢出受阻，以及微熔池内的液体发生凝固收缩得不到足够的液态金属补充而造成的。第二类孔隙具有较大尺寸（约几百微米）且形态不规则，孔隙中还包含未熔融的粉末，被称为锁孔。此类孔隙是激光能量密度不足导致的，其数量或者尺寸受激光扫描速度的影响较大。随着激光扫描速度的增大，粉末在单位时间内接收到的能量不足，没有发生充分的冶金结合，从而使锁孔逐渐增多；相反，足够的激光能量输入可减少锁孔，使得冶金孔隙占主导。

（2）球化现象

球化现象是指高能激光束扫描金属粉末时，粉末吸收能量迅速熔化，然后在表面张力、重力及周边介质的共同作用下，收缩成断续的球形颗粒物（球化颗粒）。球化现象在选择性激光熔融成形零件中普遍存在，产生的球化颗粒不仅会影响零件的表面粗糙度、致密度，而且会影响后续成形过程，显著影响零件的综合力学性能。球化现象可归因于加工过程中熔化液滴较差的润湿性，熔池分别由上部熔池的熔融粉末和下部熔池的熔融基质材料组成。上部熔池的气液界面趋于促进成球，而下部熔池则阻碍上部熔池的成球。如果下部熔池中有足够的熔体，则上部熔池的球化现象将被完全抑制。而铝合金粉末将激光的大部分能量都反射或者传导出去了，导致激光穿透后产生的熔体量较少，且由于铝对氧元素敏感，使得熔池对流方向发生改变，更易导致球化现象的产生。

（3）氧化

铝合金本身的氧化活性高，且选择性激光熔融成形温度高，再加上使用的粉末粒径较小，比表面积大使其更易吸附氧气，故在成形过程中易产生氧化物夹杂。选择性激光熔融成形铝合金零件过程中氧化夹杂的形成机理：在成形过程中，熔池表面会形成氧化铝薄膜，上表面的氧化膜在激光作用下从熔池蒸发逃逸，而熔池内壁的氧化膜则在马朗洛尼（Marangoni）对流作用下发生破裂，随着扫描过程的继续，其变成氧化夹杂物留在已凝固的熔体中。相邻轨迹之间的氧化物保留了小部分粉末，这也是上述锁孔缺陷的成因之一。尽管在选择性激光熔融成形铝合金零件的过程中，环境应该保持较低的氧分压，金属粉末应该足够清洁干燥，但仍难以避免氧化，只能通过增大激光功率或者寻求其他能够破坏氧化层的方式减少由此产生的危害。

（4）裂纹与残余应力

选择性激光熔融成形过程中粉末快速熔化与凝固，且相邻层之间存在循环热加工，易产生较大的残余应力，进而引起成形零件翘曲变形，以及疲劳裂纹扩展、开裂。选择性激光熔融成形过程中形成的应力包括热应力和结构应力。其中，热应力是由激光的不均匀加热，以及在靠近和远离熔池的区域之间产生不同程度的热膨胀和收缩变形引起的；结构应力是加工过程中发生相变而引起体积膨胀和收缩导致的。研究结果表明，激光重熔和基板预热可以在加工过程中有效地将残余应力分别降低 55% 和 40%。但裂纹的控制还取决于合适的加工参数，较高的能量密度会导致热应力增加而引发热裂纹，较低的能量密度会产生球化现象和锁孔，更利于裂纹的扩展。

为了消除上述缺陷，传统上采用试错法来探究选择性激光熔融成形铝合金零件的最佳工艺参数，但往往事倍功半。从应用需求出发，交叉融合高通量模拟计算、高通量实验和人工智能数据挖掘技术，反推出符合设计需求的材料成分和结构，从而缩短科研与工业生产之间的差异、加快新材料的设计与应用，无疑是更具潜力的方式。例如，在适用于选择性激光熔融成形的新型铝合金开发上，通过基于热力学的高通量筛选，添加纳米 ZrH_2 颗粒可显著提升成形 7050 铝合金的综合性能。此外，福特公司把计算材料科学所获得的材料信息与产品性能预测和制造工艺结合起来，实现产品在未加工生产之前就已经模拟得到其成分设计和加工工艺参数，从而满足设计者需求。

3.3 选择性激光烧结技术

选择性激光烧结技术的定义：通过热能选择性地烧结粉末床区域的增材制造工艺，即在金属粉末表面混合其他熔点/软化点较低的材料，作为基质粉末的黏结剂，通过激光束加热粉床表面，使得黏结剂熔化并在基质粉末颗粒周围形成玻璃相，实现对金属颗粒低温黏结并逐层累积成三维实体的一种增材制造技术。通常选择性激光烧结的零件强度相对较低且多孔，应根据需要进行热激光固化和渗蜡等后处理。

与其他增材制造工艺比较，选择性激光烧结技术具备以下优点。

（1）无需添加支撑，材料利用率高

选择性激光烧结技术、光固化成形技术等增材制造技术成形过程中具有空腔、悬臂的复杂结构零件，通常需要设计支撑，加大了工艺的复杂度和材料的消耗。选择性激光烧结技术中未烧结的粉末可以作为支撑结构，无需设计支撑，且粉末可重复利用。

（2）成形材料种类广泛

成形材料是选择性激光烧结技术迅速发展的关键因素之一，对其成形件的力学性能、成形精度起着决定性的作用。选择性激光烧结技术的成形材料范围广，不仅可以成形高分子材料，还可以成形金属、陶瓷等材料，目前已广泛应用在航空航天、教育、生物医疗等领域。

（3）与传统工艺结合，易制造形状复杂的模型

选择性激光烧结技术与传统成形工艺相结合，能实现快速铸造、快速模具制造等多个领域中的应用，如原型设计验证、模具母模制造、精铸熔模等。

3.3.1 选择性激光烧结工艺

选择性激光烧结成形的金属基材料根据黏结剂种类可分为有机黏结剂复合材料和低熔点金属黏结剂复合材料，前者主要包括有机聚合物覆膜金属材料及聚合物混合金属材料，后者主要采用激光直接烧结低熔点金属粉末。其中，有机聚合物覆膜金属材料主要

通过有机聚合物包覆金属材料的方式制成覆膜金属材料，避免机械混合时粉末产生的偏聚问题。在选择性激光烧结成形过程中，金属颗粒被有机聚合物包覆在内形成初始形坯，然后经脱脂、高温烧结等处理，才能得到致密的金属零件。

目前，金属粉末选择性激光烧结成形的主要方法有间接法和直接法两种。

（1）间接法

对于有机黏结剂复合材料，通常采用间接法成形，即通过激光加热有机黏结剂，使其熔化并将金属粉末黏结成形。目前，常见的用于选择性激光烧结工艺的热塑性树脂包括聚苯乙烯（PS）、尼龙（PA）、聚碳酸酯（PC）、聚丙烯（PP）和蜡粉等，热固性树脂包括环氧树脂、不饱和聚酯、酚醛树脂、聚氨酯等。在使用的粉末材料中，金属粉末与有机黏合剂有两种混合方法。一是金属材料包裹在覆有有机材料的金属粉末上，虽然其制备过程较复杂，但具有较好的烧结性能；二是将金属材料与有机材料进行混合，工艺简单，但烧结性能差。

间接法成形本质上就是有机黏结剂被激光加热熔化、融合及冷却固化的过程，材料的热传导率、热容和相转变行为都会影响成形件性能。对结晶材料而言，其熔限较窄，较小的激光能量就能使其完全熔融。其孔隙率低、力学性能好，但在冷却过程中容易由于结晶导致体积收缩，所以成形尺寸精度稍低。通常将开始结晶的温度与开始熔融的温度之间的温差称为烧结窗口，粉床温度设置在其烧结窗口之内，较宽的烧结窗口能保证选择性激光烧结成形的稳定性。对无定型材料而言，由于其没有特定的熔点，只有一个较宽的玻璃化转变温区，发生玻璃化转变以后继续升温，聚合物会逐渐变软最终变为黏流态，烧结过程中往往需要较高的激光能量才能使聚合物粉体较好地融合，因此容易降解造成烧结制件力学性能较差；其开始黏流温度与玻璃化温度的温差越小，所需激光能量就越小，越有利于选择性激光烧结成形。

选择性激光烧结成形过程中没有给材料施加压力和剪切力，粉体材料受热熔融后完全依靠自身的流动性相互融合，因此，材料的熔体流动性直接影响着成形件的精度和烧结后的性能；粉体熔体黏度越低、表面张力越小，其熔体流动性越好，颗粒融合时间就越短，越有利于选择性激光烧结成形。

选择性激光烧结成形中通常使用波长约为 $10.6\mu m$ 的 CO_2 激光束选择性地熔化薄层中的聚合物颗粒，所以材料对 CO_2 激光的吸收能力越强，成形过程中材料越易受热熔融。脂肪族的高分子材料含有大量的 C-H 键，能够有效吸收 CO_2 激光。对于 C-H 键含量较低的高分子材料，其对激光的吸收能力较差，需提高激光能量密度。

粉体粒径和形貌（几何形状）直接影响着成形件的性能。对高分子材料而言，其最佳粉体粒径为 $45\sim90\mu m$。当粉体粒径过大时，在烧结过程中难以完全融合，会降低成形件的力学性能。同时，由于表面黏附了较多未完全融合的大颗粒，会造成成形件表面粗糙度增加、成形精度下降。当粉体粒径过小时，颗粒间静电作用较大，使打印过程中铺粉不能正常进行。在一定范围内，粒径分布越宽的粉体流动性越好，堆积效率越高，越有利于选择性激光烧结成形。这是因为在粒径分布宽的粉体中，小颗粒粉体可以减小大颗粒粉体间的摩擦，同时小颗粒粉体可以填充在大颗粒粉体间的空隙中，使粉体堆积更加紧密。此外，粉体颗粒的几何形状越接近球形，粉体的流动性和堆积密度就越好，成形件的表观质量也越好。

除了流动性，粉体的堆积性对成形过程也有较大影响。粉体的堆积效率越高，粉体堆积越紧密，堆积密度越大。而打印过程中，每层铺粉厚度是固定的，粉体堆积密度越大，意味着每层的粉体越多，烧结制件的致密度和力学性能也会得到提升。

选择性激光烧结间接法成形主要包括粉床烧结成形及后处理两个步骤。

粉床烧结成形工艺与选择性激光熔融类似，其工艺原理同图 3.5 所示选择性激光熔融工艺原理，只是所用激光功率较低。选择性激光烧结成形参数主要包括激光功率、扫描速度、层厚和光斑大小等。

粉床烧结形成的烧结件需要进行后处理才能成为高密度的金属件。后处理通常包括3 个步骤。步骤 1：降解聚合物，即通过加热除去连接金属颗粒的聚合物。步骤 2：二次烧结，即在清除金属粉末颗粒之间的聚合物后，将烧结件加热到较高温度，从而建立金属粉末颗粒之间的离子连接。步骤 3：渗金属，二次烧结后，成形件多孔、强度较低，需使用渗金属的方法进行后处理。低熔点的金属在熔化过程中，由于毛细、重力等作用，模块内的孔隙被密度较高的金属填充。

（2）直接法

选择性激光烧结直接法与间接法不同，用于直接法成形的金属粉末含低熔点金属黏结剂，不包括有机黏结剂。直接法成形工艺使用高能激光器直接烧结低熔点金属粉末以获得金属零件，其成形设备所用激光功率较大。

目前，由于材料和工艺因素的限制，直接法成形的金属件的密度和强度变化较大，烧结部分多孔，且力学性能较差，因此，必须进行后处理以增加其密度和强度。渗金属是具有低熔点的金属，能够熔融并渗透到烧结件的孔隙中以形成致密的金属件，用以提高金属件的密度和强度。

3.3.2　烧结缺陷及其调控方法

成形材料的物理性能、激光烧结工艺参数对选择性激光烧结成形件的精度和性能有较大影响，其主要影响因素包括粉末材料特性、工艺参数、后处理工艺等。其中，粉末材料特性方面，粉末粒径、密度对成形件的精度、粗糙性具有较大的影响。粉末膨胀及颗粒凝固机制直接影响烧结过程，大大增加了烧结孔的数量，降低了成形件的抗拉强度。工艺参数方面，激光功率、光斑直径、扫描速度、扫描方式、烧结时间及层厚等多种因素对成形件的收缩翘曲变形有影响。后处理工艺方面，虽然金属零件可以采用 SLS 直接法制造，但是零件的力学性能较差，后处理可以改善性能，但尺寸精度会进一步降低。

激光烧结过程中影响成形件质量的主要参数有激光功率、扫描速率、扫描间距、层厚和粉床温度等。激光功率、扫描速率、扫描间距 3 个因素结合起来定义了激光能量密度。其中，激光功率和扫描速度是影响最大的两个参数，也是最常改变的两个参数。增加激光功率、减小扫描速度、减小扫描间距都会导致零件密度和拉伸强度的增加。这是由于材料黏度降低使孔隙度降低，从而增加了零件密度。然而，如果激光功率过高，由于熔体流量增加，层间形成剪切应力，成形件可能发生卷曲或扭曲。此外，激光能量密度过大通常会导致成形件尺寸公差较大，在力学操作过程中引起很多问题；激光能量密度过低会使粒子黏附不当，最终导致成形件分层或解体。研究结果表明，对翘曲和成形精度影响最大的参数是扫描速度，其次是激光功率。扫描速度决定了 CO_2 激光束对粉末的加热时间，在一个固定的激光功率下，更高的扫描速度意味着更短的加热时间和传递给聚合物更少的热量，导致较低的熔化程度及较差的力学性能。

粉末铺展厚度（层厚）指烧结过程中使用辊或刀片施加的粉末增量层。为最大限度地减少热传导带来的间接加热（以改善烧结效果），粉末粒子应自由流动。粉床温度指对粉末床中的聚合物粉末进行预热的温度。为了减小熔融液与支撑粉末之间的热梯度，避免翘曲和卷曲，无论是在激光扫描制备零件过程中，还是在制备零件之前和完成后的一段时间内，都需要对粉末进行加热。没有充分预热粉末储层或工作空间，可能导致较差的附着力。在其他工艺参数不变的情况下，粉床温度越高，粉末的导热性能越好，在烧结过程中越有助于粉末的润湿和流动扩散；粉床温度越低，越有利于提高选择性激光烧结中材料的可回收率，同时降低了对设备的要求。对于结晶聚合物，预热温度通常低于熔融温度，接近但不能超过起始熔融温度，否则会发生结块，最终导致粉末扩散失效；对于非晶态聚合物，预热温度通常等于或略低于过玻璃化转变温度。此外，对于结晶聚合物，预热的粉末床限制了激光产生烧结所必需的能量输入，从而避免了较大的热差，最大限度地减少了冷却和再结晶过程中的收缩。通过控制结晶速度，可以提高零件的尺寸精度，降低变形的风险。如果粉层温度过低，烧结层的棱角会卷曲。此时零件也能打印，但完成的部分将会出现卷曲或扭曲。同时，这种卷曲或扭曲将阻塞零件打印的路径，使零件从原有位置移动，激光会扫描到错误的位置，导致打印失败。

此外，影响成形件质量的其他参数还有脉冲频率、扫描尺寸、光斑尺寸等。实验设计时需找出重要的参数，以及这些参数对成形件力学特性的影响，从而打印出符合需求的成形件。

3.4　黏结剂喷射技术

黏结剂喷射技术的定义：选择性喷射沉积液态黏结剂来黏结粉末材料的增材制造工艺，即在金属粉末表面混喷射黏结剂，实现对金属颗粒低温黏结并逐层累积成三维实体的一种增材制造技术。

黏结剂的研制是黏结剂喷射技术的核心之一，不同材料需要的黏结强度存在差异，且后期烧结温度与时间也各不相同，因此，需要针对不同的金属材料研发合适的黏结剂，这是控制成形质量的关键。黏结剂的研发要遵循结合强度适宜、后期好去除等原则。

成形效率取决于打印喷头的数量，原则上，打印喷头的数量越多，成形效率越高，但是打印喷头的数量增多会使喷射系统设计复杂性增大。此外，不同特性黏结剂的精准喷射也是黏结剂喷射技术的核心，其喷射机理和微滴喷射成形类似，可参考第 4 章的相关内容。

3.4.1　金属粉材的黏结剂喷射工艺

金属粉材的黏结剂喷射设备主要包括送粉腔室、粉床、升降机构、送粉装置、阵列式喷头等，黏结剂喷射工艺如图 3.10 所示。其制造过程主要包括以下步骤。

步骤 1：铺粉辊将送粉腔室内的金属粉末以非常薄的层厚铺设到粉床上。

步骤 2：阵列式喷头在二坐标运动控制机构的作用下运动到打印区域前端。

步骤 3：阵列喷头沿着与喷孔线阵垂直的方向扫描，同时按本层切片数据喷射黏结剂，金属粉末在黏结剂的作用下与下层成形部分黏结，完成单层成形。

步骤 4：粉床在升降装置的作用下降低一个层高，送粉腔室在升降装置的作用下升高一个层高。

重复步骤 1～步骤 4，完成逐层成形。整个过程通常在室温下完成，内部无须受控气氛。成形件制成后，可直接从成形腔室中取下，并采用脱脂和烧结工艺进行后处理。

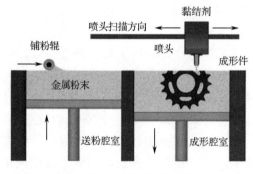

图 3.10　黏结剂喷射工艺

3.4.2　成形缺陷及其调控方法

影响黏结剂喷射成形的主要因素包括以下 4 类。一是结构设计；二是材料特性，包括粉材的粒径、流变和润湿特性，以及黏结剂黏度和表面张力等；三是设备精度，包括喷头分辨率、运动精度等；四是成形参数，包括分层厚度、黏结剂饱和度、烧结温度及时间等。在这些因素中，黏结剂饱和度对成形件表面质量影响显著。黏结剂饱和度过低，导致黏结强度下降，粉末易从成形件上脱落，造成缺陷；黏结剂饱和度过高，导致过量的粉末与成形件表面结合，引起成形件表面膨胀从而增大表面粗糙度。此外，粉末性能和粒径分布对成形件的性能和精度也具有显著的影响。一方面，粉末粒径过大导致成形件粗糙度增大；另一方面，粉末粒径过小也会引起团聚效应，导致成形件粗糙度增大。最大粒径决定了最小分层厚度和成形精度。研究结果表明，分层厚度应为最大粒径的 3 倍，此时粉材流动性好，成形精度高。由于球形颗粒比不规则颗粒具有更好的流动性，因此，采用球形颗粒时，成形件密度更高。

为减小成形缺陷，提高成形件的精度和性能，可从以下几个方面着手。

（1）改进黏结剂性能

研究黏结剂组分对特定粉体的黏结强度和黏度的影响，分析不同层厚和黏结剂饱和度对成形件致密度、表面粗糙度、线收缩率和强度的影响，通过正交实验，优化黏结剂组分和打印层厚。光固化树脂（又称"光敏树脂"）是一种常用的黏结剂，表 3.2 为 Stratasys 公司的 Vero WhitePlus RGD835 光固化树脂固化后的性能，其固化前 25℃时黏度和表面张力分别为 140.7mPa·s 和 23.2mN/m。

表 3.2　Vero WhitePlus RGD835 光固化树脂固化后的性能

性　　能	指　　标
抗拉强度/MPa	50～65
弹性模量/MPa	2000～3000
断裂伸长率/%	10～25
抗弯强度/MPa	75～110
弯曲模量/MPa	2200～3200
热变形温度/℃	45～50
聚合密度/g·cm^{-3}	1.17～1.18

（2）优化喷射参数

喷射参数包括喷头温度、打印间距、固化功率密度等。对于高黏度的黏结剂，采用加热喷头的方式可降低其黏度，避免在喷孔处出现堆积现象，从而降低液滴质量。打印间距决定了黏结剂液滴间的搭接率，即相邻液滴重叠长度与液滴直径之比。喷射黏结剂搭接率如图 3.11 所示。设最大液滴直径为 D_{max}，图 3.11（a）为不同搭接率 K 时的液滴排列情况，当打印间距小于临界搭接位置时，每层打印区域才能都喷到黏结剂，临界搭接位置如图 3.11（b）所示。

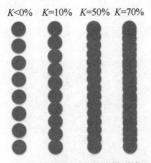
（a）不同搭接率时的液滴排列情况

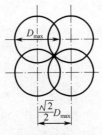
（b）临界搭接位置

图 3.11　喷射黏结剂搭接率

（3）优化排胶、烧结参数

生坯由金属粉末和黏结剂组成，排胶指去除成形件中黏结剂的过程，热脱脂是黏结剂喷射成形中最常使用的排胶方式。由于黏结剂必须通过微小的多孔材料结构蒸发，如果施加太多能量，金属颗粒基质受到干扰，会影响成形件质量。零件在接近熔化温度但低于熔化温度的炉子中加热，该过程分为 3 个阶段。在初始烧结阶段，粉末颗粒仅通过范德华力结合，当达到烧结温度时，颗粒的结合之间会形成颈部；在烧结的第二阶段，其特征是通过相邻粒子的合并来增加粒子的堆积密度，此阶段产生孤立的孔隙结构；在烧结的第三阶段，孔径进一步减小，直至孔隙几乎完全消除。在烧结过程中会发生相对较大的体积收缩，各方向上收缩 15%～25%。由于重力、材料的压缩，收缩是各向异性的并且在垂直方向上较大。在烧结炉中，零件较薄的部分比较厚的部分加热和烧结得更快，从而将应力引入厚度变化的零件中。此外，零件烧结后的冷却进一步放大了这种效果。这些热梯度和应力会使零件翘曲和损坏，并可能产生影响材料特性的非均匀晶粒结构。因此，烧结曲线对最终质量至关重要，需要通过系列实验进行优化。

3.5 电子设备典型部件增材制造案例

电子设备中存在大量的异形金属部件，如微通道散热冷板、波导、裂缝天线等，其不仅外形复杂、内部结构精密，而且往往是封闭腔体结构，若采用常规的机械加工方式，工艺流程多、制造周期长、成本高，采用增材制造方式可实现事半功倍的效果。本节给出了 3 个电子设备典型部件增材制造案例。

3.5.1 散热冷板增材制造案例

微/小通道散热冷板是电子设备中常用的一种导热部件，通常具有微细的流道和复杂的外形，若采用传统的切削加工方式，需要分别加工两个可拼合的流道，再通过真空钎焊或扩散焊接的方式构成一个封闭的腔体。微/小通道散热冷板外部结构和内部剖面如图 3.12 所示。然而，由于微通道尺寸小于 1mm，采用真空钎焊工艺时，焊料熔化易导致微通道堵塞；采用扩散焊工艺，焊接过程中施加的压力易使微通道变形，影响其散热特性。若采用选择性激光熔融增材制造，无须焊接就可实现具有复杂内部结构的微/小腔体的成形制造。

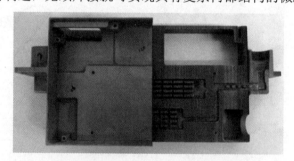

图 3.12 微/小通道散热冷板外部结构和内部剖面

为了提高成形效率，华中科技大学武汉光电国家研究中心研究了基于 1kW 高功率激光器的 AISI10Mg 铝合金选择性激光熔融工艺，成形件室温拉伸实验结果及与 ASTM B85-03 公布的压铸 AISI10Mg 铝合金标准对比情况如图 3.13 所示，可见，高功率选择性激光熔融成形件的抗拉强度、屈服强度和延伸率均优于 ASTM B85-03 标准的压铸件。

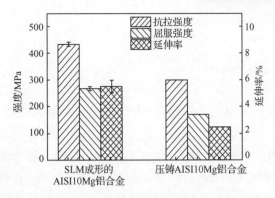

图 3.13　成形件室温拉伸实验结果及与 ASTM B85-03 公布的压铸 AISI10Mg 铝合金标准对比情况

微/小通道散热冷板设计模型、加工实物和 X 光图像如图 3.14 所示，从 X 光图像可以看出，其外部结构无可见的成形缺陷，所有流道均畅通。

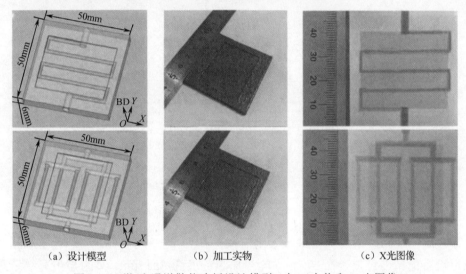

（a）设计模型　　　　　　（b）加工实物　　　　　　（c）X 光图像

图 3.14　微/小通道散热冷板设计模型、加工实物和 X 光图像

中航光电科技股份有限公司采用 AISI10Mg 铝合金材料和选择性激光熔融工艺研制了 T/R 组件散热冷板，流道最小截面尺寸为 2mm×3mm，其外部结构、内部流道和成形件如图 3.15 所示。

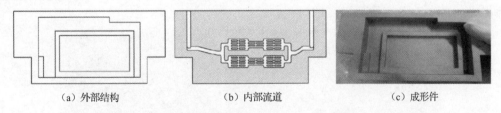

（a）外部结构　　　　　　（b）内部流道　　　　　　（c）成形件

图 3.15　T/R 组件散热冷板外部结构、内部流道和成形件

该 T/R 组件散热冷板的尺寸精度为±0.2mm，表面粗糙度为 Ra3.2～12.8μm，表面采用导电氧化和酸碱洗处理。为验证选择性激光熔融成形工艺的有效性，该 T/R 组件冷板与采用钎焊工艺的同结构冷板进行了对比实验，结果表明，采用选择性激光熔融工艺的

成形件通道，其流阻约为钎焊工艺制造的 1/3，热源表面最高温度低 3.9℃。

3.5.2 波导增材制造案例

法国布雷斯特大学（University of Brest）采用选择性激光烧结工艺加工铝合金波导，并在此基础上研制了共形波导裂缝天线。该天线由馈电波导阵列和辐射波导阵列组成，共形波导裂缝天线结构如图 3.16 所示。其工作于 Ku 波段，最大增益为 20.5dB，最大回波损耗为 26.6dB，波束宽度为 11°。其采用铝合金 AISI10Mg 粉材（烧结后电导率可达 $2.3×10^7$S/m）和德国 EOS Gmbh 公司的 EOS M280 成形设备进行加工，将 400W 光纤激光器发出的光束汇聚成直径为 40～100μm 的光斑，以 20μm～80μm 的层厚逐层烧结铝合金粉材。

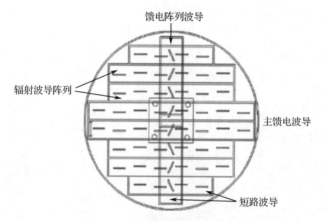

图 3.16 共形波导裂缝天线结构

选择性激光烧结成形的共形波导裂缝天线如图 3.17 所示，其精度为±0.2mm（采用新型成形设备的精度可提升至±0.1mm）、表面粗糙度为 Ra17μm。实测与仿真结果对比如图 3.18 所示，可见，虽然选择性激光烧结成形件的精度比高精度数控机床成形件的精度低一个量级，但由于其可以直接加工近封闭的复杂腔体而无须焊接，最终实测值与仿真值接近，选择性激光烧结是多层波导阵列的一种高效加工方法。然而，由于选择性激光烧结成形过程中存在粉材黏连的情况，波导内表面粗糙度仍不理想，近年来已有采用磨粒流抛光的方法改善表面粗糙度的研究。

图 3.17 选择性激光烧结成形的共形波导裂缝天线

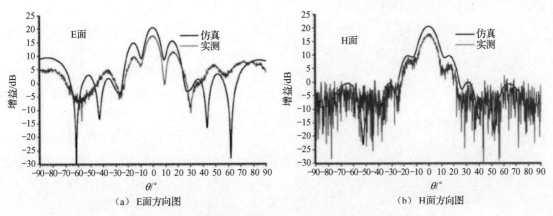

（a）E面方向图　　　　　　　　　（b）H面方向图

图 3.18　实测与仿真结果对比

3.5.3　天线增材制造案例

北京卫星信息工程研究所针对星载四臂螺旋天线设计复杂、加工难度大、生产周期长等问题，同时为满足其高可靠、低成本、快速制造的需求，采用选择性激光熔融工艺研制了一种四臂螺旋天线，在满足电性能要求下，零件数量由原来的 11 个减少为 3 个，生产、调试周期由 20 余天缩短为 6 天，制造成本降低 60%～80%。

四臂螺旋天线结构如图 3.19 所示。基于传统机械加工工艺的四臂螺旋天线结构分为外导体、内导体、大径螺旋线、小径螺旋线、顶面介质及底座介质等主要零件，如图 3.19（a）所示。零件分别加工后，再进行装配、焊接，组成天线装配体，故设计、加工、组装周期较长。此外，基于传统机械加工工艺的螺旋线在模具成形及与外导体焊接过程中，由于内应力导致螺旋线径向、轴向的尺寸不稳定，加之存在装配误差，导致天线的一致性难以保证。为解决此问题，结合选择性激光熔融成形工艺与四臂螺旋天线结构特点，将天线结构设计更改为仅包含天线螺旋体，以及辅助支撑零件的顶面介质和底座介质，如图 3.19（b）所示。由于减少了多处装配、焊接工序，设计、加工、组装周期大幅缩短，提高了生产效率。

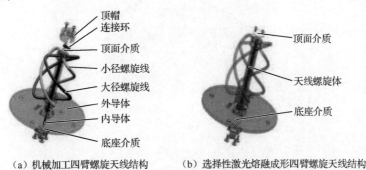

（a）机械加工四臂螺旋天线结构　　（b）选择性激光熔融成形四臂螺旋天线结构

图 3.19　四臂螺旋天线结构

综合考虑成形件变形、成形件预应力、成形件表面质量及随炉样条力学性能，采用正交实验分析确定了选择性激光熔融成形工艺参数：激光器功率为 95W，结构内轮廓及外轮廓的扫描速度为 400mm/s，结构支撑及实体部分的扫描速度为 900mm/s，层厚为 25μm。同时，为了降低天线成形过程中热应力造成的天线变形和支撑结构的去除难度，天线底盘及四臂螺旋线位置的支撑结构分别进行了简化处理。此外，天线底面成形时，将天线底面的每一层分成若干片段，随机烧结成形，有效降低了天线底面熔融成形过程的内应力，避免开裂风险。天线成形后，为了满足天线的电性能要求，通过喷砂对其进行表面粗糙度处理，成形后的实物天线如图 3.20 所示。

图 3.20　成形后的实物天线

对两种不同成形工艺制备天线的方向图进行测试，相关测试数据如图 3.21 所示。由测试结果可知，基于选择性激光熔融成形的天线与传统机械加工的天线，其电性能基本一致，满足天线实际指标要求。

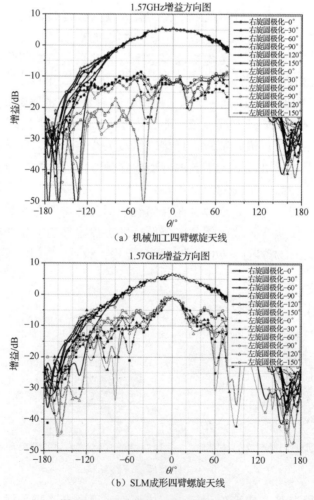

（a）机械加工四臂螺旋天线

（b）SLM成形四臂螺旋天线

图 3.21　四臂螺旋天线相关测试数据

本章介绍了电子设备中金属部件的增材制造技术，分析了典型增材制造技术的特点，详细描述了典型工艺的成形缺陷及相应的工艺优化方法，并给出了散热冷板、波导、天线等典型部件的增材制造工程案例。

参考文献

[1] T.S. Srivatsan, T.S. Sudarshan. Additive manufacturing: innovations, advances and applications[M]. London: Taylor & Francis Group, 2016.

[2] 黄卫东，林鑫. 激光立体成形：高性能致密金属零件的快速自由成形[M]. 西安：西北工业大学出版社，2007.

[3] A.M. Knorasani, I. Gibson, A.R. Ghaderi. Rhelolgical characterization of process parameters influence on surface quality of Ti6Al4V parts manufactured by selective laser melting[J]. The international Journal of Advanced Manufacturing Technology, 2018, 97(12): 3761-3755.

[4] 张杰，杨高林，徐侠，等. 铺粉厚度对选区激光熔化 316L 沉积层致密度与表面形貌的影响[J]. 表面技术，2022, 51(3): 286-295.

[5] 黄建国，任淑彬. 选区激光熔化成形铝合金的研究现状及展望[J]. 材料导报，2021, 35(23): 23142-23152.

[6] 刘振盈，李磊，杨玮婧. 选择性激光烧结成形过程的影响因素[J]. 塑料工业，2021, 49(11): 20-24.

[7] 刘梦娜，魏恺文，邓金凤，等. 铝合金液冷板激光选区熔化快速成形工艺研究[J]. 激光与光电子学进展，2021, 58(13): 356-365.

[8] 刘梦娜，魏恺文，邓金凤，等. 3D 打印铝合金液冷板性能研究[J]. 航空精密制造技术，2019, 55(2): 44-56.

[9] A. Guennou-Martin, Y. Quere, E. Rius, et al. Design and manufacturing of a 3D conformal slotted waveguide antenna array in ku-band based on direct metal laser sintering[C]. IEEE Conference on Antenna Measurements & Application, 2016: 1-4.

[10] 柯泰龙，孙玉利，汤张喆，等. 增材制造异形波导管内腔的磨粒流抛光方法研究[J]. 航空制造技术，2022, 65(Z1): 86-91.

[11] 刘大勇，洪元，李青，等. 四臂螺旋天线一体化设计与 SLM 成形[J]. 焊接与切割，2021, 10: 56-60.

Chapter 4

第 4 章

微滴喷射成形技术

4.1 微滴喷射成形原理

为满足下一代飞行器高机动性、强态势感知、强隐身能力的要求，信息感知系统应具备功能综合化和结构功能一体化的特征，这对共形承载天线及频选天线罩等共形电子部件（见图 4.1）提出了迫切的需求。然而，用 PCBA（印制电路板组装）、LTCC 成形等传统制造工艺难以同时满足曲面共形与多层互连的要求，难以实现面向电性能的工艺参数精准调控。本章将介绍微滴喷射成形技术，实现多层曲面电路的控形/控性制造。下面以频选天线罩为例说明微滴喷射成形原理。

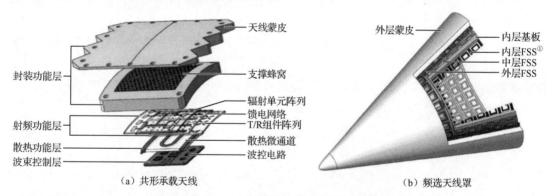

（a）共形承载天线　　　　　　　　（b）频选天线罩

图 4.1　共形承载天线及频选天线罩结构

共形承载天线、频选天线罩等共形电子部件主要由非展开曲面基板、多层导电图形、蜂窝承力结构和透波蒙皮组成。其一体化微滴喷射成形过程如图 4.2 所示。第 1 步进行微滴喷射，即介质材料（光固化树脂、陶瓷墨水等）的喷射与固化，以形成支撑结构；

---

① FSS：频率选择表面。

第 2 步进行光固化，通常用紫外线照射已喷射的介质材料，形成固化的支撑结构；第 3 步进行微滴喷射，即喷射导电材料（通常为纳米金属溶液），形成具有频率选择特性的曲面图形；第 4 步进行原位复合烧结，即采用加热、激光、红外、闪光等方式，对喷射的纳米金属溶液进行烧结，形成曲面导电图形。对于多层共形电子部件，重复以上步骤逐层成形。

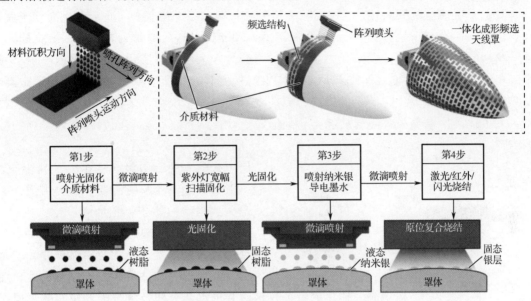

图 4.2　频选天线罩一体化微滴喷射成形过程

上述喷射和烧结固化均在曲面上进行，因此，传统的平面切片的三维打印方式并不适用于共形电子部件的一体化喷射成形。这是因为平面切片的打印方式将使曲面上的导电图形多层拼接，从而降低导电性，增加传输损耗。为此，共形承载天线一体化喷射成形应采用如图 4.3 所示的曲面切片、五轴联动打印方式。

首先，采用曲面切片的方式生成三维打印数据；其次，采用五轴联动方式，实现多层基板、导电图形和支撑结构的三维精密喷射；最后，采用紫外固化、闪光/激光固化方式，分别对多层基板和导电图形进行固化与烧结。一方面，可实现导电图形的高质量烧结固化；另一方面，可有效避免基材升温变形，提高成形导电图形的精度和电导率。

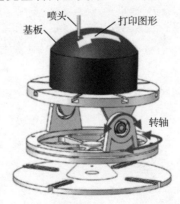

图 4.3　共形电子部件一体化喷射成形方式

4.2 微滴喷射过程的建模与分析

对于多层曲面基板而言，一体化微滴喷射的材料包括介电材料（通常为光固化树脂、陶瓷浆料）、导电材料（通常为纳米金属溶液）和支撑材料（通常为有机酸、有机酯）。这些材料的黏度、密度、表面张力等特性通常差异较大，为了实现可靠、快速喷射，通常采用压电式喷头，即通过驱动波形激励压电材料使其结构变形并驱动材料喷射出微滴。在喷射过程中，喷头结构、喷射材料、驱动波形和喷射微滴特性之间存在复杂的耦合关系，为了提高压电喷头对不同功能材料的适应性，需分析这些影响因素对微滴特性的影响规律。

压电式喷头通常由储液舱连接腔、结构变形腔、喷嘴连接腔及喷嘴腔 4 个部分组成。压电式喷头典型结构如图 4.4 所示。

挤压式压电喷头典型结构如图 4.5 所示。它主要由铝合金固定座、铝金属保护壳、玻璃管、压电陶瓷管等部件组成。压电陶瓷管套接在玻璃管外部，用来挤压玻璃管使其产生径向运动，玻璃管的一端有直径为 $20\sim80\mu m$ 的喷嘴。玻璃管与压电陶瓷管黏结在一起，在压电陶瓷管的挤压下发生变形并产生压力波，以驱动液体流向喷嘴，形成喷射液滴。下面以此喷头为例对喷射过程进行建模与分析。

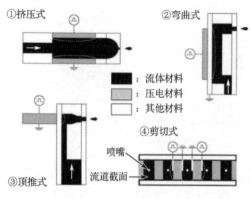

图 4.4 压电式喷头典型结构

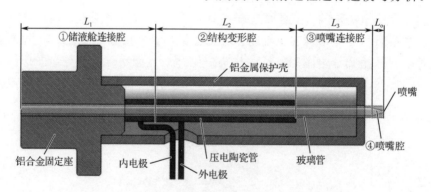

图 4.5 挤压式压电喷头典型结构

4.2.1 微滴喷射的声学模型

将流道中的材料视为可压缩性流体，基于声学理论，可用压力波描述流道内液体的受压挤出过程，设 t_0 为初始时刻，t 为时间，l 为流道长度，c 为声传播速度，压力波传播过程包括 11 个阶段，如图 4.6 中（a）～（k）所示。在（a）阶段，t_0 时刻电压阶跃升高，使得压电陶瓷管膨胀产生负压力。在（b）阶段，负压力沿着管道向喷头两端传播。在（c）阶段，负压力在喷嘴端发生闭端反射（壁面反射），在另一端发生开端反射（定压力反射）。其中，闭端反射只改变压力波的传播方向，开端反射同时改变压力波的幅值和传播方向。在（d）阶段，闭端反射后负压力波沿着管道向中心传播，开端反射后正压力波沿着管道向中心传播。当正压力波与负压力波传播到管道中心时（t_0+l/c 时刻），驱动电压恢复为零，压电陶瓷管恢复到原始管径并产生正压力，一部分正压力抵消了传播到中心的负压力，另一部分正压力与传播到中心的正压力叠加产生增强正压力。在（e）阶段，叠压的正压力向喷嘴端传播。在（f）阶段，叠压的正压力波传播到喷嘴处，形成最大的射流压力，并喷射液滴。在（g）阶段，剩余的正压力经闭端反射后反向传播至流道中心处。在（h）阶段，正压力经开端反射后形成负压力，并传播至流道中心处。在（i）阶段，负压力在喷嘴处闭端反射，转换为向尾端传播的负压力。在（j）阶段，负压力在尾部开端反射，转换为正压力。

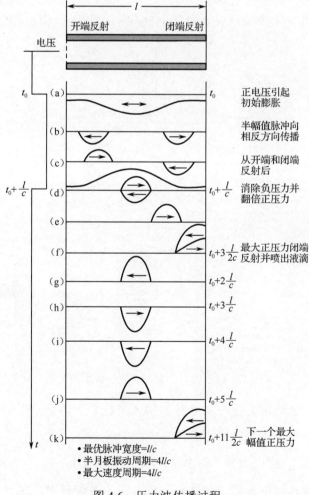

图 4.6 压力波传播过程

忽略在喷嘴处由材料喷射带走的部分压力波能量，将其假设为封闭壁面，同时假设压电管收缩或膨胀过程瞬间完成，则一维线性声学波动方程的压力和位移项可表示为

$$c^2 p_{xx} = p_u \text{ 或 } c^2 \zeta_{xx} = \zeta_u \tag{4-1}$$

式中，角标代表偏导数，c 是声速，p 是压力，ζ 是位移（流体微观粒子）。根据声学原理，流体流速 u 和位移 ζ、压力 p 和位移 ζ 存在如下关系：

$$p = -\rho_0 c^2 \zeta_x, \quad u = \zeta_t \tag{4-2}$$

式中，ρ_0 是密度，由于式（4-1）是经典的波动方程，其通解可表示为

$$p(x,t) = f(x-ct) + g(x+ct) \tag{4-3}$$

式中，f 代表沿 x 正方向传播的压力波，g 代表沿 x 负方向传播的压力波。由式（4-3）可知，p 可表示为沿 x 正/负方向压力波的叠加。对于无限长管，式（4-3）所描述的通解表示初始压力波在管道中的达朗贝尔解。初始压力分布在无限长管中的传播如图 4.7 所示。

$$p(x,t) = \frac{1}{2}[\phi(x-ct) + \phi(x+ct)] + \frac{1}{2c}\int_{x-ct}^{x+xt}\theta(s)\mathrm{d}s \tag{4-4}$$

式中，函数 ϕ 和 θ 为压力波的初始条件

$$p(x,0) = f(x) + g(x) = \phi(x), \quad p_t(x,0) = -cf'(x) + cg'(x) = \theta(x) \tag{4-5}$$

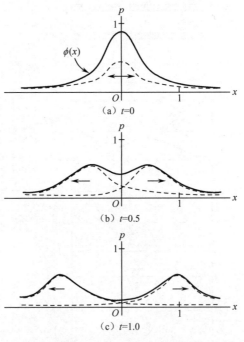

图 4.7 初始压力分布在无限长管中的传播

对于无限长管，初始压力波分布函数如图 4.7（a）中的 $\phi(x)$ 所示，此时初始压力变化率 $\theta(x)$ 为零，则此后的压力传播状态可表示为

$$p(x,t) = \frac{1}{2}[\phi(x-ct) + \phi(x+ct)] \tag{4-6}$$

当压力波在传播过程中遇到障碍物时，部分压力波会反射，部分压力波会透射，透

射波和反射波的幅值、相位由障碍物的透射系数和反射系数决定。对于压电喷头结构，供液端开口直径远大于喷嘴直径，供液端流道出口处压力与环境压力相同（即压力保持不变）。故设压力波在压电喷头供液端进行开口端反射（零压力反射），在喷嘴端进行封闭端反射（零速度反射）。压力反射和速度反射过程如图 4.8 所示。

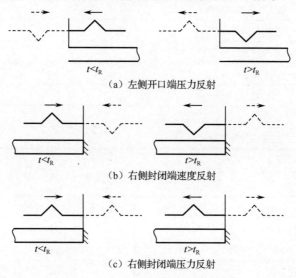

图 4.8　压力反射和速度反射过程

由于开口端反射位置压力恒为零，为了满足这一要求，在压力波传向开口端时，在开口端界面的对称位置假设存在一个幅值相反、传播相向的压力波，如图 4.8（a）所示，这样当两个压力波传播到开口端界面处时相互抵消，满足压力恒为零。

封闭端反射位置处速度恒为零，类似地假设一个对称的速度波，如图 4.8（b）所示。由式（4-1）可知，位移函数 $\zeta(x,t)$ 与压力波方程具有相似的数学形式，并且根据式（4-2）可将速度 u 和位移 ζ 关联起来。根据压力波方程的通解，速度和位移波传播过程具有相似的通解。如果 $\zeta(x,t)=f(x-ct)$，那么，$u=-cf'$，$p=-\rho c^2 f'$；如果 $\zeta(x,t)=g(x-ct)$，那么，$u=cg'$，$p=-\rho c^2 g'$。

综上，对于沿 x 轴正方向传播的压力波 f，速度和压力有相同的符号；对于沿 x 轴负方向传播的压力波 g，速度和压力具有相反的符号。即开口端反射改变压力波的符号，封闭端反射不改变压力波的符号。

4.2.2　微滴喷射的多相流模型

声学模型可分析流道内液体受压流动的状态，但无法分析喷孔处液滴的形成过程，以及喷孔外液滴的飞行和着陆铺展过程。为此，可采用计算流体动力学方法对喷射全过程进行建模和分析。下面以某压电喷头为例，说明二相流模型的建立和仿真。表 4.1 为压电喷头结构参数，喷射材料包括水、乙醇、苯胺和乙二醇；表 4.2 为喷射材料物性参数。图 4.9 为压电喷头的二相流数值模拟及分析结果，图 4.10 为喷射液滴在不同亲水表面铺展情况的分析与实验结果对比，可见，采用二相流模型可准确地分析喷射液滴的飞行及着陆铺展过程。

表 4.1   压电喷头结构参数

参 数 名 称	尺寸/mm
储液舱连接腔长度 L_1	8.87
结构变形腔长度 L_2	8.20
喷嘴连接腔长度 L_3	4.71
喷嘴腔长度 L_o	1.00
玻璃管内半径 r_g	0.24
喷嘴半径 r_n	0.04
喷嘴腔等效半径 r_e	0.087

表 4.2   喷射材料物性参数

材 料 名 称	密度 $\rho/(kg \cdot m^{-3})$	黏度 $\mu/(Pa \cdot s)$	表面张力系数 $\sigma/(N \cdot m^{-1})$	声速 $c/(m \cdot s^{-1})$
水	1000.0	0.0010	0.07250	1480
乙醇	789.0	0.0012	0.02255	1120
苯胺	1021.7	0.0037	0.04483	1580
乙二醇	1115.5	0.0140	0.04649	1605

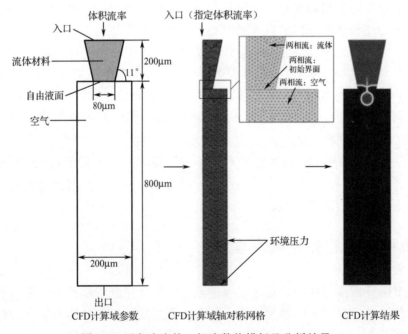

图 4.9   压电喷头的二相流数值模拟及分析结果

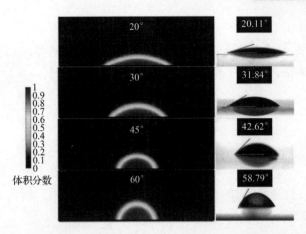

图 4.10　喷射液滴在不同亲水表面铺展情况的分析与实验结果对比

4.2.3　微滴喷射的等效电路模型

4.2.2 节分析结果表明，压电喷头结构、喷射材料、驱动波形都会影响喷射微滴的特性，其间存在复杂的耦合关系，要控制压电喷头实现不同功能材料的高速度、高精度喷射，需要依据压电喷头结构、材料特性来设计，以合理控制驱动波形。然而，压力波模型和计算流体动力学模型需要求解复杂的偏微分方程，均无法用于精密喷射的实时控制，本节将详述一种适用于喷射控制的等效电路模型。

（1）电声类比原理

电学振荡和声学振动是不同的物理现象，但描述其物理过程的数学模型却具有相似的形式，也反映出其物理过程亦有相似之处。将声学压力波振荡问题转换为电学振荡问题，可简化模型从而提高分析速度，电声类比就是将声学压力波振荡问题转换为电路分析问题的方法。

如前所述，压电喷头喷射微滴的过程是由喷头内部声学压力波的传播引起的，建立压电喷头内部声学压力波传播过程的数学模型就可以描述材料的喷射过程。连续性方程和 NS（Navier-Stokes）方程是描述流体行为的通用数学方程，根据压电喷头内的动力学特性，从 NS 方程出发，可以推导得到与电学振动相似的数学方程，连续性方程和 NS 方程可以分别写为

$$\frac{\partial p}{\partial t} + \nabla \cdot (\rho \boldsymbol{u}) = 0 \tag{4-7}$$

$$\frac{\partial \boldsymbol{u}}{\partial t} + (\boldsymbol{u} \cdot \nabla)\boldsymbol{u} = -\frac{1}{\rho}\nabla\left(p + \frac{2}{3}\mu\nabla \cdot \boldsymbol{u}\right) + 2\mu\boldsymbol{e}_\tau \tag{4-8}$$

式中，ρ 是材料密度，$\boldsymbol{u}$ 是速度矢量，p 是压力，μ 是材料黏度，$\boldsymbol{e}_\tau$ 是剪切应力分量矩阵。压电喷头结构变形引起喷头内的压力波，由于结构变形幅值通常在亚微米量级，压电喷头内的流体不会产生较大的径向位移，故压力波引起的径向运动速度非常小，NS 方程中的对流项 $(\boldsymbol{u} \cdot \nabla)\boldsymbol{u}$ 和剪切应力项 $2\mu\boldsymbol{e}_\tau$ 可忽略不计。压电喷头内流体材料的压力 p 和密度 ρ 可表示为

$$p = p_b + p', \quad \rho = \rho_b + \rho' \tag{4-9}$$

式（4-9）中，p_b 和 ρ_b 是喷头内无结构变形时的初始压力和密度，p' 和 ρ' 是由压力波引起的压力增量和密度增量，将式（4-9）代入连续性式（4-7）中，并舍去二阶小量后可得

$$\frac{\partial \rho'}{\partial t} + \rho_b \nabla \cdot \boldsymbol{u} = 0 \tag{4-10}$$

将式（4-9）代入 NS 式（4-8）中，并舍去小量可得

$$\frac{\partial \boldsymbol{u}}{\partial t} = -\frac{1}{\rho_b} \nabla \left(p' + \frac{2}{3} \mu \nabla \cdot \boldsymbol{u} \right) \tag{4-11}$$

由于喷射过程只持续数百微秒，可认为微滴喷射满足绝热条件，故喷头内流体压力增量和密度增量的关系可表示为

$$p' = c^2 \rho', \quad c = \sqrt{\frac{\partial p}{\partial \rho_b}} \tag{4-12}$$

式（4-12）中，c 是喷头内流体材料的声速。将式（4-12）代入连续性方程（4-10），可得压力增量形式的连续性方程：

$$\frac{\partial \rho'}{\partial t} + c^2 \rho_b \nabla \cdot \boldsymbol{u} = 0 \tag{4-13}$$

用速度势 ϕ 将速度矢量表示为

$$\boldsymbol{u} = \nabla \phi \tag{4-14}$$

将式（4-14）代入式（4-11）中，可得压力增量与速度势的关系为

$$p' = -\left(\rho_b \frac{\partial \phi}{\partial t} + \frac{2}{3} \mu \nabla \cdot \nabla \phi \right) \tag{4-15}$$

将式（4-15）代入式（4-13），可得

$$\frac{\partial^2 \phi}{\partial t^2} + \frac{2}{3} \frac{\mu}{\rho_b} \frac{\partial \nabla \cdot \nabla \phi}{\partial t} - c^2 \Delta \phi = 0 \tag{4-16}$$

式（4-16）中，等式左边第一项为速度势对时间的二阶导数，代表惯性作用；等式左边第二项为速度势对时间的一阶导数，代表黏性作用；等式左边第三项为速度势增量，代表弹性作用。因此，喷头内流体的动态特性由惯性力、黏性力及弹性力共同决定，其压力波传播过程为振荡衰减过程。

图 4.11 所示为串联 RLC 振荡电路，其电流可表示为

$$i_P = i_R = i_L = i_C = C \frac{\mathrm{d}u_C}{\mathrm{d}t} \tag{4-17}$$

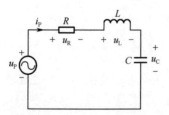

图 4.11　串联 RLC 振荡电路

式（4-17）中，i_R、i_L、i_C 分别是流经电阻、电感及电容的电流，其端电压可表示为

$$u_{\mathrm{R}} = RC\frac{\mathrm{d}u_{\mathrm{C}}}{\mathrm{d}t}, \quad u_{\mathrm{L}} = L\frac{\mathrm{d}i_{\mathrm{L}}}{\mathrm{d}t} = LC\frac{\mathrm{d}^2 u_{\mathrm{C}}}{\mathrm{d}t^2} \tag{4-18}$$

根据基尔霍夫电压定律，电路中各元器件两端的电压关系为

$$u_{\mathrm{R}} + u_{\mathrm{L}} + u_{\mathrm{C}} = u_{\mathrm{P}} \tag{4-19}$$

则串联 RLC 电路的微分方程为

$$\frac{\mathrm{d}^2 u_{\mathrm{C}}}{\mathrm{d}t^2} + \frac{R}{L}\frac{\mathrm{d}u_{\mathrm{C}}}{\mathrm{d}t} + \frac{1}{LC}u_{\mathrm{C}} = \frac{1}{LC}u_{\mathrm{P}} \tag{4-20}$$

对于零输入的 RLC 振荡电路，电压源 u_{P}=0，式（4-20）可改写为

$$\frac{\mathrm{d}^2 u_{\mathrm{C}}}{\mathrm{d}t^2} + \frac{R}{L}\frac{\mathrm{d}u_{\mathrm{C}}}{\mathrm{d}t} + \frac{1}{LC}u_{\mathrm{C}} = 0 \tag{4-21}$$

描述喷头内流体动力学过程的式（4-16）和描述 RLC 振荡电路的式（4-21）具有一致的数学形式，故用电学振荡过程等效喷头内部压力波的振荡过程。

将压电喷头中的流体材料对应电路中的电荷，由于流体存在惯性，任何流动状态的流体都有维持之前流动状态的特性，电路中的电感对于流过的电流也具有抵抗电流改变的特性，故流体中的惯性行为可用电感来等效。由于流体具有黏性，其流过流道结构时会受到黏滞阻力，这与电荷流经电阻受到阻碍的过程相似，故流体的黏性行为可用电阻来等效。流体的可压缩性（弹性行为）表现在其密度的变化，而密度变化又引起压力变化，当腔体中流体质量保持恒定时，其容积的变化会引起密度和压力的变化。与该过程相似，电路中电容值变化引起其内部电荷量和端电压的变化，故流体的可压缩性可用电路中的电容等效。基于上述等效关系，压电喷头内部材料的体积流率和压力对应电路中的电流和电压。

综上所述，根据电声类比原理，压电喷头内材料喷射过程中的压力波传播过程可以转换为等效电路中的电学振荡过程，从而通过电路理论建立面向喷射控制的流体动力学模型。

（2）等效电路

将压电喷头结构按照其功能划分为功能块后，即可针对每个功能块进行电学等效。功能块等效电路部件如图 4.12 所示。对于储液舱连接腔，由于两端口直径较大，流体流动所受黏性力和压缩/膨胀程度较小，故忽略储液舱连接腔中流体的可压缩性，其内部惯性力和黏性力分别用一个电感和电阻等效。结构变形腔是引起内部流体动力学过程的激励源，其内部流体经历了明显的密度变化。因此，将其等效为一个可变电容，其腔内容积变化引起的流体流动等效为电容值变化引起的电流变化。考虑到结构变形腔与储液连接腔和喷嘴连接腔两个功能块连接，用可变电容等效结构变形腔的中间界面，将结构变形腔一分为二。针对被分割的结构变形腔，分别使用电阻和电感来等效黏性力和惯性力。喷嘴连接腔由于一端与喷嘴腔连接，材料流经喷嘴腔受到较大的黏性力，喷嘴连接腔内的流体难以快速地排出或吸入，其内部流体的可压缩性较明显。因此，将喷嘴连接腔与结构变形腔进行类似的电学等效，与结构变形腔不同的是，喷嘴连接腔容积不会发生变化，使用了一个定值电容来等效其可压缩性。

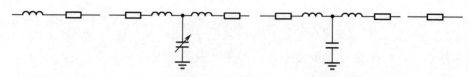

（a）储液舱连接腔　　　（b）结构变形腔　　　（c）喷嘴连接腔　　　（d）喷嘴腔
（惯性力、黏性力）　　（惯性力、黏性力、弹性力）　（惯性力、黏性力、弹性力）　（黏性力）

图 4.12　功能块等效电路部件

由压电喷头各功能块的连接关系，可得如图 4.13 所示的压电喷头等效电路。为简化电路结构，将部分元器件按连接关系进行归并。为便于建立参数映射关系，引入电压源 U_d，使系统在数学形式上保持一致。当喷嘴处流体形成球形半月板时，由表面张力引起的拉普拉斯压力会作用于半月板，在拉普拉斯压力的作用下半月板又回流到喷嘴，拉普拉斯压力的变化过程与电容器两端电压的变化过程相似。因此，考虑喷嘴处流体材料的表面行为而引入电容 C_{e3}。

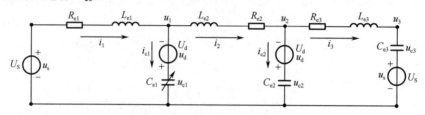

图 4.13　压电喷头等效电路

电路中的电压和电流分别对应压电喷头内流体的压力和体积流率，电路中的电荷量对应压电喷头内的流体体积。同时，电阻具有阻碍电荷流过的特性，而电感具有抵抗流过电流突变的特性。因此，电阻 R_{e1} 和电感 L_{e1} 分别等效为储液舱连接腔和结构变形腔左半段内流体的黏性力和惯性力；电阻 R_{e2} 和电感 L_{e2} 分别等效为结构变形腔右半段和喷嘴连接腔左半段内流体的黏性力和惯性力；电阻 R_{e3} 和电感 L_{e3} 分别等效为喷嘴连接腔和喷嘴腔内流体的黏性力和惯性力。此外，由于电容具有容纳电荷的能力，其电荷的流入或流出都会产生对应的端电压，这一动态过程与腔体中流体材料流入或者流出导致压力变化类似。因此，电容 C_{e1} 对应结构变形腔内流体的可压缩性，电容 C_{e2} 对应喷嘴连接腔内流体的可压缩性。由于忽略了由重力引起的压力差，用电源电压 U_S 代表压电喷头外的标准大气压力。

电容 C_{e1} 的电容值变化对应压电喷头结构变形腔的容积变化。当 C_{e1} 变大时，其端电压 u_{c1} 减小，电压源 U_d 具有恒定不变的电压值 u_d，电容 C_{e1} 端电压 u_{c1} 的减小同步到电压 u_1（对应结构变形腔内的压力）。当 $u_1 < u_s$ 时，电荷从电压源 U_S 流出，经电阻和电感进入到 C_{e1}。由于电感的作用，流入电容 C_{e1} 的电荷增多，u_1 也逐渐增大。当 $u_1 = u_s$ 时，流入 C_{e1} 的电流达到最大。由于电感的作用，电流将继续流入 C_{e1} 使其内部电荷量进一步增加，u_1 也进一步增大。当 $u_1 > u_s$ 时，给 C_{e1} 充电的电流开始逐渐减小。当电流减小到零时，C_{e1} 中的电荷量达到最大，u_1 达到最大，C_{e1} 开始放电。但由于电感的作用，反向后的电流将逐渐增大，u_1 开始逐渐减小，当 $u_1 = u_s$ 时，反向电流达到最大，但电感会使 C_{e1} 中的电荷会继续向外输出，u_1 进一步减小。此时，u_1 开始逐渐小于 u_s，反向电流的幅值逐渐减小。当电流反向的幅值减小到零时，C_{e1} 中的电荷量最少，u_1 最小。此后，给电容 C_{e1} 充电放电过程又重复多次，直到所有的能量通过电阻转换为焦耳热耗散为止。

上述过程与前述压电喷头内流体的动力学过程具有一致的物理过程。因此，图 4.13 所示压电喷头等效电路可描述压电喷头内流体的动力学特性。

（3）状态方程

在图 4.13 所示的压电喷头等效电路中，由基尔霍夫电压、电流定律可得

$$\frac{\mathrm{d}u_{c1}(t)}{\mathrm{d}t}=-\frac{1}{C_{e1}(t)}\cdot\frac{\mathrm{d}C_{e1}}{\mathrm{d}t}u_{c1}(t)+\frac{1}{C_{e1}(t)}i_1(t)-\frac{1}{C_{e1}(t)}i_2(t) \tag{4-22}$$

$$\frac{\mathrm{d}u_{c2}(t)}{\mathrm{d}t}=\frac{1}{C_{e2}}i_2(t)-\frac{1}{C_{e2}}i_3(t) \tag{4-23}$$

$$\frac{\mathrm{d}u_{c3}(t)}{\mathrm{d}t}=\frac{1}{C_{e3}}i_3(t) \tag{4-24}$$

$$\frac{\mathrm{d}i_1(t)}{\mathrm{d}t}=-\frac{1}{L_{e1}}u_{c1}(t)-\frac{R_{e1}}{L_{e1}}i_1(t)+\frac{1}{L_{e1}}(u_s+u_d) \tag{4-25}$$

$$\frac{\mathrm{d}i_2(t)}{\mathrm{d}t}=\frac{1}{L_{e2}}u_{c1}(t)-\frac{1}{L_{e2}}u_{c2}(t)-\frac{R_{e2}}{L_{e2}}i_2(t) \tag{4-26}$$

$$\frac{\mathrm{d}i_3(t)}{\mathrm{d}t}=\frac{1}{L_{e3}}u_{c2}(t)-\frac{1}{L_{e3}}u_{c3}(t)-\frac{R_{e3}}{L_{e3}}i_3(t)-\frac{1}{L_{e3}}(u_s+u_d) \tag{4-27}$$

式（4-22）描述了由压电喷头结构变形引起的结构变形腔中压力变化规律；式（4-23）描述了喷嘴连接腔中流体流入或流出引起的压力变化规律；式（4-24）描述了由半月板引起的拉普拉斯压力变化规律；式（4-25）描述了结构变形腔中压力对从储液舱连接腔中流入或流出流体的影响规律；式（4-26）描述了结构变形腔和喷嘴连接腔中压力差对两腔体间流体流动的影响规律；式（4-27）描述了拉普拉斯压力和喷嘴连接腔中压力对喷射过程的影响规律。由于式（4-22）～式（4-24）是根据基尔霍夫电压定律建立的，其描述了动量守恒；而式（4-25）～式（4-27）是基于基尔霍夫电流定律建立的，其描述了质量守恒。因此，上述方程组可描述压电喷头内流体材料的喷射过程。为便于设计喷射控制器，选取 $u_{c1}(t)$、$u_{c2}(t)$、$u_{c3}(t)$、$i_1(t)$、$i_2(t)$、$i_3(t)$ 作为压电喷头喷射过程的状态变量。因此，上述方程可以改写为状态方程

$$\dot{\boldsymbol{x}}_e=\boldsymbol{A}_e(t)\boldsymbol{x}_e+\boldsymbol{B}_e\boldsymbol{u}_e \tag{4-28}$$

式中，$\dot{\boldsymbol{x}}_e=\left[\dfrac{\mathrm{d}u_{c1}(t)}{\mathrm{d}t}\ \ \dfrac{\mathrm{d}u_{c2}(t)}{\mathrm{d}t}\ \ \dfrac{\mathrm{d}u_{c3}(t)}{\mathrm{d}t}\ \ \dfrac{\mathrm{d}i_1(t)}{\mathrm{d}t}\ \ \dfrac{\mathrm{d}i_2(t)}{\mathrm{d}t}\ \ \dfrac{\mathrm{d}i_3(t)}{\mathrm{d}t}\right]^{\mathrm{T}}$，

$\boldsymbol{x}_e=[u_{c1}(t)\ \ u_{c2}(t)\ \ u_{c3}(t)\ \ i_1(t)\ \ i_2(t)\ \ i_3(t)]^{\mathrm{T}}$，

$\boldsymbol{B}_e=\left[0\ \ 0\ \ 0\ \ \dfrac{1}{L_{e1}}\ \ 0\ \ -\dfrac{1}{L_{e3}}\right]^{\mathrm{T}}$，

$\boldsymbol{u}_e=[u_s+u_d]$，

$$A_{\mathrm{e}} = \begin{bmatrix} -\dfrac{1}{C_{\mathrm{e1}}(t)}\dfrac{\mathrm{d}C_{\mathrm{e1}}}{\mathrm{d}t} & 0 & 0 & \dfrac{1}{C_{\mathrm{e1}}(t)} & -\dfrac{1}{C_{\mathrm{e1}}(t)} & 0 \\[2mm] 0 & 0 & 0 & 0 & \dfrac{1}{C_{\mathrm{e2}}} & -\dfrac{1}{C_{\mathrm{e2}}} \\[2mm] 0 & 0 & 0 & 0 & 0 & \dfrac{1}{C_{\mathrm{e3}}} \\[2mm] -\dfrac{1}{L_{\mathrm{e1}}} & 0 & 0 & -\dfrac{R_{\mathrm{e1}}}{L_{\mathrm{e1}}} & 0 & 0 \\[2mm] \dfrac{1}{L_{\mathrm{e2}}} & -\dfrac{1}{L_{\mathrm{e2}}} & 0 & 0 & -\dfrac{R_{\mathrm{e2}}}{L_{\mathrm{e2}}} & 0 \\[2mm] 0 & \dfrac{1}{L_{\mathrm{e3}}} & -\dfrac{1}{L_{\mathrm{e3}}} & 0 & 0 & -\dfrac{R_{\mathrm{e3}}}{L_{\mathrm{e3}}} \end{bmatrix},$$

式（4-28）中，x_{e} 是状态变量，$A_{\mathrm{e}}(t)$ 是系统状态矩阵，B_{e} 是系统输入矩阵，u_{e} 是系统输入。

上述状态空间方程描述的是时变系统，采用递推方法不仅会降低模型求解精度，而且会加大控制器的设计难度。为此，对上述等效电路进行改进。由于其时变性由可变电容 C_{e1} 的电容值变化引起，C_{e1} 的电流 i_{c1} 可表示为

$$i_{\mathrm{c1}} = \frac{\mathrm{d}Q}{\mathrm{d}t} = C_{\mathrm{e1}}(t_0)\frac{\mathrm{d}u_{\mathrm{c1}}(t)}{\mathrm{d}t} + \Delta C_{\mathrm{e1}}(t)\frac{\mathrm{d}u_{\mathrm{c1}}(t)}{\mathrm{d}t} + u_{\mathrm{c1}}(t)\frac{\mathrm{d}[\Delta C_{\mathrm{e1}}(t)]}{\mathrm{d}t} \qquad （4\text{-}29）$$

式（4-29）中，Q 是电容 C_{e1} 的电荷量，$C_{\mathrm{e1}}(t_0)$ 是初始电容值，$\Delta C_{\mathrm{e1}}(t)$ 是可变电容 C_{e1} 的电容值增量。根据电声类比原理，$C_{\mathrm{e1}}(t_0)$ 对应喷头变形腔的初始容积，$\Delta C_{\mathrm{e1}}(t)$ 对应变形过程中的容积增量，由于实际微滴成形过程中结构变形容积增量远小于初始容积，故忽略 $\Delta C_{\mathrm{e1}}(t)\dfrac{\mathrm{d}u_{\mathrm{c1}}(t)}{\mathrm{d}t}$，进而式（4-29）可改写为

$$i_{\mathrm{c1}} = C_{\mathrm{e1}}(t_0)\frac{\mathrm{d}u_{\mathrm{c1}}(t)}{\mathrm{d}t} + u_{\mathrm{c1}}(t)\frac{\mathrm{d}[\Delta C_{\mathrm{e1}}(t)]}{\mathrm{d}t} \qquad （4\text{-}30）$$

式（4-30）中，等式右边第一项描述了电容上由端电压变化引起的电流分量，由于仅使用了电容 C_{e1} 的初始电容值，因此，可使用一个电容值为 $C_{\mathrm{e1}}(t_0)$ 的定值电容替换；等式右边第二项描述了由电容值变化引起的电流分量，为了将方程（4-28）描述的时变系统转换定常系统，使用电流源来模拟等式右边第二项代表的电流分量变化。因此，图 4.13 所示的含有可变电容的等效电路转变为图 4.14 所示的改进压电喷头等效电路。

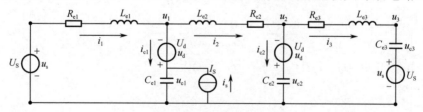

图 4.14　改进压电喷头等效电路

在图 4.14 所示的改进压电喷头等效电路中，电流源电流 i_{s} 可表示为

$$i_{\mathrm{s}} = u_{\mathrm{c1}}(t)\frac{\mathrm{d}[\Delta C_{\mathrm{e1}}(t)]}{\mathrm{d}t} \qquad （4\text{-}31）$$

式中，$\Delta C_{\text{e1}}(t)$ 为可变电容的电容值增量。式（4-22）可表示为

$$\frac{\mathrm{d}u_{\text{c1}}(t)}{\mathrm{d}t} = \frac{1}{C_{\text{e1}}}i_1(t) - \frac{1}{C_{\text{e1}}}i_2(t) - \frac{1}{C_{\text{e1}}}i_{\text{s}} \tag{4-32}$$

故修正等效电路的状态空间方程为

$$\dot{\boldsymbol{x}}_{\text{e}} = \boldsymbol{A}_{\text{e}}\boldsymbol{x}_{\text{e}} + \boldsymbol{B}_{\text{e}}\boldsymbol{u}_{\text{e}}(t) \tag{4-33}$$

式中，$\boldsymbol{A}_{\text{e}} = \begin{bmatrix} 0 & 0 & 0 & \dfrac{1}{C_{\text{e1}}} & -\dfrac{1}{C_{\text{e1}}} & 0 \\ 0 & 0 & 0 & \dfrac{1}{C_{\text{e2}}} & -\dfrac{1}{C_{\text{e2}}} \\ 0 & 0 & 0 & 0 & 0 & \dfrac{1}{C_{\text{e3}}} \\ -\dfrac{1}{L_{\text{e1}}} & 0 & 0 & -\dfrac{R_{\text{e1}}}{L_{\text{e1}}} & 0 & 0 \\ \dfrac{1}{L_{\text{e2}}} & -\dfrac{1}{L_{\text{e2}}} & 0 & 0 & -\dfrac{R_{\text{e2}}}{L_{\text{e2}}} & 0 \\ 0 & \dfrac{1}{L_{\text{e3}}} & -\dfrac{1}{L_{\text{e3}}} & 0 & 0 & -\dfrac{R_{\text{e3}}}{L_{\text{e3}}} \end{bmatrix}$，$\boldsymbol{B}_{\text{e}} = \begin{bmatrix} \dfrac{1}{C_{\text{e1}}} & 0 \\ 0 & 0 \\ 0 & 0 \\ 0 & \dfrac{1}{L_{\text{e1}}} \\ 0 & 0 \\ 0 & -\dfrac{1}{L_{\text{e3}}} \end{bmatrix}$，

$$\dot{\boldsymbol{x}}_{\text{e}} = \begin{bmatrix} \dfrac{\mathrm{d}u_{\text{c1}}(t)}{\mathrm{d}t} & \dfrac{\mathrm{d}u_{\text{c2}}(t)}{\mathrm{d}t} & \dfrac{\mathrm{d}u_{\text{c3}}(t)}{\mathrm{d}t} & \dfrac{\mathrm{d}i_1(t)}{\mathrm{d}t} & \dfrac{\mathrm{d}i_2(t)}{\mathrm{d}t} & \dfrac{\mathrm{d}i_3(t)}{\mathrm{d}t} \end{bmatrix}^{\mathrm{T}},$$

$$\boldsymbol{x}_{\text{e}} = \begin{bmatrix} u_{\text{c1}}(t) & u_{\text{c2}}(t) & u_{\text{c3}}(t) & i_1(t) & i_2(t) & i_3(t) \end{bmatrix}^{\mathrm{T}},$$

$$\boldsymbol{u}_{\text{e}}(t) = \begin{bmatrix} i_{\text{s}}(t) & u_{\text{s}} + u_{\text{d}} \end{bmatrix}^{\mathrm{T}}.$$

式（4-33）中，$\boldsymbol{A}_{\text{e}}$ 是定常系统状态矩阵，$\boldsymbol{B}_{\text{e}}$ 是系统输入矩阵，$\boldsymbol{x}_{\text{e}}$ 是系统状态变量，$\boldsymbol{u}_{\text{e}}(t)$ 是系统输入。该系统为双输入系统，其输入分别为电压 $u_{\text{s}}+u_{\text{d}}$ 和电流源 I_{S} 的电流 i_{s}，由于压电喷头内流体压力对应等效电路中电压，电压源 U_{S} 对应压电喷头外部环境压力，在实际微滴喷射过程中，压电喷头外部环境压力保持恒定不变。因此，电压源 U_{S} 和 U_{d} 的输出电压 u_{s} 和 u_{d} 也保持恒定不变，实际的系统输入只有电流 i_{s} 单路输入。对比式（4-28）和式（4-33）可知，系统状态矩阵由时变矩阵转变为定常矩阵后，原本由系统变化产生的扰动转变为由电流源激励产生的扰动。相比于传统的压力波模型和数值模型，状态方程模型便于控制器设计。

（4）参数映射

为了通过等效电路分析喷射过程，需要根据压电喷头结构和材料物理特性来计算电路中各元器件的参数，即建立压电喷头结构、材料物理特性与等效电路间的参数映射关系。

NS 方程是描述流体材料行为的精确数学模型，从 NS 方程出发来推导等效电路中各元器件参数的计算方法能够获取更高的精度，简化 NS 方程可表示为

$$\frac{\partial \boldsymbol{u}}{\partial t} = -\frac{1}{\rho}\nabla\left(p + \frac{2}{3}\mu\nabla\cdot\boldsymbol{u}\right) \tag{4-34}$$

由于压电喷头内流道通常为细长结构，式（4-34）可只考虑其沿着流道方向的空间

导数，对其两端同时乘以对应流道段长度 l 就得到了对应的流动道段中压力增量 Δp。此外，由于等效电路中的电流与压电喷头内流体体积流率对应，所以将沿着流道的流动速度 u 转换为体积流率 q。根据体积流率与流道流速之间的关系，体积流率可表示为 $q=uA_c$，其中，A_c 为流道截面面积，因此，对应流道段的压力增量可表示为

$$\Delta p = -\frac{l\rho}{A_c} \cdot \frac{\mathrm{d}q}{\mathrm{d}t} + \frac{2}{3} \cdot \frac{l\mu}{A_c} \nabla q \tag{4-35}$$

式中，Δp 为 l 长度流道对应的压力增量；等式右边第一项为惯性力导致的压力降，记为 Δp_i；等式右边第二项为黏性力导致的压力降，记为 Δp_v，则两项压力增量可分别写为

$$\Delta p_i = -\frac{l\rho}{A_c} \cdot \frac{\mathrm{d}q}{\mathrm{d}t} = L_e \frac{\mathrm{d}q}{\mathrm{d}t} \tag{4-36}$$

$$\Delta p_v = \frac{2}{3} \cdot \frac{l}{A_c} \mu \nabla \cdot q \tag{4-37}$$

由此，可由式（4-36）计算等效电感 L_e。

式（4-37）描述了由黏性力导致的压力降。由于黏性力通过电阻来等效，下面讨论等效电阻的计算方法。压电喷头流道壁面附近的速度分布情况如图 4.15 所示。

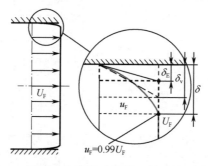

图 4.15　压电喷头流道壁面附近的速度分布情况

在流道中心区域，流体速度保持初始速度 U_F；在流道壁面处，流体的速度为零；从流道壁面向流道中心，流体流动速度从零快速上升到初始速度 U_F，当速度达到 $0.99U_F$ 时，对应的位置到流道壁面的距离定义为边界层，则对应的边界层厚度对应图 4.15 中的 δ。在边界层中，流体流速受流道壁面阻滞速度影响，从初始速度降低到零。在边界层中，实际流体流量较理想流体（无黏性）流动时流量减小，其实际流体流量相当于流道壁面向内移动距离 δ_E 后理想流体通过的流量。δ_E 为边界层位移厚度，即在距离流道壁面 δ_E 处，流体流速从零突变到初始速度 U_F。由于在 δ_E 处流体流速从零突变到 U_F，对应的剪切速率无穷大。为合理计算剪切速率，将 δ_E 处的流速阶跃用斜坡函数平滑到 $2\delta_E$ 处，即流道内流体流速从流道壁面处的零速度线性地增加到 $\delta_v = 2\delta_E$ 处的速度 U_F，这里将 δ_v 称为平滑边界层厚度。此时，在平滑边界层厚度内任意位置具有相同的剪切率，流道内流体材料受到的黏性力可表示为

$$F_v = A_w \mu \frac{U_F}{\delta_v} \tag{4-38}$$

式中，F_v 为黏性力，A_w 为壁面面积，则 F_v 表示壁面面积为 A_w 的流道中流速为 U_F 时流

体材料受到的黏性力。因此，式（4-37）中由黏性力引起的压力增量可以改写为

$$\Delta p_v = \mu \frac{A_w}{A_c} \cdot \frac{U_F}{\delta_v} \tag{4-39}$$

将式（4-39）中理想流体流速 U_F 替换为体积流率 q 可得

$$\Delta p_v = \frac{A_w \mu}{A_c^2 \delta_v} q = R_e q \tag{4-40}$$

由此，可利用式（4-40）计算等效电阻 R_e，然而首先需求得平滑边界层的厚度。对于如图 4.16 所示的无限流场振动平板，其上部是无限流场域，根据斯托克斯第二问题的解，可得沿振动平板法线方向流体速度

$$u(y,t) = U_0 e^{-\gamma} \cos(\omega t - \gamma) \tag{4-41}$$

式中，$\gamma = \kappa y$，$\kappa = \sqrt{\rho\omega/2\mu}$，$\omega$ 为简谐振动角频率，μ 为流体材料黏度，κ 为波数。沿 y 方向流体振动为幅值按指数衰减的简谐振动，流场的振动与平板的振动具有相同的频率，振动幅值沿 y 方向呈指数衰减，将速度衰减为 0.01 倍平板壁面速度的位置到平板之间的区间定义为边界层，因此，根据幅值衰减关系可得

$$u = U_0 e^{-\gamma} = 0.01 U_0 \tag{4-42}$$

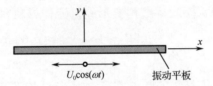

图 4.16　无限流场振动平板

求解方程（4-42）可得，$\gamma \approx 4.605$，将其代入式（4-41）中，可得对应边界层的厚度

$$\delta = 4.605 \sqrt{\frac{2\mu}{\rho\omega}} \tag{4-43}$$

压电喷头边界层厚度很薄，其流道中部流体速度几乎不受管壁的影响，其无限流场要求的距壁面无限远处流体流动不受壁面影响的边界条件近似满足。因此，由式（4-43）可计算喷头内边界层厚度。由于压电喷头内流体的运动是由压力波往复传播引起的，可根据材料的声速及压电喷头流道长度计算得到内部流体的振动周期，将振动周期转换为角频率就可得到边界层厚度，因此

$$\delta = 4.605 \sqrt{\frac{2\mu l_t}{\rho \pi c}} \tag{4-44}$$

式中，l_t 为喷头内流道总长度，c 为流体材料的声速。

位移边界层厚度和边界层间的关系如图 4.17 所示。根据位移边界层的定义，其体积力流量关系可表示为

$$\rho U_F \delta_E = \rho \int_0^\delta (U_F - u_F) \mathrm{d}y \Rightarrow \delta_E = \int_0^\delta (1 - e^{-\kappa y}) \mathrm{d}y \tag{4-45}$$

式中，U_F 为理想材料流速，u_F 为流体材料实际流速。

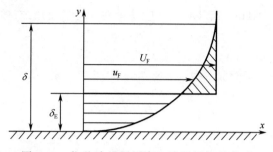

图 4.17　位移边界层厚度和边界层间的关系

式（4-45）求得的边界层厚度是指由平板振动引起的边界层厚度。而对于压电喷头，其振动的是内部流体，对应的位移边界层厚度为边界层厚度减去式（4-45）求得的位移边界层厚度。故压电喷头内部流体材料位移边界层厚度为

$$\delta_{\mathrm{E}} = \left(\frac{1 - \mathrm{e}^{-\kappa\delta}}{\kappa} \right) \tag{4-46}$$

由于平滑边界层 $\delta_{\mathrm{v}} = 2\delta_{\mathrm{E}}$，联立式（4-40）和式（4-46）可计算等效电路中的电阻值。

由于单次喷射过程通常仅仅持续数百微秒，满足绝热条件，喷头内流体的压力与密度增量满足状态方程（4-6）。因此，结构变形腔内流体材料密度增量 ρ' 可表示为

$$\rho' = \rho_0 - \frac{\rho_0 \left[V_{c0} + \int q_1(t)\mathrm{d}t + \int q_2(t)\mathrm{d}t \right]}{V_{c0} + \Delta V_{\mathrm{c}}(t)} \tag{4-47}$$

式中，ρ_0 是结构变形腔内流体材料的初始密度，V_{c0} 是结构变形腔初始容积和流体材料体积，$q_1(t)$ 为储液舱连接腔内流体流入结果变形腔的体积流率，$q_2(t)$ 为喷嘴连接腔内流体流入结构变形腔体积流率，$\Delta V_{\mathrm{c}}(t)$ 为结构变形腔内随时间容积增量。由式（4-47）可知，变形腔容积变化导致内部流体材料密度变化，由于变形腔变形量通常只有纳米量级，其容积变化量非常小，因而可忽略结构变形腔内容积的变化，并将其结构变形引起的密度变化替换为一个外接流体源的流入或流出引起的密度变化。因此，式（4-47）可表示为

$$\rho' = \rho_0 - \frac{\rho_0 \left[V_{c0} + \int q_1(t)\mathrm{d}t + \int q_2(t)\mathrm{d}t \right]}{V_{c0}} - \frac{\rho_0 \int q_{\mathrm{s}}(t)\mathrm{d}t}{V_{c0}} \tag{4-48}$$

式中，$q_{\mathrm{s}}(t)$ 为外接流体源流入结构变形腔的体积流率。为了计算 $q_{\mathrm{s}}(t)$，令式（4-47）与式（4-48）的右边项相等，可得到外接流体源的体积流率为

$$q_{\mathrm{s}}(t) = -\frac{\mathrm{d}V_{\mathrm{c}}(t)}{\mathrm{d}t} = i_{\mathrm{s}} \tag{4-49}$$

将式（4-48）代入绝热条件下的状态方程，可得到结构变形腔中的压力增量

$$p' = c^2 \rho_0 - \frac{V_{c0} + \int [q_1(t) + q_2(t) + q_{\mathrm{s}}(t)]\mathrm{d}t}{\dfrac{V_{c0}}{c^2 \rho_0}} \tag{4-50}$$

式中，$c^2\rho_0$ 是一个具有压力量纲的常数，V_0 为结构变形腔初始容积和流体材料体积。等效电路中等效电容 $C_{\mathrm{e}1}$ 的端电压 $u_{\mathrm{c}1}$ 可表示为

$$u_{c1}(t) = \frac{Q_0 + \int i_{c1}\mathrm{d}t + \int i_s\mathrm{d}t}{C_{e1}} \tag{4-51}$$

式中，Q_0 为电容 C_{e1} 上的初始电荷数量，i_{c1} 为电容上的流入或流出电流，i_s 为电流源 I_S 的流出或流入电流。为使式（4-50）与式（4-51）形式上一致，在电容 C_{e1} 前反接一个电压源 U_d，接入电压源 U_d 后，电压 u_1 可以改写为

$$u_1(t) = u_d + \frac{Q_0 + \int i_{c1}\mathrm{d}t + \int i_s\mathrm{d}t}{C_{e1}} \tag{4-52}$$

式中，u_d 是电压源 U_d 的输出电压。式（4-50）和式（4-51）在数学上具有一致的形式，由于等效电路中电流对应流体中的体积流率，电压对应流体中的压力。因此，使式（4-50）和式（4-51）中的对应项相等可计算等效电路中等效电容 C_e 和电压源 U_d

$$C_e = \frac{V_{c0}}{c^2 \rho_0} \tag{4-53}$$

$$u_d = c^2 \rho_0 \tag{4-54}$$

由此，电容 C_{e1} 和 C_{e2} 的电容值可以由式（4-53）计算。电容 C_{e3} 是为了处理喷嘴处自由液面拉普拉斯压力而引入的。由于压电喷头喷嘴通常为圆形形状，为了便于计算喷嘴处流体的表面拉普拉斯压力，将喷嘴处流出的流体材料形状假设为半径为喷嘴半径的半球形，根据球形表面的拉普拉斯压力计算公式可得喷嘴处的拉普拉斯压力为

$$\Delta p_\sigma = \frac{2\sigma}{r_n} \tag{4-55}$$

式中，Δp_σ 是表面张力引起的拉普拉斯压力，σ 是流体材料表面张力系数，r_n 是压电喷头喷嘴半径。由于电容值是其电荷量与端电压的比值，根据电声类比原理，电学中电荷对应流体中材料的体积，电学中电压对应流体中的压力。因此，电容 C_{e3} 可按下式计算：

$$C_{e3} = \frac{\frac{1}{2} \times \frac{4}{3}\pi r_n^3}{\frac{2\sigma}{r_n}} = \frac{\pi r_n^4}{3\sigma} \tag{4-56}$$

喷嘴腔通常为圆形漏斗结构，喷嘴处的黏性力随喷嘴尺寸的变化呈现非线性变化。为便于构建喷嘴腔的等效电路模块，将喷嘴腔漏斗状结构处理为截面积固定的流道结构，并沿着喷头轴向划分为 N 等份。喷嘴分段等效如图 4.18 所示。

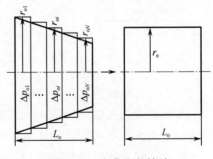

图 4.18　喷嘴分段等效

由于每一段近似为圆管，分别使用式（4-37）计算黏性压力增量，最后在等效时将其等效为一个圆管。因此，喷嘴腔内流体的总压力增量可表示为

$$\Delta p_o = \sum_{i=1}^{N} \frac{2L_o \mu}{N\pi r_i^3 \delta_V} q \tag{4-57}$$

式中，Δp_o 是喷嘴腔内总压力增量，L_o 是喷嘴腔长度，r_i 是喷嘴腔各分段圆直管的内部半径。将喷嘴腔等效为一个半径为 r_e 且和喷嘴腔长度相同的圆直管后，等效圆直管与喷嘴

腔具有相同的总压力增量。因此，等效半径 r_e 可表示为

$$r_e = \sqrt[3]{\frac{1}{\sum_{i=1}^{N} \frac{1}{Nr_i^3}}} \tag{4-58}$$

由此，喷嘴等效半径可采用式（4-58）计算。图 4.19 为喷嘴腔分段数与等效半径 r_e 的关系，可见随着喷嘴腔分段数的增加，r_e 将收敛于一个固定值。

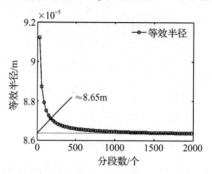

图 4.19　喷嘴腔分段数与等效半径的关系

综上所述，根据压电喷头结构和材料特性可建立相应的等效电路模型。等效电路元件参数计算方法如表 4.3 所示。

表 4.3　等效电路元件参数计算方法

元 件 名 称	计 算 方 法	参 数 说 明
等效电感 L_e	$\dfrac{l\rho}{A_c}$	l 为流道长度，ρ 为材料密度，A_c 为流道截面面积
等效电阻 R_e	$\dfrac{A_w\mu}{A_c^2\delta_v}$	A_w 为流道壁面面积，μ 为材料黏度，δ_v 为平滑边界层厚度
等效电容 C_e（压缩性）	$\dfrac{V_{c0}}{c^2\rho}$	V_{c0} 为结构变形腔初始容积，c 为材料中的声速
等效电容 C_e（表面张力）	$\dfrac{\pi r_n^4}{3\sigma}$	r_n 为喷嘴半径，σ 为材料表面张力系数
电压源 U_S	P_b	环境压力（通常为一个标准大气压）
电压源 U_d	$c^2\rho$	压力常数
电流源 I_S	$\dfrac{\mathrm{d}V_c(t)}{\mathrm{d}t}$	$V_c(t)$ 为结构变形腔容积变化

（5）等效电路模型分析实例

本节以水、乙醇、苯胺、乙二醇 4 种标准材料的某压电喷头为例，建立其等效电路模型，并分析喷射过程中喷头内流体的动力学特性。

使用乙醇时压电喷头对应的等效电路模型的元件参数如表 4.4 所示。同理可得使用其他材料时压电喷头对应的等效电路模型的元件参数，限于篇幅，这里不再赘述。

表 4.4　使用乙醇时压电喷头对应的等效电路模型的元件参数

元 件 名 称	计 算 值	单 位	意 义
C_{e1}	$1.4374×10^{-18}$	$Pa\big/m^3$	每单位体积变化引起的压力变化量
C_{e2}	$8.2565×10^{-19}$		
C_{e3}	$1.1915×10^{-16}$		
R_{e1}	$8.6891×10^{10}$	$\dfrac{Pa}{\left(\dfrac{m^3}{s}\right)}$	每单位体积变化率变化引起的压力变化量
R_{e2}	$5.9021×10^{10}$		
R_{e3}	$1.4222×10^{11}$		
L_{e1}	$5.8984×10^{7}$	$\dfrac{Pa}{\left(\dfrac{m^3}{s^2}\right)}$	每单位体积变化加速度引起的压力变化量
L_{e2}	$4.0065×10^{7}$		
L_{e3}	$3.4867×10^{7}$		
U_d	$9.897×10^{8}$	Pa	压力常量
U_S	$1.01325×10^{5}$		

采用单极性梯形驱动波激励，不同材料在喷嘴处体积流率的分析结果如图 4.20 所示。其中，三角形标示线为单极性梯形驱动波形（14V）的体积流率，小圆点标示线为 CFD 模型求解获得的体积流率，圆圈标示线为等效电路模型求解获得的体积流率。可见，对于不同材料的喷嘴处喷射体积流率，CFD 模型与等效电路模型分析结果接近，但后者可实时求解，便于喷射驱动控制设计。

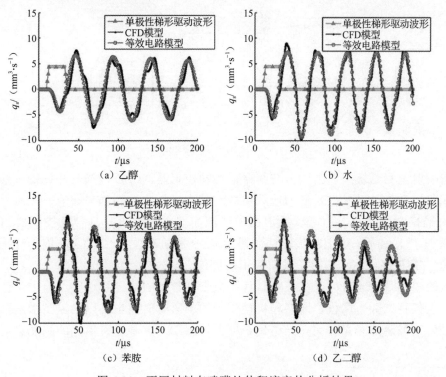

图 4.20　不同材料在喷嘴处体积流率的分析结果

4.3 微滴喷射过程的监控与自感知

前面讨论了微滴喷射过程的理论建模，为了验证理论模型分析的准确性，需要采用微滴喷射观测系统测量喷射液滴的形状、速度等物理量。本节介绍传统微滴喷射观测系统的工作原理和一种改进的微滴喷射观测系统，以实现单微滴喷射参数的测量。

4.3.1 微滴喷射过程的摄影测量

微滴成形过程通常仅持续数十微秒，这意味着要拍摄到微滴成形过程中足够细节的微滴形态，需要实现微秒级的曝光时间，并要求拍摄帧率高达每秒数万帧。实现这一目标最简洁有效的方式是使用超高帧率（>20000FPS[①]）的高速相机，但存在拍摄期间无法实时传输数据、拍摄时长受内存限制等缺点，并不适用于研究压电喷头的微滴成形过程。为了满足对微滴喷射成形过程的研究需求，通常采用低帧率相机结合 LED（发光二极管）闪光灯的微滴喷射观测系统。微滴喷射观测系统如图 4.21 所示。

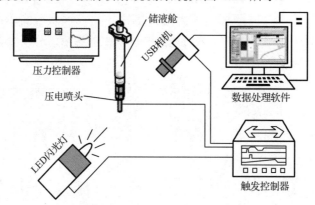

图 4.21 微滴喷射观测系统

微滴喷射观测系统主要由压力控制器、触发控制器、LED 闪光灯、USB（通用串行总线）相机、数据处理软件及储液舱等组成。其中，压力控制器与储液舱连接，并控制储液舱内维持合适的负压力，以抵消由材料液面差引起的压差；触发控制器用于产生 LED 闪光灯开关信号、压电喷头驱动波形及 USB 相机触发信号；LED 闪光灯提供相机曝光光源；USB 相机用于拍摄记录微滴形态图像。

相机的曝光时间通常可以在数百微秒到数十毫秒范围内进行调整，但由于微滴喷射成形过程仅仅持续数十微秒，即使相机使用最短的曝光时间也难以拍摄到微滴形态。因此，必须降低微滴的曝光时间。光电耦合器件（CCD）上各像素单元的曝光量与相机曝

---

① FPS 是图像领域中的定义，指画面每秒帧数。

光时间和光照强度相关，其关系式可表示为

$$H_{iq} = E_{il}t_{exp} \tag{4-59}$$

式中，H_{iq} 是曝光量，E_{il} 是光照强度，t_{exp} 是曝光时间。可见，将连续光照强度改为脉冲光照强度，可以控制相机的有效曝光时间，其有效曝光时间为光脉冲的宽度。根据式（4-59），光脉冲照射下相机的曝光量可表示为

$$H_p = E_p t_{pw} \tag{4-60}$$

式中，H_p 是光脉冲照射后相机产生的曝光量，E_p 是光脉冲的光照强度，t_{pw} 是光脉冲的宽度。由于光脉冲宽度降低了相机的有效曝光时间，为了保持相机的曝光量不变，要求光脉冲的光照强度相应地增大。此外，由于曝光期间微滴在运动，曝光时间还会影响拍摄微滴形态图像的清晰度。假设微滴运动速度为 v_d，则对应微滴形态图像的模糊度可表示为

$$d_f = v_d t_{pw} \tag{4-61}$$

式中，d_f 为微滴形态图像的模糊尺度。根据上述分析，要拍摄出轮廓清晰的微滴形态图像，应在保证相机曝光量的前提下，尽可能地提高脉冲光照强度，进而使相机的有效曝光时间尽可能地短，从而提高拍摄微滴形态图像的清晰度。

　　为满足摄影测量系统对脉冲光的需求，要求背景光源具有大功率和快开关特性，目前能满足这些特征的光源主要有半导体激光和 LED 两种，这两种光源都能实现数十纳秒级的开关时间。半导体激光的优点是光束线性度高，能实现更高的脉冲光照强度，但由于半导体激光散斑难以产生光强均匀的光斑，使用半导体激光作为脉冲光源还需要对光斑进行匀化处理。LED 的优点是产生光脉冲的光照强度均匀，结合合适的聚光透镜，也可以实现较高的脉冲光照强度。考虑到 LED 具有成本低且完全满足微滴关系系统需求的优点，本章所述微滴喷射观测系统使用大功率（5W）LED 作为脉冲光的光源。

　　图 4.22 为微滴喷射观测系统各触发信号间的时序关系。相机检测到相机触发信号后延时 t_{eo1} 进入曝光模式，延迟时间由相机性能决定。对于特定型号的相机，其对应的延迟时间 t_{eo1} 通常是固定的（从检测触发信号到相机进入曝光模式，实际延迟时间 t_{eo1} 存在小范围波动）。根据上述分析，当 USB 相机工作在曝光模式时，通过控制 LED 发出的光脉冲宽度，可以控制相机的有效曝光时间。为了确保发出 LED 光脉冲时相机工作在稳定的曝光模式下，将 LED 开关信号相对于相机曝光触发信号延迟时间设为 t_{eo2}，并使 $t_{eo2}=t_{eo1}+t_e/2$，其中，t_e 为相机曝光时间，即将 LED 光脉冲与相机曝光过程中间时刻对齐。此时，LED 开关信号控制了 USB 相机的曝光时间及曝光时刻。由于微滴成形过程是驱动波形加载后数百微秒内的动力学过程，相对于驱动波形触发信号，不同的延迟时间对应不同时刻的微滴形态。因此，要拍摄不同时刻的微滴形态图像，需要控制喷射触发信号与 LED 开关脉冲间的延迟时间 t_{eo3}。通过调整延迟时间 t_{eo3}，可以拍摄不同时刻的微滴形态图像。

　　依据上述分析，摄影测量系统拍摄一次只能获得一个时刻的微滴形态图像，且由于相机曝光时间及图像输出速度的限制，连续两次拍摄至少需要延迟数毫秒。由于微滴成形过程仅仅持续数十微秒，单次拍摄只能捕获到一次微滴形态，要观测微滴完整的喷射成形过程，需要拍摄多个微滴不同时刻的微滴形态图像，通过图像合成来获得完整的微滴喷射成形过程。微滴喷射观测系统原理如图 4.23 所示。$n-1$、n、$n+1$ 是 3 个连续用于

拍摄微滴形态图像而喷射的微滴，令第 n 个拍摄微滴对应的延迟时间为 t_n，则拍摄 $n-1$、n、$n+1$ 3 个连续微滴形态的延迟时间分别为 t_{n-1}、t_n、t_{n+1}。为了从不同微滴成形过程中拍摄不同时刻的微滴形态图像，相邻微滴对应的延迟时间需要逐次递增。假设每次拍摄完成后，延迟时间的增量为 Δt_{eo3}，并且观测时间为 t_m，则第 n 个拍摄微滴对应的延迟时间 $t_n = n\Delta t_{eo3}$（n 取值范围为 $1,2,\cdots,t_m/\Delta t_{eo3}$）。根据上述时序关系，拍摄完成后可以得到第 n 个微滴 t_n 时刻的微滴形态图像，由于在观测时间 t_m 内，每个微滴对应的延迟时间逐渐递增，其拍摄的微滴形态图像也不同，通过合成所有拍摄到的微滴形态图像就可得到微滴的成形过程。

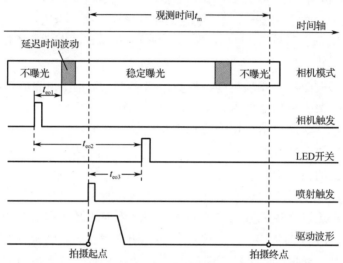

图 4.22　微滴喷射观测系统各触发信号间的时序关系

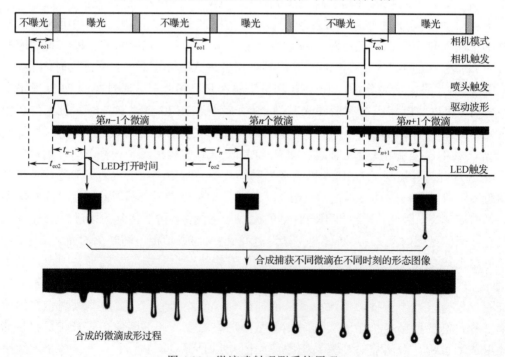

图 4.23　微滴喷射观测系统原理

　　微滴喷射观测系统通过拍摄不同微滴在不同时刻的微滴形态图像，并将所有的图像合成到一起来获得完整的微滴成形过程。这意味着只有当拍摄期间所有喷射的微滴高度一致时，才能准确反映液滴的喷射过程。然而在微滴喷射成形过程中，喷头运动速度、启停间隙并不能完全保持一致，因此，在喷射的初始阶段和喷头运动速度变动时，微滴的形态会发生变化。为此，下面介绍一种改进的微滴喷射观测系统，以实现非稳定喷射过程的准确测量。

　　改进的微滴喷射观测系统如图 4.24 所示。在测量光路中增加主动控制反射镜，利用不同时刻的多个光脉冲记录微滴的瞬时形态，从而实现单微滴喷射参数的测量。其工作原理是在测量周期内发出多个光脉冲，其脉冲间隙为 1～10μs，从而使相机记录相应时刻的微滴形态。但由于微滴运动速度较低（<10m/s），不同时刻的微滴形态图像存在重合区域，为此，通过改变反射镜的转动角度，使相机中重叠的微滴形态图像分离，实现单微滴喷射参数的测量。

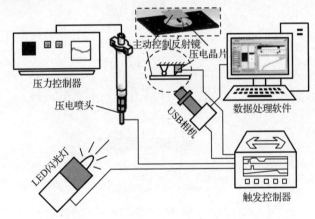

图 4.24　改进的微滴喷射观测系统

　　为保证每个光脉冲都能记录对应时刻的微滴形态图像，相机的曝光时间应包括所有的光脉冲。因此，将 USB 相机触发信号与压电喷头触发信号间的延迟时间 t_{eo2} 固定，并将其值设定为 $t_{\text{eo2}}= t_{\text{eo1}}+\delta_{\text{eo}}$ 来最大化曝光时间范围。其中，δ_{eo} 是为了避开曝光开始时刻波动而引入和延迟时间余量，δ_{eo} 的值应大于相机曝光延迟时间 t_{eo1} 的最大波动范围。改进的微滴喷射观测系统工作原理如图 4.25 所示。

　　设测量过程共发出 N_{p} 个光脉冲，且每个光脉冲的宽度均为 t_{pw}，由式（4-60）可将多个光脉冲对应的图像总曝光量 $H_{\text{p\_sum}}$ 写为

$$H_{\text{p\_sum}} = N_{\text{p}}E_{\text{p}}t_{\text{pw}} \tag{4-62}$$

　　由式（4-62）可知，要使图像的总曝光量控制为最大允许曝光量，单脉冲对应的曝光量应随光脉冲数量的增大而减小。为减小单脉冲对应的曝光量，可采用减小脉冲光照强度或减小光脉冲宽度的方法。对于后者而言，不仅可以减小单光脉冲的曝光量，而且可以改善运动微滴形态图像的清晰度。因此，调整光脉冲宽度更适用于喷射液滴参数的测量。

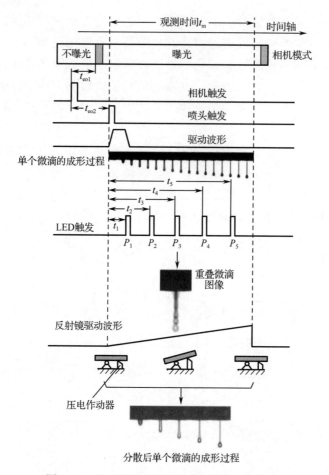

图 4.25　改进的微滴喷射观测系统工作原理

　　为避免不同时刻的微滴形态图像重叠，采用如图 4.26 所示的主动控制反射镜，其中心通过转动副固定，一侧通过转动副与双晶压电片连接，通过驱动波形控制双晶压电片中心点位移，进而控制反射镜的转动角度。

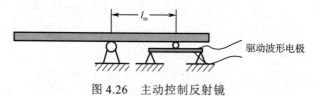

图 4.26　主动控制反射镜

　　根据压电原理和主动控制反射镜结构特性，反射镜的转角增量可表示为

$$\Delta\theta = \arcsin\left(\frac{u_{pzt}\alpha_{pzt}}{l_m}\right) \approx u_{pzt}\alpha_{pzt} \qquad (4\text{-}63)$$

式中，$\Delta\theta$ 为反射镜转角增量，u_{pzt} 为反射镜驱动波形电压，α_{pzt} 为双晶压电片机电耦合系数，l_m 为反射镜转动臂长。由于双晶压电片的位移为微米量级，反射镜转动臂长 l_m 远大于双晶压电片位移 $u_{pzt}\alpha_{pzt}$。因此，反射镜驱动波形与反射镜的转角增量近似呈线性关系，通过控制反射镜转角，可以控制镜中微滴形态图像相对于相机的位置，其调控原理如图 4.27 所示。

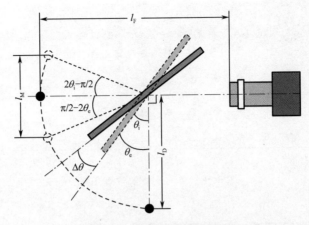

图 4.27　微滴成像调控原理

图 4.27 中，相机光轴与反射镜转动中心共线，微滴运动方向垂直于相机光轴。θ_i 和 θ_e 分别为微滴与反射镜中心连线与反射镜平面间的初始转角和终止转角，$\Delta\theta$ 为转角增量。为使微滴形态图像移动范围控制在相机视场的中心位置，同时为了减小相机对微滴形态图像的聚焦偏差，初始转角和终止转角应使微滴形态图像移动范围均分在相机轴线两侧。初始转角和终止转角可表示为

$$\theta_i = \frac{\pi}{4} + \frac{\Delta\theta}{2} \tag{4-64}$$

$$\theta_e = \frac{\pi}{4} - \frac{\Delta\theta}{2} \tag{4-65}$$

由式（4-64）和式（4-65）可知，反射镜的初始转角 θ_i 和终止转角 θ_e 由转角增量 $\Delta\theta$ 决定。根据镜面成像原理，微滴形态图像的转动角度增量为 $2\Delta\theta$，结合微滴到反射镜中心距离，则微滴在相机视场内的移动范围 l_M 可表示为

$$l_M = 2l_D \sin\Delta\theta \approx 2l_D\Delta\theta \tag{4-66}$$

式（4-66）中，l_D 为微滴到反射镜中心间的距离。为使所有的微滴形态图像都能分离，需要使每个曝光时刻的微滴形态图像相互偏移至少一个微滴直径。由于微滴直径通常与喷嘴尺寸相等，则在移动范围内最大允许拍摄的微滴数可表示为

$$N_{D\_max} = \left\lfloor \frac{l_M}{2r_n} \right\rfloor \approx \left\lfloor \frac{l_D\alpha_{pzt}u_{pzt}}{r_n} \right\rfloor \tag{4-67}$$

式中，N_{D_max} 是改进的微滴喷射观测系统最大允许的微滴形态曝光次数，即光脉冲数量的上限，N_{D_max} 的值为 l_M/r_n 的比值向下取整；r_n 是喷嘴半径。

综上所述，在不超过最大允许曝光数的前提下，通过控制反射镜转角及光脉冲可对单个微滴进行多次曝光，实现单液滴喷射过程的记录和液滴飞行参数的测量。图 4.28 为单液滴喷射过程图像，根据相机标定参数可计算液滴尺寸、速度等参数。

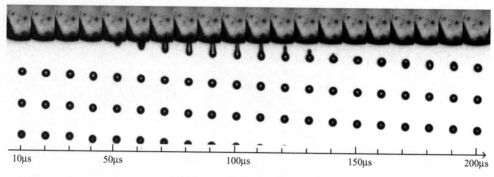

$$10\mu s \qquad 50\mu s \qquad 100\mu s \qquad 150\mu s \qquad 200\mu s$$

图 4.28　单液滴喷射过程图像

4.3.2　压电式微滴喷射自感知测量

对于压电喷头，驱动波形加载到压电喷头上时，压电喷头由于正/逆压电效应产生结构变形，同时由于正压电效应的结构变形产生电荷。因此，通过压电喷头的电流由两个部分组成，一部分是由驱动电压波形产生的电流 i_c，另一部分是由正压电效应产生的电流 i_q，则通过压电喷头的总电流 i_{sum} 可表示为

$$i_{sum}=i_c+i_q \tag{4-68}$$

式中，$i_q=dq_p/dt$，q_p 是由于压电喷头结构变形产生的自由电荷。由于压电喷头可以等效为电容值为 C_{eq} 的电容，其两端电压驱动波形 $u_s(t)$ 随时间变化。因此，由电压驱动波形引起的电流分量为 $i_c=C_{eq}[du_s(t)/dt]$。但由于正压电效应产生的电荷量非常小，电流 i_q 远小于电流 i_c，电流 i_q 中包含着压电喷头结构变形信息。因此，为了获得单纯的压电喷头结构变形信息，必须从耦合的总电流中剔除电流 i_c，只保留电流 i_q。但由于电流信号难以直接测量，需要将电流信号转换为电压信号，最常见的方法是让电流通过一个电阻将其转换为电压，通过测量电阻两端的电压得到电流。然而，由于电阻本身分担了一定电压，会使得加载在压电喷头两端的驱动波形失真，为了在不影响驱动电压波形的前提下实现电流信号的测量，根据运算放大器同相端和反向端的虚短特征，采用一个跨阻运算放大器直接将电流信号转换为对应的电压信号。要从测到的电流信号中剔除由电压驱动波形引起的电流 i_c，通过等效电容构建差分电路是一种有效的方法，等效电容与压电喷头具有相同的电容值，测量压电喷头电容值的方法在文献中有详细论述。

图 4.29 为结构变形自感知测量电路。电压驱动波形经过一个电压跟随器之后，被同时加载到等效电容和压电喷头上。如果没有电压跟随器，压电喷头结构变形产生的电压会被耦合到电压驱动波形中，与压电喷头并联的等效电容上也会通过带有喷头结构变形的电流信息，这会使输出自感知信号测量失效。电压跟随器可以抵抗这种干扰，从而保证等效电容上的电压驱动波形不被干扰。由于等效电容不存在正压电效应，通过其上的电流仅由驱动波形产生，通过等效电容和压电喷头的电流分别被跨阻运算放大器转换成电压信号。由于运放的虚短特征，这个过程不会影响等效电容和压电喷头两端的驱动波形电压，反馈电阻 R_{f1}、R_{f2} 和反馈电容 C_{f1}、C_{f2} 构成低通滤波电路，其值需要根据运

算放大器的输出电压范围和信号噪声进行精确计算，输出电压 U_{o1} 代表由电压驱动波形引起的电流信号，输出电压 U_{o2} 代表由电压驱动波形和压电喷头结构变形引起的电流信号。然而，输出电压 U_{o1}、U_{o2} 中由电压驱动波形产生电流信号并不相等，这是由于压电喷头电容测量误差和电子元器件差异等因素引起的。为了消除这种误差，通过调节运放反向端可调电阻 R_{N1}，使得电压 U_{o3}、U_{o4} 中由电压驱动波形产生电流信号相等。最后使用一个差分放大器，从电压 U_{o4} 中减去由驱动波形引起的电流信号 U_{o3}，得到仅仅含有压电喷头结构变形信号 U_{o5}，将电压信号转换成对应的结构变形物理量，来实现压电喷头结构变形的自感知测量。在获取喷射过程中喷射结构的变形信息后，可对驱动波形进行反馈调控，以减小残余振动，提高喷射频率和喷射液滴的质量。

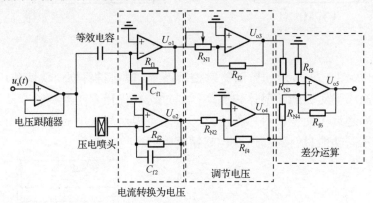

图 4.29　结构变形自感知测量电路

4.4 微滴喷射控制系统

4.4.1 微滴喷射控制系统组成

对于特定的压电喷头结构和喷射材料，只有在与之匹配的激励下，才能喷射出期望的液滴，因此，工程上往往采用实验试凑的方法寻找适当的激励参数。然而，这种方法一方面耗时长、效率低，另一方面无法确保能找到合适的参数。对于共形承载天线的一体化喷射成形而言，喷射材料种类多、材料物性参数差别大、喷射精度要求高，传统的实验试凑方法难以奏效，亟须探索能根据材料特性自动匹配最优驱动参数的技术，从而提高材料适用性，以及喷射质量和速度，从而满足控形、控性的要求。

微滴喷射过程（如图 4.30 所示）包括材料喷射和微滴成形两个部分。其中，材料喷射是指喷头内部材料在驱动波形激励下产生喷射体积流率的过程。微滴成形是指材料从喷嘴处喷出并形成微滴的过程，该过程由材料物理特性、喷嘴尺寸和喷射速度/喷射体积流率共同决定。喷射体积流率是压电喷头等效电路模型的输出和微滴成形质量预测模型的输入，因而对于整个材料喷射过程，其外部影响因素主要有材料物理特性、压电喷头结构和驱动波形 3 个部分。对于特定的压电喷头和功能材料，其对应的材料物理特性和压电喷头结构通常难以调控，设计适当的驱动波形是控制材料喷射过程最有效的方式。因此，依据材料物理特性、压电喷头结构和期望喷射体积流率设计驱动波形是控制材料产生高质量形态微滴的前提。

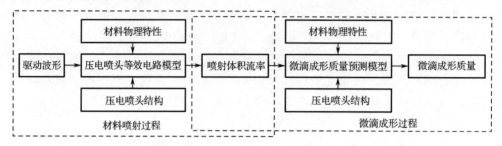

图 4.30 微滴喷射过程

为此，设计如图 4.31 所示的微滴喷射控制系统。根据材料物理特性和压电喷头结构，计算高质量微滴成形对应的喷射体积流率；通过迭代优化算法来调整驱动波形，并使材料喷射体积流率趋近于期望喷射体积流率，从而获得对应压电喷头和喷射材料的最优驱动波形，实现不同功能材料的高速度、高精度喷射。

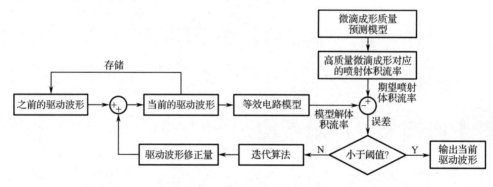

图 4.31 微滴喷射控制系统

4.4.2 期望喷射体积流率的设计

由于迭代过程是通过调整驱动波形使等效电路模型解逼近期望喷射体积流率，为使等效电路模型输出的喷射体积流率能够很好地逼近期望喷射体积流率，设计的期望喷射体积流率必须在模型解空间中或接近模型解空间。为了满足这一要求，可采用从单极性梯形驱动波形对应喷射体积流率解中自动截取期望喷射体积流率的方法。该过程可以分为 3 个步骤，期望喷射体积流率设计过程如图 4.32 所示。第 1 步，根据流道长度和声传播速度，计算喷头内材料压力波的振荡周期，并据此分别计算单极性梯形驱动波形的参数及权函数参数。第 2 步，求解单极性梯形驱动波形对应的系统输出（含有残余振荡的喷射体积流率），并将权函数与含残余振荡的喷射体积流率相乘，归一化相乘后得到归一化喷射体积流率。第 3 步，根据材料物理特性和喷嘴尺寸，计算高质量

微滴成形对应的特征喷射体积流率，其与归一化喷射体积流率喷射区间的平均喷射
体积流率比值是一个转换系数，将归一化喷射体积流率乘以该转换系数可得到期望
喷射体积流率系数。使用该期望喷射体积流率喷射对应材料将产生高质量形态的微
滴，从而实现材料的高速度、高精度喷射。

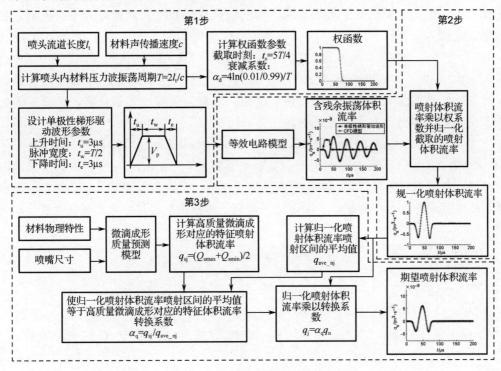

图 4.32　期望喷射体积流率设计过程

单极性梯形驱动波形激励下的喷射体积流率如图 4.33 所示。可见，单极性梯形
驱动波形对应的喷射体积流率可以分为驱动液滴形成部分和驱动残余振荡部分。后
者会导致残余振荡持续时间长，从而降低喷射频率；当其能量足够高时，甚至会喷
出额外的卫星液滴从而降低喷射质量。因此，若能去除此部分能量，将有助于提高
喷射质量和速度。

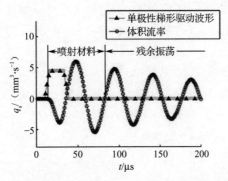

图 4.33　单极性梯形驱动波形激励下的喷射体积流率

4.4.3 驱动波形的迭代优化

由于压电喷头结构紧凑、集成度高，流体的状态无法直接测量，难以实现基于反馈的迭代优化。为此，采用基于等效电路模型的迭代优化算法。根据等效电路模型，将其离散形式表示为

$$x_e(n+1) = (TA_e + I)x_e(n) + TB_e u_e(n) \tag{4-69}$$

式中，$x_e(n)$ 是第 n 时刻系统的状态变量，A_e 是连续系统的状态矩阵，B_e 是连续系统的输入矩阵，T 是系统离散时间步长。由于优化的对象为喷嘴处体积流率，选择喷嘴处体积流率作为系统输出，则离散系统的输出方程可表示为

$$y_e(n+1) = C_e(TA_e + I)x_e(n) + TC_e B_e u_e(n) \tag{4-70}$$

式中，$C_e=[0,0,0,0,0,1]$ 是系统的输出矩阵，y_e 是系统输出，$u_e(n)$ 是系统输入。由于压电喷头外部压力在工作时保持恒定，变化的系统输入实际上只有驱动波形一项。将驱动波形沿着时间轴离散成具有 N 个数据点的系统输入向量，将离散的系统输入向量代入式（4-70），可得

$$
\begin{bmatrix} y_e(1) \\ y_e(2) \\ \vdots \\ y_e(N-1) \\ y_e(N) \end{bmatrix} = \begin{bmatrix} C_e\Phi_e \\ C_e\Phi_e^2 \\ \vdots \\ C_e\Phi_e^{N-1} \\ C_e\Phi_e^N \end{bmatrix} x_e(0) + \begin{bmatrix} C_e\Gamma_e & 0 & \cdots & 0 & 0 \\ C_e\Phi_e\Gamma_e & C_e\Gamma_e & \cdots & 0 & 0 \\ \vdots & \vdots & \ddots & 0 & 0 \\ C_e\Phi_e^{N-2}\Gamma_e & C_e\Phi_e^{N-1}\Gamma_e & \cdots & C_e\Gamma_e & 0 \\ C_e\Phi_e^{N-1}\Gamma_e & C_e\Phi_e^{N-2}\Gamma_e & \cdots & C_e\Phi_e\Gamma_e & C_e\Gamma_e \end{bmatrix} \begin{bmatrix} u_e(0) \\ u_e(1) \\ \vdots \\ u_e(N-2) \\ u_e(N-1) \end{bmatrix}
\tag{4-71}
$$

式中，
$$
\begin{bmatrix} u_e(0) \\ u_e(1) \\ \vdots \\ u_e(N-2) \\ u_e(N-1) \end{bmatrix} = \begin{bmatrix} [i_s(0) \quad u_s + u_d]^T \\ [i_s(1) \quad u_s + u_d]^T \\ \vdots \\ [i_s(N-2) \quad u_s + u_d]^T \\ [i_s(N-1) \quad u_s + u_d]^T \end{bmatrix},
$$

$\Phi_e=(TA_e+I)$ 是离散系统的状态转移矩阵，I 是与系统矩阵同阶的单位矩阵，$\Gamma_e=TB_e$ 是输入矩阵。系统输入为变形腔容积变化量和外部压力，系统输出为压电喷头喷嘴处材料的体积流率。喷射过程中外部压力为常数，式（4-71）可表示为单输入/单输出系统

$$y_e(k+1) = \Gamma_{e1} u_{e1}(k) + D_{e0} \tag{4-72}$$

式中，$D_{e0}= \Gamma_{e2} u_{e2}(k)+d_{e0}$ 为单输入/单输出系统的零输入/输出向量。设 y_{ed} 是期望的系统输出向量，则系统输出向量与期望系统输出向量间的误差向量可表示为

$$e_e(k) = y_{ed} - \Gamma_{e1} u_{e1}(k) - D_{e0} \tag{4-73}$$

式中，$e_e(k) = \begin{bmatrix} e_e(1) \\ e_e(2) \\ \vdots \\ e_e(N-1) \\ e_e(N) \end{bmatrix}$，$y_{ed} = \begin{bmatrix} y_{ed}(1) \\ y_{ed}(2) \\ \vdots \\ y_{ed}(N-1) \\ y_{ed}(N) \end{bmatrix}$

采用误差向量的二次型来衡量系统输出总误差，设 $E_e(k)$ 为系统输出总误差，则

$$E_e(k) = \frac{1}{2} e_e(k)^T e_e(k) \tag{4-74}$$

由于误差向量 $e_e(k)$ 是系统输入 u_{e1} 的函数，故总误差 $E_e(k)$ 也是系统输入 u_{e1} 的函数，其负梯度方向向量可表示为

$$v_e(k) = -\begin{bmatrix} v_e(0) \\ v_e(1) \\ \vdots \\ v_e(N-1) \\ v_e(N) \end{bmatrix} = -\begin{bmatrix} \dfrac{\partial E_e(k)}{\partial u_{e1}(0)} \\ \dfrac{\partial E_e(k)}{\partial u_{e1}(1)} \\ \vdots \\ \dfrac{\partial E_e(k)}{\partial u_{e1}(0)} \\ \dfrac{\partial E_e(k)}{\partial u_{e1}(0)} \end{bmatrix} \tag{4-75}$$

式中，$v_e(k)$ 是第 k 次迭代时的总误差负梯度方向向量，将负梯度方向向量 $v_e(k)$ 归一化得到仅含有方向信息的单位向量

$$v_{en}(k) = \frac{v_e(k)}{\|v_e(k)\|_2} \tag{4-76}$$

设第 k 次迭代时对应的步长为 $\eta_e(k)$，则第 k 次迭代时系统输入的修正量可表示为

$$\Delta u_{e1}(k) = \eta_e(k) v_{en}(k) \tag{4-77}$$

其中，$\Delta u_e(k)$ 是第 k 步迭代系统输入的修正向量。然而，由于驱动波形需要多次重复地激励压电喷头，系统输入需要满足两个约束条件，一是系统输入必须在有限的时间内加载到压电喷头，二是系统输入的初值和终值必须相等。因此，第 k 步系统输入修正向量需要添加额外的约束，为满足第一个约束，使用式（4-78）所示的权函数来限制系统输入修正向量的有效范围。

$$w_e(k) = \begin{cases} 1, & n \leqslant n_c \\ 0, & n > n_c \end{cases} \tag{4-78}$$

式中，w_e 为权向量，n_c 是选定的截取时刻。为了满足第二个约束，采用式（4-79）使系统输入修正向量中的正值总修正量和负值总修正量相等。

$$\begin{cases} J_{eP} = J_{eP} \left(\dfrac{\left| \sum J_{eN} \right|}{\left| \sum J_{eP} \right|} \right) & \left| \sum J_{eP} \right| \geqslant \left| \sum J_{eN} \right| \\[4mm] J_{eN} = J_{eN} \left(\dfrac{\left| \sum J_{eP} \right|}{\left| \sum J_{eN} \right|} \right) & \left| \sum J_{eP} \right| < \left| \sum J_{eN} \right| \end{cases} \tag{4-79}$$

式中，$J_e = \Delta u_{e1}(k) w_e$ 为加权后截取后的系统修正向量，J_{eP} 表示向量 J_e 中的正值元素，J_{eN} 表示向量 J_e 中的负值元素。因此，迭代算法可以表示为

$$u_{e1}(k+1) = u_{e1}(k) + J_e(k+1) \tag{4-80}$$

其中，负梯度向量 $v_e(k)$ 中各元素按式（4-81）计算。

$$v_e(n) = \begin{bmatrix} y_{ed}(n+1) \\ y_{ed}(n+2) \\ \vdots \\ y_{ed}(N-1) \\ y_{ed}(N) \end{bmatrix} - \begin{bmatrix} \boldsymbol{D}_{e0}(n+1) \\ \boldsymbol{D}_{e0}(n+1) \\ \vdots \\ \boldsymbol{D}_{e0}(N-1) \\ \boldsymbol{D}_{e0}(N) \end{bmatrix}$$

(4-81)

$$- \begin{bmatrix} \boldsymbol{C}_e\boldsymbol{\Phi}_e^n\boldsymbol{\Gamma}_{e1} & \boldsymbol{C}_e\boldsymbol{\Phi}_e^{n-1}\boldsymbol{\Gamma}_{e1} & \cdots & 0 & 0 \\ \boldsymbol{C}_e\boldsymbol{\Phi}_e^{n+1}\boldsymbol{\Gamma}_{e1} & \boldsymbol{C}_e\boldsymbol{\Phi}_e^n\boldsymbol{\Gamma}_{e1} & \cdots & 0 & 0 \\ \vdots & \vdots & \ddots & 0 & 0 \\ \boldsymbol{C}_e\boldsymbol{\Phi}_e^{N-2}\boldsymbol{\Gamma}_{e1} & \boldsymbol{C}_e\boldsymbol{\Phi}_e^{N-1}\boldsymbol{\Gamma}_{e1} & \cdots & \boldsymbol{C}_e\boldsymbol{\Gamma}_{e1} & 0 \\ \boldsymbol{C}_e\boldsymbol{\Phi}_e^{N-1}\boldsymbol{\Gamma}_{e1} & \boldsymbol{C}_e\boldsymbol{\Phi}_e^{N-2}\boldsymbol{\Gamma}_{e1} & \cdots & \boldsymbol{C}_e\boldsymbol{\Phi}_e\boldsymbol{\Gamma}_{e1} & \boldsymbol{C}_e\boldsymbol{\Gamma}_{e1} \end{bmatrix}^T \begin{bmatrix} \boldsymbol{C}_e\boldsymbol{\Phi}_e^n\boldsymbol{\Gamma}_{e1} \\ \boldsymbol{C}_e\boldsymbol{\Phi}_e^{n+1}\boldsymbol{\Gamma}_{e1} \\ \vdots \\ \boldsymbol{C}_e\boldsymbol{\Phi}_e^{N-2}\boldsymbol{\Gamma}_{e1} \\ \boldsymbol{C}_e\boldsymbol{\Phi}_e^{N-1}\boldsymbol{\Gamma}_{e1} \end{bmatrix} \boldsymbol{u}_{e1}$$

式中，$v_e(n)$为负梯度向量中第 n 个元素的值，n 是系统离散时间范围[0, N]内的某个时刻。

为保证迭代严格收敛，即 $E_e(k)>E_e(k+1)$，两个相邻迭代步的总体误差关系可表示为

$$E_e(k+1) = E_e(k) + \Delta E_e(k)$$

(4-82)

式中，$\Delta E_e(k) = \frac{1}{2}[v_{en}(k)^T\boldsymbol{\Gamma}_{e1}^T\boldsymbol{\Gamma}_{e1}v_{en}(k)\eta_e(k)^2 - 2e_e(k)^T\boldsymbol{\Gamma}_{e1}v_{en}(k)\eta_e(k)]$，$\Delta E_e(k)$是第 k 次迭代总误差增量，反映了两次相邻迭代过程误差的收敛速度。由严格收敛条件可知，迭代过程收敛则总误差增量 $\Delta E_e(k)$的值必然为负值。误差增量所取负值的绝对值越大，则收敛速度越快。由于总误差增量 $\Delta E_e(k)$是关于迭代步长 $\eta_e(k)$的二次函数，由于二次项 $\eta_e(k)^2$ 的系数是归一化负梯度向量的二次型且托普利茨矩阵是下三角正定矩阵。因此，其系数为正值，总误差增量 $\Delta E_e(k)$是一个开口向上的二次型函数，由于一次项系数不为零，总误差增量 $\Delta E_e(k)$与迭代步长轴有两个交点。其中一个交点为坐标原点，另一个交点的取值存在正半轴和负半轴两种可能，但为了保证迭代过程沿着总误差 $E_e(k)$的负梯度方向进行，迭代步长 $\eta_e(k)$的取值只能为正值。

根据二次函数的极值公式，最优步长可表示为

$$\eta_e(k) = \frac{e_e(k)^T\boldsymbol{\Gamma}_{e1}v_{en}(k)}{v_{en}(k)^T\boldsymbol{\Gamma}_{e1}^T\boldsymbol{\Gamma}_{e1}v_{en}(k)}$$

(4-83)

迭代过程结束后，优化驱动波形可表示为

$$d(k) = \frac{\boldsymbol{u}_{e1}(k)}{A_p\alpha_s}$$

(4-84)

式中，$d(k)$是驱动波形，$\boldsymbol{u}_{e1}(k)$是迭代完成时对应的系统输入向量，A_p 是结构变形腔中压电材料作动区域面积，α_s 是压电材料机电耦合系数。迭代计算驱动波形过程如图 4.34 所示。

4.4.4　自适应喷射控制案例

单极性梯形驱动波形是压电喷头最常用的驱动波形，但其对应的喷射过程伴有明显的残余振荡。为了验证上述方法对喷射体积流率的调控效果，采用乙醇材料，将单极性梯形驱动波形作为初始驱动波形并对其进行迭代调整，使其系统输出逼近去除残余振荡的喷射体积流率。

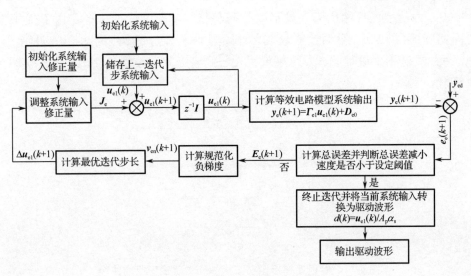

图 4.34　迭代计算驱动波形过程

图 4.35 为迭代过程中体积流率变化情况，即喷嘴处体积流率逼近期望体积流率的过程。可见，在迭代初始，单极性梯形驱动波形的激励下，喷嘴处体积流率存在明显的残余振荡；随着迭代过程的进行，残余振荡体积流率逐渐减小；经过 50 步迭代后，喷嘴处体积流率已逼近期望喷射体积流率。图 4.36 为总误差 E 随迭代步数 k 的收敛过程。可见，总误差单调递减，迭代收敛。

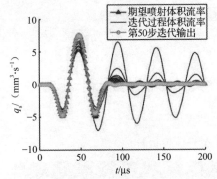

图 4.35　迭代过程中体积流率变化情况

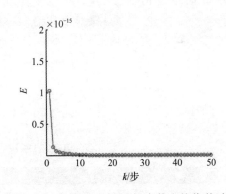

图 4.36　总误差 E 随迭代步数 k 的收敛过程

单极性梯形驱动波形和迭代输出驱动波形如图 4.37 所示。可见，迭代算法对单极性梯形驱动波形的前半部分没有明显的调整，但为了消除残余振荡，迭代算法在梯形脉冲波形后生成了一个负脉冲波形，与双极性梯形驱动波形功能相似，用来消除残余压力振动。

图 4.38 为分别采用两种驱动波形喷射乙醇过程中喷孔处的流体状态。可见，单极性梯形驱动波形激励后，喷嘴处半月板伴有明显的残余振动；而迭代输出驱动波形激励后，残余振荡被抑制。

微滴喷射过程如图 4.39 所示。图 4.39（a）为使用单极性梯形驱动波形喷射乙醇材料的微滴成形过程，当喷射频率达到 1kHz 时，微滴速度出现小幅波动；当喷射频率增加到 2kHz 时，微滴速度剧烈波动。因此，使用此驱动波形时，喷射频率不能高于 1kHz。

图 4.39（b）为使用迭代输出驱动波形喷射乙醇材料的微滴成形过程，由于优化驱动波形的时间宽度约为 125μs，驱动波形最大允许喷射频率约为 8kHz，因此，实验中使用 6kHz 和 7kHz 两种喷射频率进行测试，结果表明，迭代输出驱动波形在 7kHz 喷射频率下依然可稳定喷射。

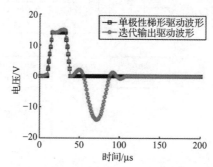

图 4.37　单极性梯形驱动波形和经迭代输出驱动波形

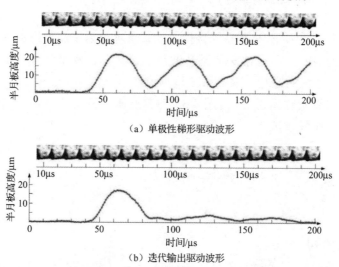

（a）单极性梯形驱动波形

（b）迭代输出驱动波形

图 4.38　喷射过程中喷孔处的流体状态

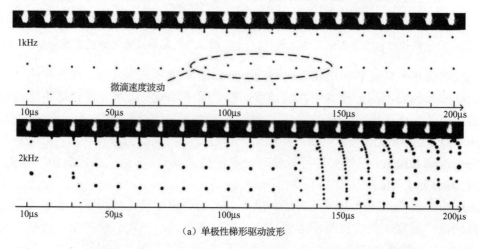

（a）单极性梯形驱动波形

图 4.39　微滴喷射过程

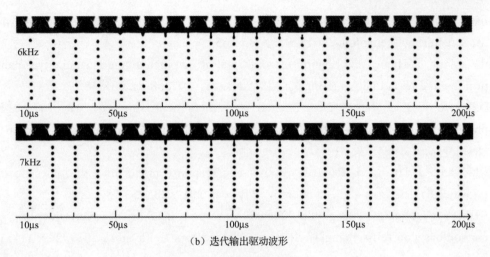

（b）迭代输出驱动波形

图 4.39　微滴喷射过程（续）

本章小结

　　本章针对压电式微滴喷射，叙述了其喷射机理，给出了描述喷射过程的压力波模型、计算流体动力学模型和等效电路模型。从提高材料适用性和喷射微滴质量与速度的角度，给出了基于等效电路模型的自适应驱动波形迭代优化方法，可针对不同材料和喷头设计高质量形态微滴的喷射体积流率，通过迭代优化获得控制产生该喷射体积流率的驱动波形，从而实现不同功能材料的高速度、高精度喷射成形。

参考文献

[1] F.R. Gibson. A review of recent research on mechanics of multifunctional composite materials and structures[J]. Composite Structures, 2010, 92: 2793-2810.

[2] X. Fang, H. Wang, Y. Huang, et al. A LTCC ka-band conformal AMC-based array with mixed feeding network[C]. Cross Strait Quad-Regional Radio Science and Wireless Technology Conference, 2013: 257-260.

[3] J.Z. Zhou, Z.H. Cai, L. Kang, et al. Deformation sensing and electrical compensation of smart skin antenna structure with optimal fiber Bragg grating strain sensor placements[J]. Composite Structures, 2019, 211: 418-432.

[4] F.B. Meng, J. Huang, P.B. Zhao. 3D-printed conformal array patch antenna using a five-axes motion printing system and flash light sintering[J]. 3D Printing and Additive Manufacturing, 2019, 6(2): 118-125.

[5] H.Y. Zhang, J. Huang. Development of a path planning algorithm for reduced dimension

patch printing conductive pattern on surfaces[J]. International Journal of Advanced Manufacturing Technology, 2018, 95: 1645-1654.

[6] F.B. Meng, J. Huang. Fabrication of conformal array patch antenna using silver nanoink printing and flash light sintering[J]. AIP Advances, 2018, 8(8): 085118.

[7] D.B. Bogy, F.E. Talke, Experimental and theoretical study of wave propagation phenomena in drop-on-demand ink jet devices[J]. IBM Journal of Research and Development, 1984, 28: 314-321.

[8] J.J. Wang, J. Huang, J. Peng. Hydrodynamic response model of a piezoelectric inkjet print-head[J]. Sensors and Actuators A: Physical, 2019, 285: 50-58.

[9] J.J. Wang, J. Huang, J. Peng, et al., Piezoelectric print-head drive-waveform optimization method basedon self-sensing[J]. Sensors and Actuators A: Physical, 2019, 299: 111617.

第5章

微滴喷射烧结固化技术

一体化喷射成形要求在喷射液体铺展后迅速烧结固化，从而形成具有特定性能的承载结构、电路基板或导电图形。烧结固化质量在很大程度上决定了成形部件的性能，因此，实现可控的烧结固化是保证一体化喷射成形质量的关键。对于构成介质基板和支撑结构的光固化树脂而言，其固化技术已较成熟，这里不再赘述。本章针对制备导电图形所用的纳米金属材料，详述相应的微滴喷射烧结方式、烧结过程建模与性能预测，以及烧结质量的闭环控制方法。

5.1 微滴喷射烧结方式

1. 加热烧结

加热烧结是指将微滴喷射的纳米银层置于加热箱中进行高温加热，使纳米金属颗粒烧结具备导电性能的过程，如图 5.1 所示。在烧结过程中，加热箱中的热量通过传导和辐射的方式传递到喷有导电图形的介质基板上。为实现完全烧结，基板和金属层需始终保持在 150℃ 以上的高温并持续 1 小时以上。然而，一方面，已形成的金属层容易在持续的长时间高温下加速氧化，基板在长时间的高温下易出现碳化现象，对于树脂材料而言，通常难以在此温度下维持形状和性能；另一方面，由于共形承载天线是逐层打印的，需将工件多次放置于加热箱中烧结，故效率低且重复装夹导致成形精度降低。因此，加热烧结不适用于耐热性差的多层树脂基板的一体化喷射成形。

烧结时间 /min	电阻率 / ($\mu\Omega\cdot cm$)
30	33.3～38.8
60	23.3～23.8
120	17.5～18.8
240	15.0～15.7

(a) 加热烧结设备　　(b) 烧结时间和电阻率的对应

图 5.1　加热烧结

2. 微波烧结

微波烧结是指通过微波促使粒子振动摩擦，从而在材料内部产生热量以实现烧结的过程，如图 5.2 所示。采用 300MHz～300GHz 频率范围的微波具有良好的烧结效果，与加热烧结相比，微波烧结具有更强的能量扩散性能，功耗更低，在提升烧结效率的同时减少了烧结损伤，改善了材料的物理和机械性能。但微波烧结稳定性差，降低了后续微波烧结的深度。此外，微波烧结必须将工件置于密闭的微波腔体内，不利于成形件的逐层喷射。

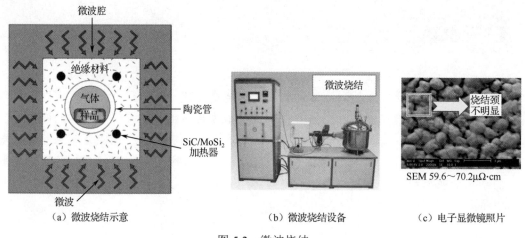

（a）微波烧结示意　　　　（b）微波烧结设备　　　　（c）电子显微镜照片

图 5.2　微波烧结

3. 激光烧结

激光烧结是指通过连续或脉冲激光对特定区域的金属粒子进行扫描加热，金属粒子间形成烧结颈，从而获得导电图形的过程，如图 5.3 所示。由于激光烧结在表面形成温度梯度，产生残余应力，需针对不同材料建立经验模型，减少残余应力以提升烧结质量。目前，激光烧结已推广到柔性电路及传感器元件制造领域。

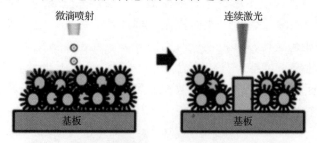

图 5.3　激光烧结

4. 闪光烧结

闪光烧结是指使用高功率脉冲氙灯作为烧结光源，在 1～2ms 内释放 1000～4000J 能量，光能迅速转换为热能并促使纳米粒子间形成烧结颈的过程，如图 5.4 所示。其中，

PVP 是聚乙烯吡咯烷酮，为制备纳米金属颗粒时的分散剂。由于能量释放时间短，烧结对象温度在 3～5s 后即可恢复到 60℃ 以下。闪光烧结分为预烧结和主烧结两个步骤。预烧结用于去除有机溶剂，降低纳米金属溶液层厚度。主烧结用于实现纳米金属颗粒间的烧结颈生长、连接及高电导率。研究结果表明，闪光烧结仅需几十毫秒即可获得与热烧结相当的电导率，且不会损坏聚合物基板，适用于共形承载天线的一体化喷射成形。虽然闪光烧结可以最大程度地提高烧结效率和降低基材损伤，但是过量的脉冲能量会在金属膜上造成缺陷。影响闪光烧结效果的因素（包括平均能量、脉冲持续时间、峰值功率和脉冲数）较多，烧结参数确定难度高。下面从闪光烧结过程的多尺度分析入手，揭示闪光烧结机理，并提出烧结性能的预测方法和烧结能量在线调控方法，从而实现可控烧结。

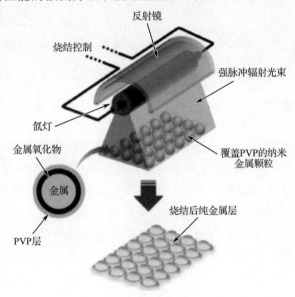

图 5.4　闪光烧结

5.2　烧结过程建模与性能预测

本节将以纳米银溶液的闪光烧结为例，建立烧结固化过程的多尺度分析模型，预测烧结质量，为可控烧结奠定基础。

5.2.1　烧结过程多尺度建模

纳米银溶液的溶剂在预烧结中挥发，纳米银颗粒在辐射光能的作用下簇团、融合，最终形成导电的金属膜。在微观视角下，光源向纳米银粒子施加能量导致其温度升高，原子热振动的振幅加大，当原子脱离所属位置达到一定距离时，纳米银颗粒开始熔化；随后，相邻的两个纳米银颗粒外层的电子云与离子层相互靠近吸引，最终实现两个纳米银颗粒的烧结融合。在宏观视角下，光源施加能量后，由于纳米尺度的单质银表面能高，导致熔点降低；随温度升高，纳米银颗粒熔化，黏度下降，纳米银颗粒产生流体性质。在接下来的连接阶段中，处于流体状态的粒子与周围粒子接触时，由于流体整体趋于表面能量最低，促使粒子间相互融合以减小表面积、降低表面能，实现烧结融合。

为了对烧结过程进行量化分析，下面采用多尺度分析方法，建立烧结过程的分析模型。闪光烧结的多尺度建模过程如图 5.5 所示。

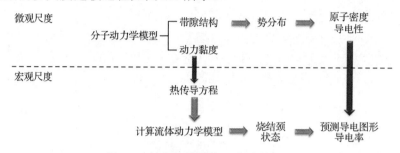

图 5.5　闪光烧结的多尺度建模过程

首先，在微观尺度下，建立分子动力学模型，采用嵌入原子势能模型分析纳米银粒子在变温度场下烧结状态，并通过改变纳米银粒子的晶格常数，分析纳米银团簇的烧结特征，获得纳米银颗粒黏度、熔点等参数，以计算烧结状态下不同纳米银团簇的电势分布、能带结构和态密度。其次，在宏观尺度下，基于热传导方程建立温度场有限元模型，引入微尺度模型计算的物性参数，分析烧结温度场。并根据纳米银颗粒烧结过程特征，建立烧结过程的二相流动力学模型，将温度场数据及黏度信息集成后，模拟纳米银颗粒在烧结过程中黏度降低、熔化、与相邻粒子连接形成烧结颈的传质传热过程，以揭示导电图形的闪光烧结机理。通过计算流体动力学方法获得烧结颈参数及导电图形致密度。最后，根据玻尔兹曼分布方程推导电子密度与电流密度的映射关系，并根据欧姆定律建立烧结参数与纳米银导电图形电导率预测模型。

1. 微观颗粒特征计算

分子动力学本质是对经典的牛顿运动方程（5-1）进行积分，从而获得各个原子在预设箱体内的位置及运动轨迹。

$$f_n(t) = m_n \frac{\mathrm{d}^2 x_n(t)}{\mathrm{d}t^2} \tag{5-1}$$

式中，m_n 为第 n 个粒子的质量，x_n 为第 n 个粒子的坐标（通常采用笛卡儿坐标）。由于粒子间相互作用力决定了其运动状态，故式（5-1）可表示为

$$f_n(t) = \frac{\partial E(x)}{\partial r_n(t)} \tag{5-2}$$

式中，r_n 为第 n 个粒子的位移，$E(x)$ 为描述分子、原子间相互作用力的势函数。势函数是通过粒子间距离定义的。当粒子间的距离大于临界坐标时，势能趋于无穷大；当粒子间的距离小于或者等于临界值时，势能趋于零。粒子间的力包括金属键、范德华力、库伦力等多种作用力。由于本节所述纳米银颗粒烧结，需针对金属键进行计算，故引入嵌入式原子势（Embedded Atom Method，EAM）模型，将金属粒子间的结合能等效为金属

原子核与电子云相互嵌入状态，并将周围电子云等环境进行简化。

EAM 模型如式（5-3）所示。粒子间的系统总势能包括粒子间相互嵌入所需的能量和粒子间相互排斥的能量。

$$E_n = A(\rho_n) + R(r_n) \tag{5-3}$$

$$\rho_n = \sum_m f_m(r_{nm}) \tag{5-4}$$

$$R(r_n) = \frac{1}{2}\sum_{m\neq n} R(r_{nm}) \tag{5-5}$$

式中，$A(\rho_n)$ 是粒子间相互嵌入所需的能量，即把原子 n 插入电荷密度为 ρ_n 的粒子所需的能量；ρ_n 是 n 原子处的电荷密度。在一阶近似下，可将电荷密度为 ρ 的每个原子的均匀电子云能量表示为嵌入式能量。在嵌入式原子势中认为，电荷密度为原子附近其他原子电荷电子云的线性叠加。假定原子及周围电子云为球形对称，则 $f_m(r_{nm})$ 为原子核周围电荷中心对称分布函数，r 为空间中任意一点距离原子核中心的距离。$R(r_{nm})$ 为双体势，表示原子 n 和原子 m 间的相互作用势；r_{nm} 为原子 n 和原子 m 之间的距离。

由式（5-1）可计算粒子在相空间中的轨迹，进而求解系统中分子或原子间的势能。通过统计粒子轨迹可以得到系统的总体参数。将烧结过程视为能量和粒子数不变的孤立系统，即微正则系综（NEV 系综）。

在粒子轨迹计算中，基于 NEV 系综，可使用 Verlet 法进行分子动力学微分方程的数值积分求解，加速度可通过式（5-6）求得。

$$a_n(t) = \frac{E_n(t)}{m_n} = \frac{\mathrm{d}^2 x_n(t)}{\mathrm{d}t^2} \tag{5-6}$$

将粒子在 $t + \Delta t$ 时刻和 $t - \Delta t$ 时刻的位置分别表示为 t 时刻位置的泰勒展开式

$$x_n(t + \Delta t) = x_n(t) + \Delta t \cdot v_n(t) + (\Delta t)^2 \cdot \frac{a_n(t)}{2} + \cdots \tag{5-7}$$

$$x_n(t - \Delta t) = x_n(t) - \Delta t \cdot v_n(t) + (\Delta t)^2 \cdot \frac{a_n(t)}{2} - \cdots \tag{5-8}$$

式中，$v_n(t)$ 为速度项。将式（5-7）与式（5-8）相加可抵消速度项，将 $x_n(t - \Delta t)$ 移至等式右边，并代入方程（5-6），可得

$$x_n(t + \Delta t) = 2x_n(t) - x_n(t - \Delta t) + (\Delta t)^2 \cdot \frac{E_n(t)}{m_n} \tag{5-9}$$

2．纳米银颗粒烧结建模

银是一种金属晶体，有稳定的面心立方晶格结构（Face-Centered Cubic，FCC），纳米银颗粒可用超晶胞团簇模型描述。在建立纳米银超晶胞团簇模型时，默认其为标准球形结构。将该模型经过去除周期，以晶胞为中心参考，标定所需纳米团簇尺寸，然后以原始晶胞作为起点，向外层以面心立方晶格结构进行扩散，再恢复周期并建立超晶胞。图 5.6 为直径 5nm 的纳米银超晶胞团簇模型。

为研究纳米银颗粒的烧结过程，构建了两个直径为 5nm 的纳米银超晶胞团簇，并将其置于恒压环境中，采用内嵌原子势描述银原子间的相互作用。将两个纳米银颗粒置于

500K（226.85℃）温度下，然后以 0.5nm 的颗粒间距离进行排列。计算步长和时长分别设为 1ps、500μs，纳米银颗粒烧结过程的分子动力学分析如图 5.7 所示。在高温作用下，纳米银颗粒之间开始形成烧结颈；100~400μs 时间内，烧结颈的尺寸逐渐增大；500μs 后烧结颈不再增大，烧结颈周边的银原子开始逐步向内侧运动，直至两个纳米银超晶胞团簇完全融合。在实际烧结过程中，单纳米银颗粒与周围颗粒形成平衡连接，不会完全融合，故烧结颈的尺寸决定了导电图形烧结后的致密度和电导率。

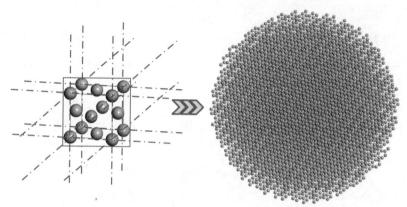

图 5.6　直径 5nm 的纳米银超晶胞团簇模型

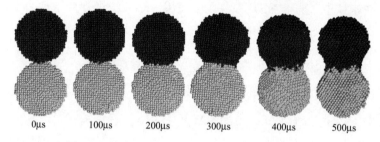

| 0μs | 100μs | 200μs | 300μs | 400μs | 500μs |

图 5.7　纳米银颗粒烧结过程的分子动力学分析

3. 纳米银颗粒熔点

纳米银颗粒表面原子数量高于内部原子数量，即表面比高，导致纳米银颗粒与单质银的熔点差别大，加之熔点测量困难。为准确分析其烧结过程，本节通过分子动力学分析结果计算其熔点，为宏观尺度下的烧结状态分析提供依据。

为了适配不同类型的纳米银墨水，在此建立了 4 种纳米银超晶胞团簇，其直径分别为 5nm、10nm、15nm、20nm。银原子间的相互作用使用嵌入的原子势，基于面心立方结构模拟纳米银超晶胞团簇的内部原子排列。将纳米银超晶胞团簇置于 298K（24.85℃）的温度下，将加热速率调整为 0.5K/s，并在 300K（26.85℃）至 500K 的温度范围内分析银原子的运动状态。不同尺寸纳米银超晶胞团簇的分子动力学分析结果如图 5.8 所示。可见，银原子在 500K 的温度时，完全脱离了面心立方结构，失去了稳定的金属晶体结构，且球形模型的直径也较初始状态增大，外层部分原子已经脱离了原子间势能约束，具有了液体的属性。

使用径向分布函数对原子状态进行统计，可较为直观地获取原子的状态变化，径向分布函数可表示为

$$g(r) = \frac{1}{\rho_{\text{atom}}} \cdot \frac{n_{\text{ave}}(r)}{4\pi r^2 \Delta r} \qquad (5\text{-}10)$$

式中，ρ_{atom} 为平均银原子数密度，即单位体积内平均银粒子的分布密度；$n_{\text{ave}}(r)$ 为距离中心原子 r 到 $r + \Delta r$ 之间的平均银原子数。图 5.9 为纳米银超晶胞团簇在不同温度下的原子径向分布。由图 5.9 可见，随着温度由 298K 升高至 500K，5nm 和 10nm 的纳米银超晶胞团簇原子径向分布均从图 5.9（a）、图 5.9（c）的有序及规则的排列转变为图 5.9（b）、图 5.9（d）中的无规则排列，已不具备周期性的晶体特性。

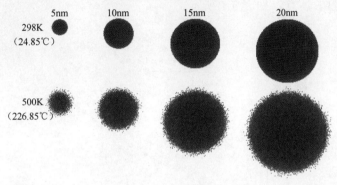

图 5.8　不同尺寸纳米银超晶胞团簇的分子动力学分析结果

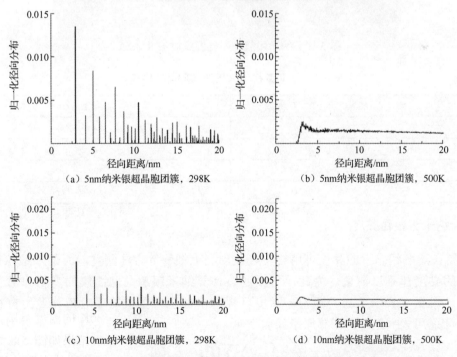

（a）5nm纳米银超晶胞团簇，298K　　　　　（b）5nm纳米银超晶胞团簇，500K

（c）10nm纳米银超晶胞团簇，298K　　　　（d）10nm纳米银超晶胞团簇，500K

图 5.9　纳米银超晶胞团簇在不同温度下的原子径向分布

在烧结过程中，向纳米粒子施加能量，随温度的升高，原子热振动的振幅加大。当原子热振动的振幅达到最近邻原子平衡位置间距离的一半时，可认为粒子熔融。可用烧结过

程中原子移动的平均距离（即均方根误差，RMSD）来判断纳米银超晶胞团簇是否熔融：

$$RMSD = \sqrt{\frac{1}{N}\sum_{n=1}^{N}[r_n(t)-r_n(0)]^2}$$ （5-11）

式中，N 为所统计的原子个数，t 为时间，r_n 为第 n 个原子的位置。纳米团簇在不同温度时的 RMSD 如图 5.10 所示。当温度逐渐上升时，原子振动幅度超出势能函数的临界值后，外层原子间约束力减小，甚至出现分离扩散现象，导致原子移动的平均距离增加。当纳米颗粒尺寸增加时，内部原子数量比例提升，外层原子数量比例下降，导致原子移动的平均距离减小。将 RMSD=0.144nm 作为判定纳米颗粒熔点的阈值，可获得不同直径纳米银超晶胞团簇的熔点，如表 5.1 所示。

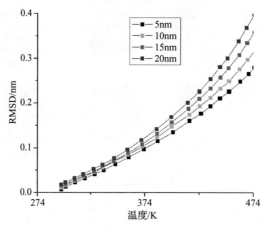

图 5.10　纳米团簇在不同温度时的 RMSD

表 5.1　不同直径纳米银超晶胞团簇的熔点

直径/nm	熔点/K
5	384.4
10	393
15	398
20	405

4．纳米银颗粒黏度

金属在熔融状态下的黏度可用旋转、振动、毛细管等方法测量，而纳米颗粒在熔融状态下的黏度却难以测量。为此，下面通过计算纳米银超晶胞团簇的剪切力对黏度进行预估。根据 Green-Kubo 理论，黏度可视为内部压力张量的非对角分量的自相关函数，故可采用式（5-12）计算原子间剪切力。

$$\eta_s = \frac{V}{3k_BT}\int_0^\infty dt \sum_\alpha\sum_\beta[P_{\alpha\beta}(t)P_{\alpha\beta}(0)]$$ （5-12）

$$P_{\alpha\beta}(t) = \frac{1}{V}\left(\sum_{i=1}^{n}m_i v_{n\alpha}v_{n\beta}+f\right)$$ （5-13）

式中，η_s 为黏度；$P_{\alpha\beta}(t)$ 为 t 时刻沿 α、β 方向的剪切应力分量；m_i 为第 i 个粒子的质量；n 为粒子总数；$v_{n\alpha}$、$v_{n\beta}$ 分别为粒子 n 在 α、β 方向的速度分量；f 为原子势能，T 为绝对温度；V 为系统模拟箱的体积；k_B 为玻尔兹曼常数。

　　构建直径为 5nm、10nm、15nm 和 20nm 的纳米银超晶胞团簇模型，将纳米银超晶胞团簇置于恒压箱体模型中，计算不同温度时的黏度，结果如图 5.11 所示。

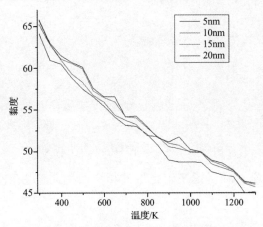

图 5.11　不同直径的纳米银超晶胞团簇黏度与温度的关系

5．烧结温度

　　烧结过程温度场分析模型如图 5.12 所示。闪光烧结属于变温烧结，且烧结时间短。为准确分析烧结过程，建立纳米银层和基板的温度场分析模型，如图 5.12（a）所示。纳米银层经过预烧结，可等效为纯纳米银颗粒，尺寸为 20mm×20mm×2μm；基板为常用的环氧树脂（FR4）材料，尺寸为 50mm×50mm×2mm。闪光烧结属于面烧结，设均匀分布的能量由上向下施加于纳米银层，热传导模型如图 5.12（b）所示。对于纳米银层，可建立热传导模型如下

$$\rho_{\text{silver}}C_{\text{p,silver}}(T)\frac{\partial T}{\partial n}+\nabla[-k_{\text{silver}}(T)\nabla T]=Q_{\text{f}} \tag{5-14}$$

式中，ρ_{silver} 为纳米银层的密度，$C_{\text{p,silver}}(T)$ 为纳米银层随温度变化的比热容，n 为边界的法向量方向，$k_{\text{silver}}(T)$ 为纳米银层随温度变化的热导率，Q_{f} 为闪光烧结热通量。对于基板（环氧树脂），温度控制方程为

$$\rho_{\text{resin}}C_{\text{resin}}\frac{\partial T}{\partial n}=\nabla(-k_{\text{resin}}\nabla T) \tag{5-15}$$

式中，ρ_{resin} 为环氧树脂的密度，C_{resin} 为环氧树脂的比热容，k_{resin} 为环氧树脂的热导率。

　　纳米银层与空气热通量交换可表示为

$$-k_{\text{silver}}(T)\frac{\partial T}{\partial n}=h_{\text{s,a}}(T_{\text{a}}-T) \tag{5-16}$$

式中，T_{a} 为室温，$h_{\text{s,a}}$ 为纳米银层与空气的换热系数。纳米银层吸收的能量除了与空气进行交换，剩余能量将传递到环氧树脂基板中，界面处温度场可表示为

$$Q_r = -k_{silver} \frac{\partial T}{\partial z} = -k_{resin} \frac{\partial T}{\partial z} \qquad (5\text{-}17)$$

式中，z 为沿基板厚度方向的坐标值，Q_r 为传入到基板中的能量。

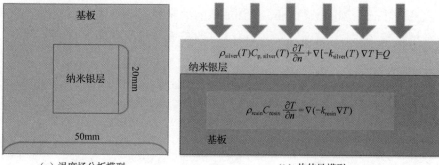

（a）温度场分析模型   （b）热传导模型

图 5.12　烧结过程温度场分析模型

为准确分析烧结状态，需考虑纳米银层的相变，为此使用等效比热容法，即

$$C_{p,e} \begin{cases} \rho C_{p,s}, & T < T_m \\ \rho C_{p,l} + \dfrac{L}{T_l - T_m}, & T_m \leqslant T \leqslant T_l \\ \rho C_{p,f}, & T > T_l \end{cases} \qquad (5\text{-}18)$$

式中，T_m 为采用分子动力学计算的纳米银熔点温度，T_l 为纳米银的沸点温度，$C_{p,e}$ 为等效比热容，$C_{p,s}$ 为固相比热容，$C_{p,f}$ 为液相比热容。当采用闪光时间 1.5ms 的脉冲氙灯，烧结功率分别为 10J/cm²、15J/cm²、20J/cm² 时，闪光烧结温度变化曲线如图 5.13 所示。

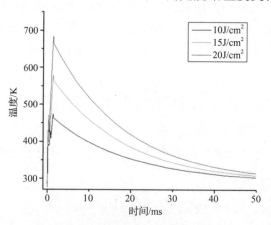

图 5.13　闪光烧结温度变化曲线

当烧结功率为 15J/cm² 时，纳米银层在不同时刻的温度分布如图 5.14 所示。可见，纳米银层中心温度在 1400μs 时升至约 590K（316.85℃）高温，随后逐渐降温。图 5.15 为不同烧结功率时，中心和边缘温度分布情况。边缘处散热效果好，温度较低。随烧结功率的增加，边缘处与中心处的温差逐步增加，故边缘处的导电图形烧结程度低于中心处的导电图形烧结程度。

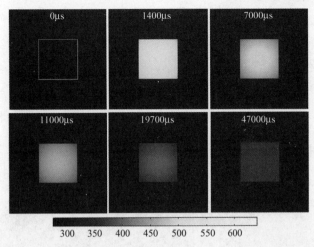

图 5.14 纳米银层在不同时刻的温度分布（烧结功率 15J/cm²）

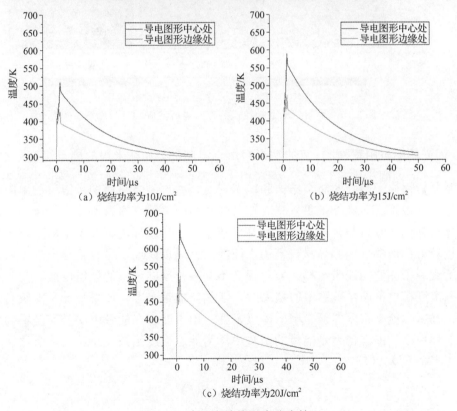

图 5.15 中心和边缘温度分布情况

6. 宏观尺度纳米颗粒烧结状态

对于大量纳米颗粒的烧结状态分析，采用分子动力学方法难以实现，本节采用计算流体动力学方法进行求解。为此，将纳米银层常温状态等效为黏度极高的流体，采用前述分子动力学方法求得黏度随温度变化的曲线，最后通过计算流体动力学分析获得宏观尺度纳米银颗粒的烧结状态。

下面以 20nm 颗粒的纳米银溶液为例，给出烧结状态的分析结果。设纳米银溶液中的溶剂通过预烧结后完全挥发，不同纳米银颗粒排列方式对应的烧结分析结果如图 5.16 所示。可见，烧结后颗粒间逐渐形成稳定的烧结颈。此外，对于不同的纳米银颗粒堆积方式，其烧结间隙和密度也存在显著差异。

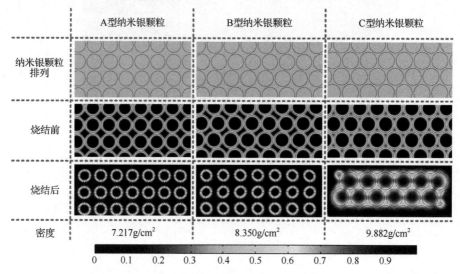

图 5.16　不同纳米银颗粒排列方式对应的烧结分析结果

7．闪光烧结电阻率预测

下面分析银原子晶胞的能带结构和能态密度，并预测烧结后纳米银层的电阻率，为实现可控性（电阻率）烧结提供依据。在晶体材料中，孤立原子所在的能级称为能带。导电晶体材料的传导带与价带间的"能隙"较小，在常温环境下，电子即可发生跃迁，其导电性较好；而非导电晶体材料则由于能隙大，难以跃迁，导致其导电性差。因此，通过分析银原子晶胞的能带结构，即可探究不同致密度纳米银的导电性能。

能态密度指单位能量范围中的状态数。从晶体能带来看，如果每一个能级有一个电子状态，那么，能态密度即能带中的能级密度。由于能级在能带中的分布是不均匀的，因此，晶体电子的能态密度是能量的函数，称为能态密度函数。在自由电子近似下，单位能态密度 $g(E)$ 定义为

$$g(E) = \frac{1}{V} \cdot N(E) \qquad (5\text{-}19)$$

在能带空间中，作 $E(\vec{k}) = E$ 和 $E(\vec{k}) = E + \Delta E$ 等能面，两个等能面间的状态数即为 ΔZ，设 $\mathrm{d}k$ 为两等能面间的垂直距离，$\mathrm{d}s$ 为面积元，V 为两个等能面间的体积，则 ΔZ 可表示为

$$\Delta Z = \frac{2V}{(2\pi)^3} \cdot V = \frac{2V}{(2\pi)^3} \int \mathrm{d}s\mathrm{d}k \qquad (5\text{-}20)$$

由此可得，能态密度 $g(E)$ 的一般表达式为

$$g(E) = \frac{dZ}{dE} = \frac{\frac{2V}{(2\pi)^3} \int ds dk}{dk |\nabla_k E|} = \frac{2V}{(2\pi)^3} \frac{\int ds}{|\nabla_k E|} \tag{5-21}$$

不同晶格尺寸对应的电子能态密度如图 5.17 所示，横坐标 0 点处为费米面。随着晶格尺寸的增加，费米面上的能态密度增大。电子能态密度越大，电子键合能越大，材料的导电性越差。晶格尺寸为 0.908nm 和 1.008nm 的电子能态密度接近，说明材料已绝缘且稳定。晶格尺寸的增加意味着原子间距的增加、电势的绝对值减小。根据欧姆定律，电势与电流密度和电导率成正比。x 处的电势 $\varphi(\bar{x})$ 可表示为

$$\varphi(\bar{x}) = \int \frac{\rho(\overrightarrow{x'}) dV}{4\pi\varepsilon_0 |\bar{x} - \overrightarrow{x'}|} \tag{5-22}$$

式中，$\rho(\overrightarrow{x'})$ 为核电荷密度分布。团簇间距及团簇内原子间距与电势的对应关系如图 5.18 所示。图 5.18（a）给出了团簇间距、原子间距与电势的关系，图 5.18（b）给出了不同间距的银团簇的平均电势。因此，可结合前述宏观尺度烧结状态的分析结果，预测烧结后导电图形的导电特性。

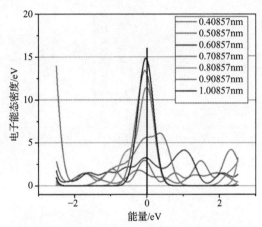

图 5.17　不同晶格尺寸对应的电子能态密度

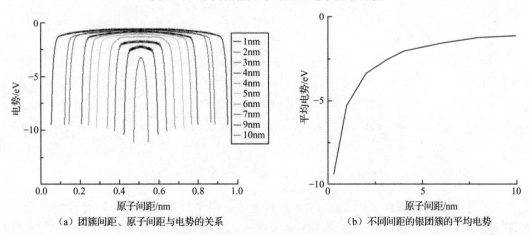

（a）团簇间距、原子间距与电势的关系　　　　（b）不同间距的银团簇的平均电势

图 5.18　团簇间距及团簇内原子间距与电势的对应关系

导电图形致密度可通过烧结纳米银体积分数的加权和来计算。

$$\rho_{\text{pattern}} = \rho_{\text{silver}} \frac{1}{n} \sum_{i=1}^{n} V_i \qquad (5\text{-}23)$$

式中，V_i 为体积分数，ρ_{pattern} 为导电图形致密度，ρ_{silver} 为纯银密度。监测流体模型中时间与致密度关系 $\rho_{\text{pattern}}(t)$，可按下式计算电阻率。

$$R_{\text{prattern}} = \frac{1}{\omega \cdot \varphi[\rho_{\text{pattern}}(t)]} \qquad (5\text{-}24)$$

式中，ω 为电阻与电阻率系数，φ 为导电图形致密度与电阻的映射关系，R_{prattern} 为导电图形电阻率。不同烧结功率密度下、不同尺寸纳米银颗粒烧结后的电阻率如图 5.19 所示，可见，电阻率随功率的增加而降低；随着纳米银直径的增加，在相同烧结条件下可获得的最低电阻率增加。

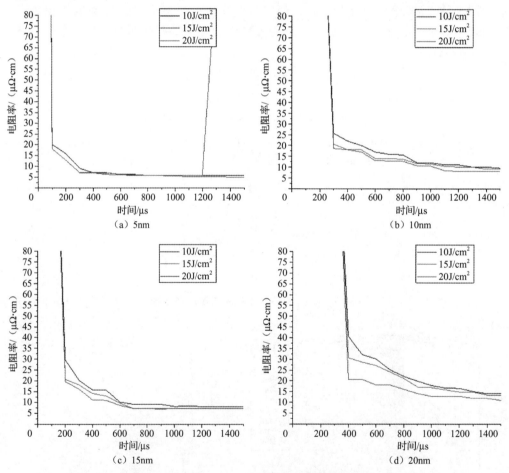

图 5.19　不同烧结功率密度下、不同尺寸纳米银颗粒烧结后的电阻率

扫描电子显微镜图像如图 5.20 所示。当烧结不完全时，纳米银颗粒是彼此孤立的，没有形成烧结颈，其扫描电子显微镜图像如图 5.20（a）所示；当完全烧结时，在纳米银颗粒之间形成明显的烧结颈，电阻率在合理的范围内，如图 5.20（b）所示；当过烧结时，导电图案的表面明显受损，纳米银颗粒开始聚集，电阻率增加，如图 5.20（c）所示。

闪光烧结过程的多尺度分析结果如图 5.21 所示。第 1 次闪光烧结后，纳米银颗粒开始融合，但分布不均匀；第 2 次闪光烧结后，在连接的纳米银颗粒间产生明显的烧结颈；继续闪光烧结后，过量的烧结能量使纳米银颗粒的黏度降低，纳米银颗粒开始从低表面张力区域流向高表面张力区域，由于两侧烧结颈差异，导致单面颈部被撕开，呈现过烧结状态。

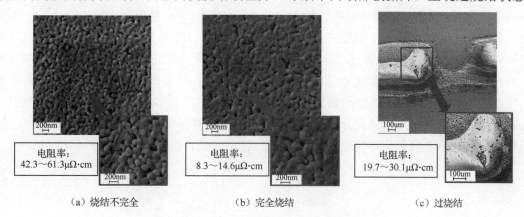

（a）烧结不完全　　　　　　　　（b）完全烧结　　　　　　　　　（c）过烧结

图 5.20　扫描电子显微镜图像

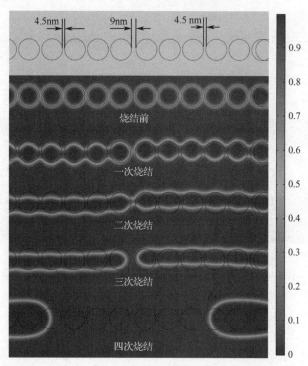

图 5.21　闪光烧结过程的多尺度分析结果

5.2.2　烧结性能分析

对于闪光烧结而言，随着烧结次数的增加，辐射的烧结能量增加，银元素含量上升，纳米银层致密度提升并逐渐稳定，导电性增强。图 5.22 为使用 18J/cm^2 的烧结功率对导电图形进行恒功率烧结后，利用 X 射线光电子能谱法（X-ray Photoelectron Spectroscopy，XPS），采用 0.1eV 扫描步长对不同烧结次数导电图形的分析结果。不同闪光烧结次数时，导电图形的扫描电子显微镜图像如图 5.23 所示，相应的导电图形电阻率测量结果如图 5.24 所示。可见，经历一次闪光烧结后，溶剂被蒸发，小部分纳米银颗粒间形成烧结颈，如图 5.23（a）所示，但整体导电性较差，仅为 21.7μΩ·cm；经历二次闪光烧结后，大部分银颗粒间形成了烧结颈，但整体结构仍不稳定，如图 5.23（b）所示；当完成三次闪光烧结后，在图 5.23（c）中观察到纳米银颗粒间形成了稳定的烧结颈，空隙也逐步转为稳定的圆形结构，样件电阻率最低（13.31μΩ·cm），此时，导电图形的致密度最高。如果继续增加烧结次数，将出现过烧结现象，电阻率将逐步增加，导电性下降。要想获得最优的电导率，就必须对烧结能量进行有效调控，然而 XPS 并不能用于在线分析烧结效果以调控烧结能量，需要探索烧结质量的在线检测与评估方法，以实现烧结能量的精准调控。

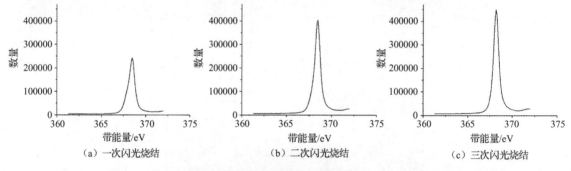

（a）一次闪光烧结 　　　　（b）二次闪光烧结 　　　　（c）三次闪光烧结

图 5.22　XPS 分析 Ag 元素峰图

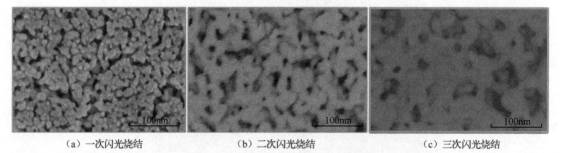

（a）一次闪光烧结 　　　　（b）二次闪光烧结 　　　　（c）三次闪光烧结

图 5.23　不同闪光烧结次数时，导电图形的扫描电子显微镜图像

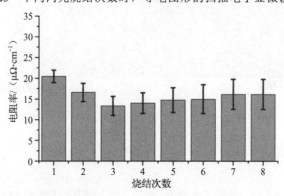

图 5.24　烧结功率为 18J/cm² 闪光烧结下电阻率对比

5.3 烧结性能的监测与调控

5.3.1 烧结温度与导电性关系

随着烧结次数的增加，辐射的烧结能量增加，银元素含量上升，纳米银层致密度提升并逐渐稳定，导电性增强。相应地，随着辐射能量的增加，纳米银层逐渐稳定，其导热性随之增强，导电图形的温度呈下降趋势。图 5.25 为闪光烧结热成像图。可见，一次烧结后，导电图形的温度为 73.2℃；二次烧结后，导电图形的温度为 66.1℃；三次烧结后，导电图形温度下降为 54.1℃。

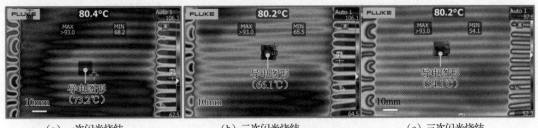

| (a) 一次闪光烧结 | (b) 二次闪光烧结 | (c) 三次闪光烧结 |

图 5.25　闪光烧结热成像图

为进一步研究温度场差异化状态，建立温度场分析模型，如图 5.26 所示。将纳米银层等效为多孔介质，纳米银层孔隙率 ε 由式（5-25）计算。

$$\varepsilon = \frac{1 - S_e(t)}{S} \tag{5-25}$$

式中，$S_e(t)$ 为温度为 t 时的表观密度。

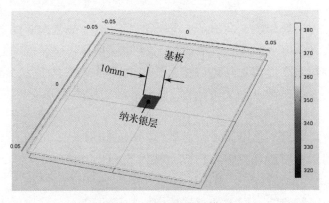

图 5.26　温度场分析模型

设基板为 80℃恒温，根据烧结颈状态调整孔隙率，纳米银层剖面温度分布如图 5.27 所示。可见，一次烧结后，纳米银层中心点温度降至 352K（78.85℃）；二次烧结后，纳米银层中心点温度降至 343K（69.85℃）；三次烧结后，纳米银层中心点温度降至 325K，这与图 5.25 所示的温度变化趋势一致。因此，纳米银层表面温度可作为判断烧结程度的依据。

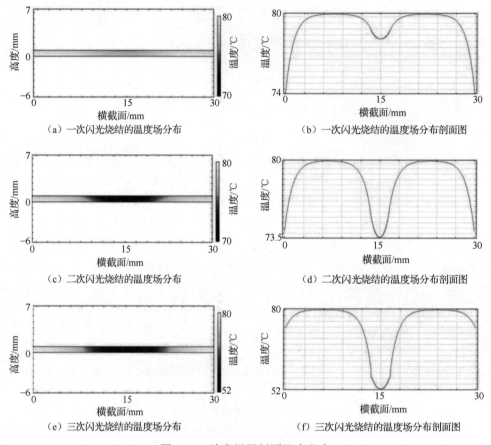

（a）一次闪光烧结的温度场分布

（b）一次闪光烧结的温度场分布剖面图

（c）二次闪光烧结的温度场分布

（d）二次闪光烧结的温度场分布剖面图

（e）三次闪光烧结的温度场分布

（f）三次闪光烧结的温度场分布剖面图

图 5.27　纳米银层剖面温度分布

5.3.2　表面形貌与性能的关系

纳米银颗粒阵列形貌如图 5.28 所示。预烧结后，纳米银颗粒随溶剂挥发平铺在基板上，呈无序堆积状态，相应的堆积模型如图 5.28（a）所示。烧结时，随着烧结能量的持续加载，纳米银颗粒间在形成烧结颈并相互连接的同时，在表面张力的作用下，乱序堆积中处于高点的纳米颗粒被拖到平衡位置，直至纳米银层表面趋于平整，如图 5.28（b）～（f）所示。

为验证这一仿真结果，采用原子力显微镜（Atomic Force Microscopy，AFM）对不同烧结状态下的纳米银层进行测量，扫描面积为 5μm×5μm。

烧结样件的 AFM 测量结果如图 5.29 所示。图 5.29（a）为一次闪光烧结后的样件形貌，其表面不均匀；对角线方向表面粗糙度 Ra 为 12.030nm。二次闪光烧结后，样件表面更加光滑，表面粗糙度 Ra 为 7.425nm，如图 5.29（b）所示；三次闪光烧结后，表面粗糙度 Ra 为 3.857nm，如图 5.29（c）所示，整体电阻率达到 10.7μΩ·cm；六次闪光烧结后，表面粗糙度开始增加，Ra 为 278.658nm，如图 5.29（d）所示，纳米银颗粒移动到一侧，在中心处形成了塌陷孔。可见，表面形貌也是判断烧结状态的一个依据。

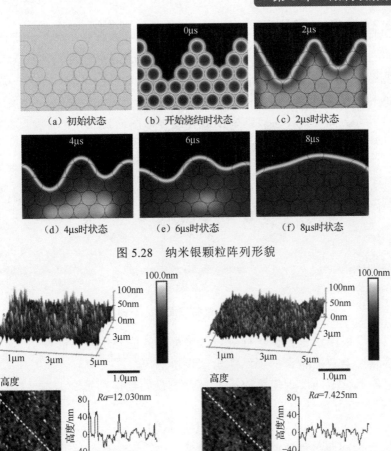

（a）初始状态　　　　（b）开始烧结时状态　　　　（c）2μs时状态

（d）4μs时状态　　　　（e）6μs时状态　　　　（f）8μs时状态

图 5.28　纳米银颗粒阵列形貌

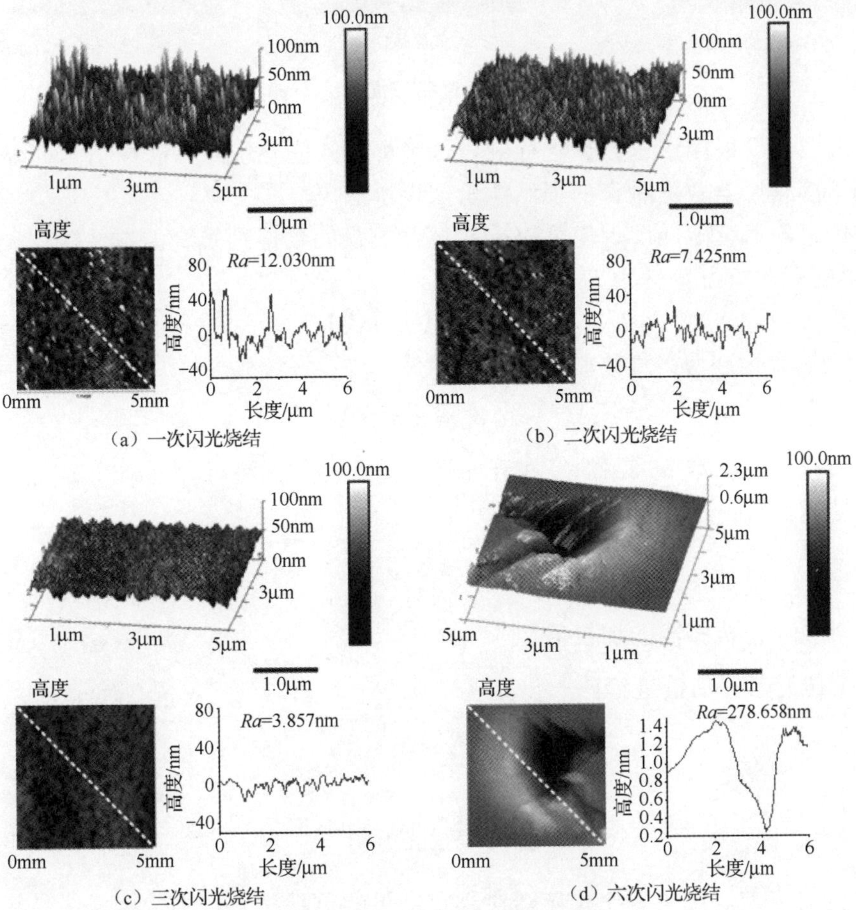

（a）一次闪光烧结　　　　　　　　　　（b）二次闪光烧结

（c）三次闪光烧结　　　　　　　　　　（d）六次闪光烧结

图 5.29　烧结样件的 AFM 测量结果

5.3.3　烧结能量自适应调控

前面给出了烧结温度、表面形貌与烧结质量的关系，如果能在烧结过程中实时测量烧结温度和表面形貌，并据此调节烧结能量，便可有效提高烧结质量。烧结温度可采用扫描测量或红外热成像仪测量。由于表面形貌难以实时测量，可采用反光率的方法间接测量，闪光烧结表面反光率测量如图 5.30 所示。在纳米银层闪光烧结前，孤立的纳米银颗粒导致表面粗糙度高，光斑在纳米银层表面产生的漫反射作用降低了光线的聚焦程度，如图 5.30（a）所示；闪光烧结后，纳米银颗粒逐步形成连接相，光斑漫反射将逐渐减小。若利用图像传感器采集反射光斑的亮度，则可以间接反映其烧结程度。

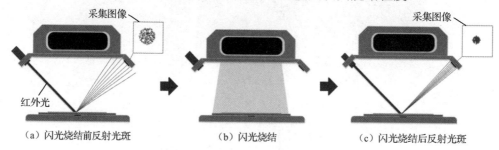

（a）闪光烧结前反射光斑　　　　（b）闪光烧结　　　　（c）闪光烧结后反射光斑

图 5.30　闪光烧结表面反光率测量

若将温度和反射率测量数据进行融合，则可有效提升烧结状态评估的准确性。下面将叙述基于多传感器数据融合的烧结能量调控方法。

在多传感器系统中，设定使用 N 个传感器测量的数据判定烧结电性能 Y。那么，第 j 个传感器的观测值可定义为

$$Y_j(t) = Y(t) + n_j(t) \tag{5-26}$$

式（5-26）中，$n_j(t)$ 为实测数据方差，表示为

$$\sigma_j^2 = E[n_j^2(t)] \tag{5-27}$$

式中，E 为期望值。本节采用温度和表面形貌的实测数据进行评估，二者彼此独立。对 Y 的估计可表示为

$$Y = \sum_{j=1}^{N} \omega_j Y_j \tag{5-28}$$

式中，ω_j 为第 j 个传感器的加权值。

对各个传感器评估值进行归一化处理

$$\sum_{j=1}^{N} \omega_j = 1 \tag{5-29}$$

$$\sigma^2 = \sum_{j=1}^{N} \omega_j^2 \sigma_j^2 \tag{5-30}$$

式中，σ^2 为总方差。如果每个传感器对判定结果的贡献相同，则

$$\omega_j = \frac{1}{N} \tag{5-31}$$

则方差可表示为

$$\sigma_{\text{ave}}^2 = \frac{1}{N^2} \sum_{j=1}^{N} \sigma_j^2 \tag{5-32}$$

平均加权融合法无法实现对每个传感器的贡献的优化。为提升融合效果，通过优化实验方差并使其达到最低，获得优化的加权值。构建辅助函数如下

$$f(\omega_1,\cdots,\omega_N,\lambda) = \sum_{j=1}^{N}\omega_j^2\sigma_j^2 + \lambda\left(\sum_{j=1}^{N}\omega_j - 1\right) \tag{5-33}$$

式中，λ 为构造函数系数，令函数 $f(\omega_1,\cdots,\omega_N,\lambda)$ 对各加权值的导数为零，则有

$$\begin{cases} \dfrac{\partial f}{\partial\omega_1} = 2\omega_1\sigma_1^2 + \lambda = 0 \\[2mm] \dfrac{\partial f}{\partial\omega_2} = 2\omega_2\sigma_2^2 + \lambda = 0 \\[1mm] \qquad\vdots \\[1mm] \dfrac{\partial f}{\partial\omega_N} = 2\omega_N\sigma_N^2 + \lambda = 0 \\[2mm] \sum_{j=1}^{N}\omega_j - 1 = 0 \end{cases} \tag{5-34}$$

可得

$$\begin{cases} \omega_j = \dfrac{\mu}{\sigma_j^2},\ \ j=1,\cdots,N,\ \ \mu = -\dfrac{\lambda}{2} \\[2mm] \omega_1 + \omega_2 + \omega_3 + \cdots + \omega_N = 1 \end{cases} \tag{5-35}$$

$$\omega_1 + \omega_2 + \omega_3 + \cdots + \omega_N = \mu\left(\frac{1}{\sigma_1^2} + \frac{1}{\sigma_2^2} + \cdots + \frac{1}{\sigma_N^2}\right) \tag{5-36}$$

$$1 = \mu\sum_{j=1}^{N}\frac{1}{\sigma_j^2} \tag{5-37}$$

故

$$\mu = \frac{1}{\displaystyle\sum_{j=1}^{N}\frac{1}{\sigma_j^2}} \tag{5-38}$$

由于 $\omega_j = \dfrac{\mu}{\sigma_j^2}$，则优化后的权值为

$$\omega_j = \frac{1}{\sigma_j^2\displaystyle\sum_{j=1}^{N}\frac{1}{\sigma_j^2}} \tag{5-39}$$

各传感器权值与自身测试精度（方差）相关，通过前述测量方法可获得温度分布传感器方差 σ_T^2 和激光光斑测量方差 σ_G^2，由式（5-39）可确定温度系统权值 ω_T 和视觉激光系统权值 ω_G。

在实现烧结状态评估的基础上，可进行烧结能量反馈调控，烧结参数优化流程如图 5.31 所示。

步骤 1：通过视觉系统获得当前导电图形的光斑平均灰度 x_G，通过温度传感器获得当前基板和导电图形的温差 x_T。

步骤 2：通过实验获得完全烧结的导电图形的光斑平均灰度 x_{GO} 和温差 x_{TO}。将 x_{GO} 和 x_{TO} 分别与 x_G 和 x_T 相减，得到的结果再分别与灰度权值 ω_G 和温差权值 ω_T 相乘后，获得灰度加权差 x_{GD} 和温差加权差 x_{TD}，加权差 D 为 x_{GD} 和 x_{TD} 之和。

步骤 3：设定期望值 D_O 和误差 ε。使用期望值 D_O 减去总加权值 D 后与误差 ε 进行比较。若结果大于误差 ε，则进入烧结功率密度调整环节，通过迭代优化进行烧结参数调整，然后进行闪光烧结后进入步骤 2；若结果小于误差 ε，则说明已满足烧结要求，结束烧结。

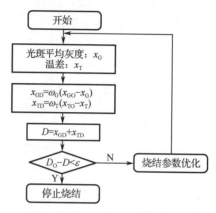

图 5.31　烧结参数优化流程

下面给出采用多传感器融合的烧结参数优化方法实例。初始烧结功率密度设定为 $13.6\mathrm{J/cm^2}$。由于初始烧结功率密度相同，分别采用两种方法经一次烧结后，其电阻率差小于 $1.6\mu\Omega\cdot\mathrm{cm}$；在二次烧结过程中，优化系统根据传感器反馈数据，将功率密度调节为 $23.2\mathrm{J/cm^2}$，相应的电阻率降至（18.58 ± 1.77）$\mu\Omega\cdot\mathrm{cm}$，而恒功率烧结的样件，其电阻率为（$31.73\pm2.51$）$\mu\Omega\cdot\mathrm{cm}$；后续烧结过程中，功率密度逐渐降至 $10.1\sim11.3\mathrm{J/cm^2}$，电阻率降至（$11.92\pm1.57$）～（$12.50\pm1.46$）$\mu\Omega\cdot\mathrm{cm}$；经过 5 次恒功率烧结后，样品的电阻率为（$23.51\pm1.57$）$\mu\Omega\cdot\mathrm{cm}$。可见，与恒功率烧结相比，参数优化烧结将电阻率降低了约 50%。恒功率烧结和参数优化烧结对比如表 5.2 和图 5.32 所示。

表 5.2　恒功率烧结和参数优化烧结对比

烧结次数	恒功率烧结		参数优化烧结	
	烧结功率密度/(J·cm⁻²)	电阻率/(μΩ·cm⁻¹)	烧结功率密度/(J·cm⁻²)	电阻率/(μΩ·cm⁻¹)
1	13.6	44.97±1.55	13.6	45.95±1.51
2	13.6	31.73±2.51	23.2	18.58±1.77
3	13.6	26.33±1.72	17.2	13.31±2.14
4	13.6	24.78±1.67	11.3	12.50±1.46
5	13.6	23.51±1.73	10.1	11.92±1.57

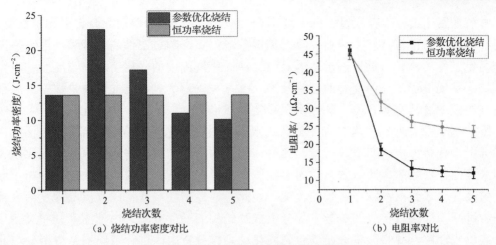

图 5.32　恒功率烧结与参数优化烧结对比

5.4　固化过程建模与分析

　　共形电路基板通常由介电层和电路层构成。其中，介电层可采用喷射光固化树脂、聚酰亚胺前躯体等材料成形，并施加光、热等能量进行固化，下面详述紫外固化过程的建模与分析。光固化树脂的固化过程是一个复杂的多物理场耦合过程，包括从小分子单体到聚合物链的化学反应、由基板到成形件的热传导、成形件表面与周围空气的热对流等化学和物理过程。光固化过程中的多场耦合效应如图 5.33 所示。

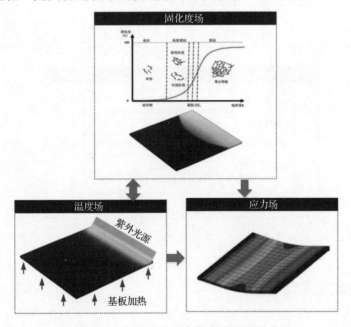

图 5.33　光固化过程中的多场耦合效应

由于光固化过程中存在复杂的多场耦合效应，每层打印后残余应力会引起基板变形，多层打印后成形件极易产生翘曲、收缩等现象，严重影响成形件的精度和性能。下面讨论光固化过程的建模分析方法，通过对成形件固化过程中的固化度场、温度场、应力场的分析，实现成形件几何尺寸的准确预测，不仅可以为优化工艺参数提供依据，而且可以对打印模型进行有效补偿，从而实现高精度成形。

图 5.34 为微滴喷射三维打印光固化树脂固化过程的多场耦合分析流程，包括固化动力学分析、传热分析、变形分析等。其中，固化动力学分析根据初始温度、固化度、固化速率及工艺参数等，通过固化动力学模型分析得到打印材料内部的固化度分布。而固化度的改变会导致材料物性参数的改变，因此，通过物性参数将固化反应程度耦合到传热分析过程，即通过传热和传导方程分析成形结构的温度分布。由于温度分布又会反过来影响反应速率，故将温度分布耦合到固化动力学分析中，进行双向耦合分析。在此基础上进行成形件变形分析，计算固化过程中材料的热应变及化学应变，即根据固化动力学分析得到固化度，以及根据传热分析得到温度分布之后，可根据材料的热膨胀系数与化学应变系数计算相应的应力场及应变场。与成形件几何尺寸相比，固化过程中的变形通常小 1～2 个数量级，因此，成形件结构变形导致的传热特性变化与化学反应特性变化可以忽略不计。

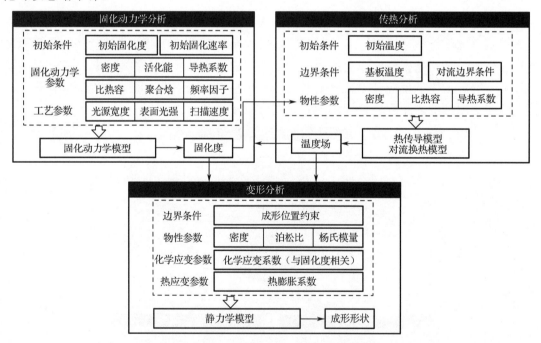

图 5.34　微滴喷射三维打印光固化树脂固化过程的多场耦合分析流程

5.4.1　固化动力学分析

固化动力学模型包括机理模型与唯象模型。机理模型基于化学反应过程中的物种平衡，通过引入速率参数来捕捉自由基的形成、聚合物链的传播与终止。这种方式虽然精确度高，但难以建模，实际操作困难。因此，在工程应用中，机理模型不常使用，而唯象模型因其简易性已被广泛应用于材料固化过程模拟及优化设计，本节采用唯象模型进行固化动力学分析。

唯象模型采用半经验公式来表示化学反应的过程，不涉及材料体系的复杂化学配比。在本节中，唯象模型采用式（5-40）的自催化模型表达式。

$$\frac{\mathrm{d}\alpha}{\mathrm{d}t} = \varphi s_0^q I_0^p \exp\left(\frac{-E}{RT_{\mathrm{abs}}}\right)\alpha^m(1-\alpha)^n \tag{5-40}$$

式中，α 为固化度；$\dfrac{\mathrm{d}\alpha}{\mathrm{d}t}$ 为固化速率，满足式（5-41）

$$\alpha(t) = \int_0^t \frac{\mathrm{d}\alpha}{\mathrm{d}t} \tag{5-41}$$

在该模型中，φ 为速率常数的前置系数，决定着聚合反应速率的快慢；s_0 为光引发剂浓度；I_0 为紫外线光强，单位为 $\mathrm{W/m^2}$；p、q 为常数，对于光固化树脂，典型值取 $p = 0.54$，$q = 0.53$；E 为活化能，单位为 $\mathrm{J/mol}$，表征聚合反应进行的难易程度，是固化反应进行的最小能量；R 为气体常数（$R = 8.314\,\mathrm{J\cdot mol^{-1}\cdot K^{-1}}$）；$T_{\mathrm{abs}}$ 为绝对温度；m、n 为对应反应级数的常数。其中，m 为链传播过程反应级数，表示固化速率增大的过程，n 为链终止过程反应级数，与固化速率减小的过程相对应。使用 $\alpha^m(1-\alpha)^n$ 这种形式对化学反应过程进行建模，代表反应开始之后一段时间，反应速率才会达到最大值，与光引发剂的引发期（也称诱导期）相对应。

式（5-40）描述了成形材料固化时，内部某一点处固化度的变化过程，揭示了材料参数与固化工艺参数对固化度及固化速率的影响规律。图 5.35 反应了固化过程中固化度和固化速率的变化情况。由图 5.35（a）可知，固化度从 0 逐渐增加到 1，对应着材料由液态转变为固态；由图 5.35（b）可知，固化反应有诱导期，经历一段时间后，反应速率达到最大值。

固化动力学分析通过求解式（5-40），即可得到整个打印材料区域的固化度分布及其瞬态变化规律。

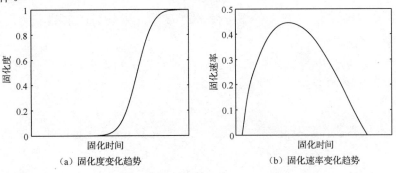

（a）固化度变化趋势　　　　　　　（b）固化速率变化趋势

图 5.35　固化度和固化速率变化情况

5.4.2　传热分析

在材料固化的过程中，温度场的变化将导致成形件内部的应力变化。在紫外固化过程中，加热基板的热量和放热化学反应产生的反应热将引起温度场的改变。使用傅里叶热传导定律与热量平衡关系建立传热分析的数学模型。瞬态热传导控制方程见下式。

$$\rho_r c_r \frac{\partial T}{\partial t} = \frac{\partial}{\partial x}\left(k_x \frac{\partial T}{\partial x}\right) + \frac{\partial}{\partial y}\left(k_y \frac{\partial T}{\partial y}\right) + \frac{\partial}{\partial z}\left(k_z \frac{\partial T}{\partial z}\right) + \rho_r \Delta H_r \frac{d\alpha}{dt} \tag{5-42}$$

式中，ρ_r 为光固化树脂密度，单位为 kg/m^3；c_r 为光固化树脂比热容，单位为 J/（kg·K）；T 为温度，单位为 K；t 为固化时间；k_x、k_y、k_z 为分别为光固化树脂在 x、y、z 方向上的热导率，单位为 W/（m·K）；$\rho_r \Delta H_r \dfrac{d\alpha}{dt}$ 为固化反应释放的热量，它是固化速率 $\dfrac{d\alpha}{dt}$ 的函数。其中，ΔH_r 为光固化树脂转化的聚合焓，单位为 J/kg，体现了聚合反应前后生成热的变化。

在热分析时，固化过程中的热台施加的热量以固定温度边界的形式加载，光固化树脂与周围空气的自然对流过程以边界条件的形式给出。使用牛顿冷却定律来描述其热对流效应，传热分析的边界条件如式（5-43）所示。

$$k \frac{\partial T}{\partial n} + h(T - T_0) = 0 \tag{5-43}$$

式中，k 为热导率；n 的方向是边界表面向外的法线方向；h 为表面对流换热系数，单位为 W/（m^2·K）；T_0 为光固化树脂周围的空气温度。

5.4.3 变形分析

光固化树脂固化后的变形是热变形与化学收缩变形综合作用的结果（热—化学应变）。其中，热变形的作用结果：随着固化的进行，温度升高，光固化树脂膨胀，膨胀的程度取决于材料的热膨胀系数与温度变化量。化学收缩变形的作用结果：随着固化的进行，范德华作用力距离缩短为共价键距离，光固化树脂收缩。二者共同决定了总的形变量。热—化学应变由热应变和化学收缩应变叠加而成，如式（5-44）所示。

$$\varepsilon_r^{tc} = \varepsilon_r^{th} + \varepsilon_r^{ch} \tag{5-44}$$

式中，ε_r^{tc} 表示光固化树脂的热—化学应变，ε_r^{th} 表示光固化树脂的热应变，ε_r^{ch} 表示光固化树脂的化学收缩应变。

光固化树脂的热应变为其热膨胀系数与温度变化量的乘积，光固化树脂的化学收缩应变与其体积收缩率相关，由式（5-45）给出。

$$\varepsilon_r^{ch} = \sqrt[3]{1 + \Delta V} - 1 \tag{5-45}$$

式中，ΔV 表示树脂的体积变化率，它与固化度变化量 $\Delta\alpha$ 及完全固化后总的体积变化率相关，即

$$\Delta V = \Delta\alpha \cdot V_{sh} \tag{5-46}$$

式中，V_{sh} 为树脂从完全未固化的液态到完全固化后的固态的体积变化率。

将化学收缩系数表示为固化度的函数，成形件总变形即可由热膨胀系数与化学收缩系数表示，二者均为固化度的函数，可通过实验测定特定固化度下的某种光固化树脂的化学收缩系数和热膨胀系数。

5.4.4　光固化分析案例

下面以 10mm×10mm×0.2mm 光固化树脂基板为例，分析光固化过程。光固化树脂通过微滴喷射的方式进行打印。在固化过程中，其物性参数会发生改变，热导率、比热容等参数可表示为固化度 α 与温度 T 的函数。光固化树脂物性参数和固化工艺参数如表 5.3 所示。

表 5.3　光固化树脂物性参数和固化工艺参数

参 数 名 称	单 位	表 达 式
密度	g/cm³	$\rho_r = \begin{cases} 0.09\alpha + 1.232, & \alpha \leqslant 0.45 \\ 1.272, & \alpha > 0.45 \end{cases}$
黏度	Pa·s	$\mu = 7.93 \times 10^{-14} \exp\left(\dfrac{E}{RT} + 14.1\alpha\right)$
热导率	W/（m·K）	$k = 0.04184[3.85 + (0.035T - 0.41\alpha)]$
比热容	J/（kg·K）	$c_r = 4.184(0.468 + 5.975 \times 10^{-4}T - 0.141\alpha)$
气体常数	J/（mol·K）	8.3143
光引发剂含量	%	0.1
紫外光强	W/m²	500
扫描速度	mm/s	10

光固化基板是通过逐层打印固化成形的，即先打印第 1 层树脂，然后固化第 1 层；当第 1 层固化后，在其基础上打印第 2 层树脂，然后固化第 2 层。重复该过程，直至整个零件打印与固化完成。微滴喷射三维打印逐层固化过程示意如图 5.36 所示。

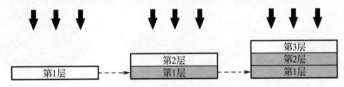

图 5.36　微滴喷射三维打印逐层固化过程示意

（1）固化度场

线阵 UV 光源扫描时固化度的变化过程如图 5.37 所示。设置移动光源扫描路径，以模拟固化过程中线阵 UV（紫外线）光源的扫描过程，如图 5.37（a）所示。基板最左侧的位置 A 处和最右侧的位置 B 处（边缘处）固化度分析结果如图 5.37（b）所示。在线阵 UV 光源扫描到左侧时，位置 A 处的固化度从 0 开始增大，直至变为 1，表示完全固化，而此时右侧的位置 B 处固化度为 0；当线阵 UV 光源扫描到右侧时，位置 B 处才开始固化。线阵 UV 光源扫描时固化度场的变化情况如图 5.38 所示。

（2）温度场

在固化时，由于聚合反应释放一定的热量，因此，在该区域内，局部温度升高，形成一个带状的高温区，此时材料由液态转变为固态。且随着线阵 UV 光源的移动，该高温区也在不断向右推移，直至达到最右侧。线阵 UV 光源扫描时温度场的变化情况如图 5.39 所示。

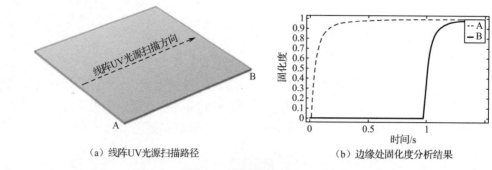

（a）线阵UV光源扫描路径　　　　　　（b）边缘处固化度分析结果

图 5.37　线阵 UV 光源扫描时固化度的变化过程

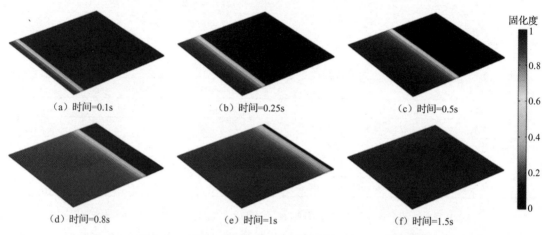

（a）时间=0.1s　　　　　　（b）时间=0.25s　　　　　　（c）时间=0.5s

（d）时间=0.8s　　　　　　（e）时间=1s　　　　　　（f）时间=1.5s

图 5.38　线阵 UV 光源扫描时固化度场的变化情况

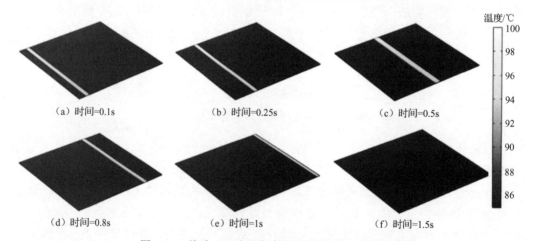

（a）时间=0.1s　　　　　　（b）时间=0.25s　　　　　　（c）时间=0.5s

（d）时间=0.8s　　　　　　（e）时间=1s　　　　　　（f）时间=1.5s

图 5.39　线阵 UV 光源扫描时温度场的变化情况

（3）应力场

在光固化过程中，光固化树脂的背面（底面）与基座固连，因此，静力学分析时，施加边界条件为固定位置约束。线阵 UV 光源扫描时应力场的变化情况如图 5.40 所示。在完全固化之后，较大的应力集中在成形件边缘处。

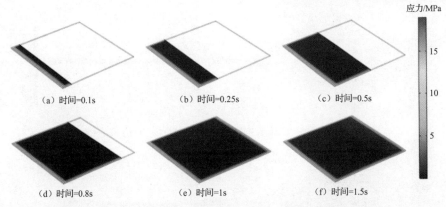

（a）时间=0.1s　　　　　（b）时间=0.25s　　　　　（c）时间=0.5s

（d）时间=0.8s　　　　　（e）时间=1s　　　　　　（f）时间=1.5s

图 5.40　线阵 UV 光源扫描时应力场的变化情况

　　由于 UV 固化是逐层进行的，在分析时按上述方法逐层建模分析即可，这里不再赘述，图 5.41 和图 5.42 分别为第二层固化时，温度场和应力场分布情况。由图 5.41 可见，在第二层树脂被固化时，由于聚合反应放热，局部形成了一个带状的高温区。在该区域内，材料的固化度逐渐从 0 变为 1，材料由液态变为固态。值得注意的是，此时第一层材料内部的温度也随之升高，这表明紫外光穿透了第二层树脂，使得第一层树脂再次受光，存在"穿透固化"的现象。因此，处于下层的树脂会重复受光，这意味着其会再次受到反应热作用，从而导致热应力的进一步积累。如图 5.42 所示，应力集中的区域同样分布在成形件底部的边与角处，但与图 5.40 中单层模型的应力相比，其应力数值更大，这样逐层累积将导致固化后树脂的形状和尺寸发生显著变化。此时将成形件从基座上取下，在残余应力的作用下成形件将发生变形，如图 5.43 所示。若成形件尺寸进一步增大，则变形将更加明显。图 5.44 为同样的材料和工艺参数下，10mm×10mm×0.2mm 尺寸基板第二层固化并释放约束后成形件的位移云图。可见，必须优化工艺参数，降低残余应力，减少成形件的变形。

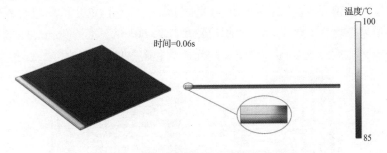

图 5.41　第二层固化时温度场分布情况

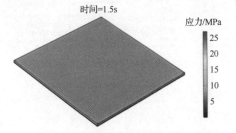

图 5.42　第二层固化时应力场分布情况

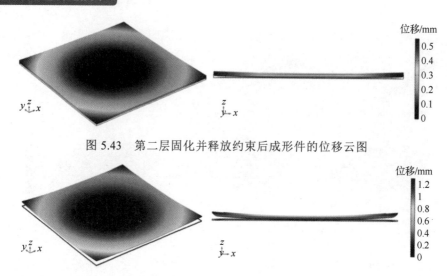

图 5.43　第二层固化并释放约束后成形件的位移云图

图 5.44　10mm×10mm×0.2mm 尺寸基板第二层固化并释放约束后成形件的位移云图

5.5　烧结固化工程案例

5.5.1　紫外固化工程案例

　　某印制板由 6 层导电线路及其相应的介质层和最外层的焊盘保护层构成，多层印制板设计图如图 5.45 所示。其中，介质层材料使用光固化树脂，采用紫外固化和前述的补偿方法；导电材料使用纳米银溶液、闪光固化方法。介质层和焊盘保护层的厚度为 0.127mm，导电层厚度为 0.035mm，印制板轮廓长为 60mm、宽为 30mm，最小过孔尺寸为 0.4mm，最小导线宽度为 0.4mm；可安装的元器件包含 STC15 芯片、USB 接口、LED 等。

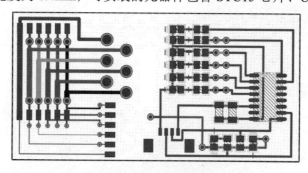

图 5.45　多层印制板设计图

　　通过 PCB 文件解析生成的各图层打印数据如图 5.46 所示，其中，白色部分为光固化树脂的打印数据，图层从左至右、从上到下分别为介质层、电路层第 1～6 层，以及最上方的阻焊层。将打印数据输出实验平台，喷射成形、紫外固化的 6 层印制板如图 5.47 所示。经实测，该印制板长、宽的最大收缩量分别为 0.1827mm 和 0.1342mm；采用四探针测量仪测试该印制板的电导率为 $1.24×10^7$S/m，打印精度和电性能均符合设计要求。

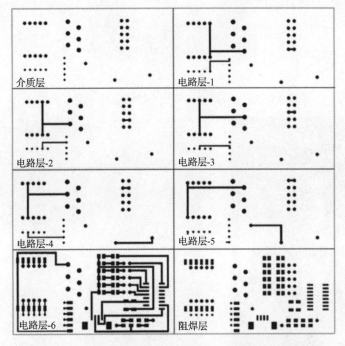

图 5.46 通过 PCB 文件解析生成的各图层打印数据

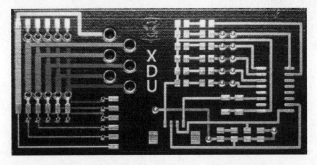

图 5.47 喷射成形、紫外固化的 6 层印制板

5.5.2 闪光烧结工程案例

某闪光烧结的一体化喷射成形阵列微带天线（如图 5.48 所示）由辐射层、基板和背面的接地板组成，其 SMA 接口与信号发生器相连，通过一分二馈电网络对天线进行馈电。其辐射层为一体化喷射的纳米银层，通过烧结后形成特定的导电图形。自适应闪光烧结装置由脉冲氙灯、温度传感器、红外摄像头及控制系统等组成。微滴喷射及闪光烧结系统如图 5.49 所示。

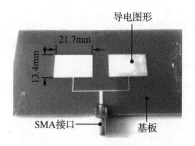

图 5.48　闪光烧结的一体化喷射成形阵列微带天线

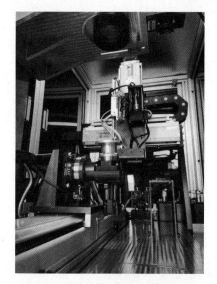

（a）微滴喷射及闪光烧结装置

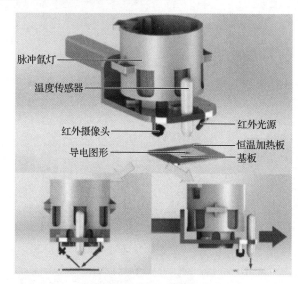

（b）自适应闪光烧结装置

图 5.49　微滴喷射及闪光烧结系统

将喷射纳米银溶液导电图形的微带天线分别在 $10.0J/cm^2$、$13.8J/cm^2$ 的功率密度下进行闪光烧结，与前述参数优化闪光烧结进行对比测试，结果如表 5.4 和图 5.50 所示。

表 5.4　一体化喷射成形微带天线测试结果

烧结功率密度	电　阻　率	回　波　损　耗
$10.0J/cm^2$	$38.5\mu\Omega\cdot cm$	-13.2dB
$13.8J/cm^2$	$24.4\mu\Omega\cdot cm$	-25.6dB
优化闪光烧结	$11.8\mu\Omega\cdot cm$	-32.3dB

在设计频率 5.05GHz 处，恒功率密度为 $10.0J/cm^2$ 时，烧结部件的回波损耗为-13.2dB；恒功率密度为 $13.8J/cm^2$ 时，烧结部件的回波损耗为-25.6dB；而参数优化闪光烧结的天线的回波损耗则为-32.3dB。参数优化闪光烧结后，不仅导电图形的电导率得到了有效提升，而且其微观缺陷和表面质量也得到了显著提升，所以回波损耗更低。

天线方向图测试与仿真结果的对比如图 5.51 所示。其中，烧结密度为 $10.0J/cm^2$ 的天线辐射性能较差，没有形成基础主瓣。仅对比 $13.8J/cm^2$ 烧结密度和参数优化闪光烧结的天线方向图，两个天线在主瓣宽度范围内与仿真结果对比都具有较好的一致性，其中，参数优化闪光烧结的天线表现出更好的辐射性能。

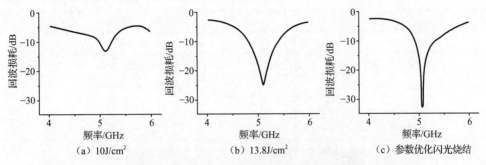

（a）10J/cm²   （b）13.8J/cm²   （c）参数优化闪光烧结

图 5.50　不同烧结功率密度对应的电路回波损耗测试结果

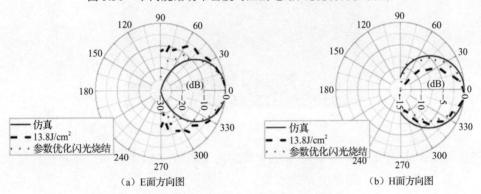

（a）E面方向图   （b）H面方向图

图 5.51　天线方向图测试与仿真结果的对比

5.5.3　激光烧结工程案例

　　本案例为工作频率为 13GHz 的 8 振子共形微带天线，其结构如图 5.52 所示。其中，介质板由光固化树脂通过微滴喷射成形，介电常数为 2.81，损耗角正切值为 0.0262，厚度为 1.3mm；微带线和辐射单元由微滴喷射纳米银溶液通过激光烧结成形，主要烧结参数如表 5.5 所示。采用一体化喷射、固化烧结后的共形微带天线如图 5.53 所示，实测导电图形的尺寸精度为±9.17μm。

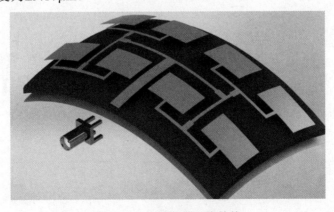

图 5.52　共形微带天线结构

表 5.5　主要烧结参数

烧 结 方 式	激 光 烧 结
激光波长	980nm
烧结功率	0～3W 连续可调
激光运动控制方式	高速数字扫描振镜
激光扫描角	±15°
烧结速度	0.4～8mm/s

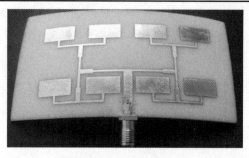

图 5.53　采用一体化喷射固化烧结成形后的共形微带天线

在微波暗室中进行共形微带天线方向图测试（如图 5.54 所示），并与仿真结果进行对比（如图 5.55 所示），满足设计要求。

图 5.54　共形微带天线方向图测试

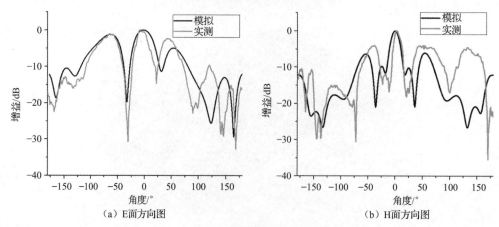

（a）E面方向图　　　　　　　　　　（b）H面方向图

图 5.55　共形微带天线方向图仿真结果

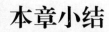

本章小结

本章讨论了微滴喷射烧结固化方法，以纳米银溶液的闪光烧结为例，建立了烧结固化过程的多尺度分析模型，实现了烧结质量的定量预测；通过仿真和实验的方法分析了烧结固化能量与性能的关系；提出了基于多传感器数据融合的烧结性能在线监测与评估方法，在此基础上通过优化烧结能量，实现了可控烧结。

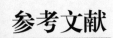

参考文献

[1] R. Julia, A. Robert. Thermal cure effects on electrical performance of nanoparticle silver inks[J]. Acta Materialia, 2007, 55: 6345-6349.

[2] M. Oghbaei, O. Mirzaee. Microwave versus conventional sintering: A review of fundamentals, advantages and applications[J]. Journal of Alloys and Compounds, 2010, 494: 175-189.

[3] K.I. Rybakov, M.N. Buyanova. Buyanova microwave resonant sintering of powder metals[J]. Scripta Materialia, 2018, 149: 108-111.

[4] D.J. Lee, S.H. Park, S. Jang. Pulsed light sintering characteristics of inkjet-printed nanosilver films on a polymer substrate[J]. Journal of Micromechanics & Microengineering, 2011, 21: 125023-125029.

[5] Y.P. Yang, Z. Li, S. Yang, et al. Multiscale simulation study of laser sintering of inkjet-printed silver nanoparticle inks[J]. International Journal of Heat and Transfer, 2020, 159: 120110.

[6] F.B. Meng, J. Huang. Evolution mechanism of photonically sintered nano-silver conductive patterns[J]. Nanomaterials, 2019, 9(2): 258.

[7] F.B. Meng, J. Huang, H.T. Zhang, et al. Metal coating synthesized by inkjet printing and intense pulsed-light sintering[J]. Materials, 2019, 12: 1289.

[8] F.B. Meng, J. Huang, P.B. Zhao. Closed-loop optimized nanometal sintering method[J]. Journal of Manufacturing Processes, 2020, 59: 403-410.

[9] F.B. Meng, J. Peng, J. Huang, et al. Computational analysis model of intense pulsed sintering of silver nanoparticles[J]. Additive Manufacturing, 2022, 51: 102594.

[10] V.L. Zvetkov. Mechanistic modeling of the epoxy-amine reaction: Model derivations[J]. Thermochimica Acta, 2005, 435(1): 71-84.

[11] H.Y. Cai, P. Li, G. Sui, et al. Curing kinetics study of epoxy resin/flexible aminetoughness systems by dynamic and isothermal DSC[J]. Thermochimica Acta, 2008, 473(1): 101-105.

[12] A. Atarsia, R. Boukhili. Relationship between isothermal and dynamic cure ofthermosets via the isoconversion representation[J]. Polymer Engineering and Science, 2000, 40(3): 607-620.

[13] D.D.Shin, H.T. Hahn. Compaction of thick composites: simulation and experiment[J]. Polymer Composites, 2004, 25(1): 49-59.

[14] W.I. Lee, A.C. Loos, G.S. Springer. Heat of reaction, degree of cure, and viscosity of Hercules 3501-6 resin[J]. Journal of Composite Materials, 1982, 16(6): 510-520.

[15] E.P. Scott, J.V. Beck. Estimation of thermal properties in epoxy matrix/carbon fiber composite materials[J]. Journal of composite materials, 1992, 26(1): 132-149.

第6章

曲面部件一体化喷射成形技术

6.1 概述

共形承载天线是典型的曲面部件，由非展开曲面介电基板、多层导电图形、散热微通道、蜂窝承力结构和透波蒙皮组成。其一体化喷射成形原理：曲面介电基板、散热微通道、蜂窝承力结构和透波蒙皮由光固化树脂或陶瓷材料打印固化成形；多层导电图形（含过孔、微波电路）由纳米金属溶液打印并烧结，从而形成高导电性的电路；为了形成蜂窝和微通道等中空结构，在打印时还要同步打印可降解的支撑材料（主要成分有丙烯酸、乙二醇油酸酯、丙烯酰胺等），便于打印后去除。此外，由于高密度的电子元器件尚无法直接打印，仍需进行焊接或胶结。共形承载相控阵天线可按图 6.1 所示的步骤进行一体化喷射成形。

第1步：支撑材料的喷射与固化，形成支撑结构，如图 6.1（a）所示。

第2步：分别在支撑结构上喷射多层介电材料（光固化树脂），并进行光固化，从而构成介电层；喷射多层导电材料（金属纳米溶液），并进行激光、闪光或热烧结，从而构成高导电的馈电层，如图 6.1（b）所示。

第3步：喷射多层导电材料并固化，构成与馈电层互连的辐射阵面，如图 6.1（c）所示。

第4步：喷射透波树脂、支撑材料并固化，构成蜂窝层和蒙皮，如图 6.1（d）所示。

第5步：将基板旋转 180°，喷射导电材料并进行光固化，形成微波电路及焊盘，如图 6.1（e）所示。

第6步：焊装 T/R 组件，为保护打印的金属图形，通常采用低温焊接，如图 6.1（f）所示。

第7步：喷射绝缘材料并固化，构成电路防护层，如图 6.1（g）所示。

第8步：分别喷射树脂材料和石墨烯材料，并固化形成打印微通道结构及内嵌导热层，构成微通道散热器，如图 6.1（h）所示；最后清除第1步和第4步成形的支撑材料，完成共形承载相控阵天线的一体化喷射成形制造。

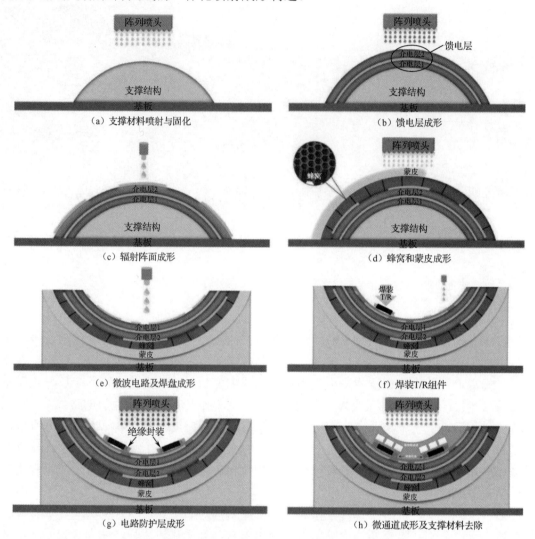

图 6.1 共形承载相控阵天线一体化喷射成形过程

在上述成形过程中，要进行多材料的精确喷射和多能量加载的复合烧结、固化。为达到要求的形状精度和性能，需根据材料和成形结构的特性，以及喷射或烧结固化的效果，对喷射驱动和烧结固化能量进行自适应调控。

6.2 曲面打印模型

与传统的三维打印平面切片、逐层二维打印方式不同，共形承载天线要求在曲面上直接进行三维打印，其目的是保证曲面上导电图形的连续性，从而提高电导率、降低高频损耗。因此，每层打印的面片不再是平面片，而是曲面片。下面将叙述相应的分层和打印数据方法。

6.2.1 曲面分层方法

曲面分层可通过曲面偏置实现，包括以下 3 种方法：

（1）利用 STL（立体光刻）格式曲面模型（以下简称"STL 模型"）的每一个三角形面片作法向曲面偏置，但由于三角形面片的偏置会造成偏置后的三角形面片相交的情况，需对偏置后的三角形面片逐一进行修复，效率较低。

（2）对 STL 格式曲面模型中每一个三角形面片的顶点进行偏置，该方法避免了三角形面片相交的情况，但顶点的法向量计算需要根据周围三角形面片的法向量进行加权平均，精度较差。

（3）重构曲面方程并进行曲面偏置，该方法效率和精度较高。下面重点讨论此种方法。

一方面，重构曲面方程，即构建一系列截曲面并与曲面实体模型相交，实现曲面实体的分层切片。首先选取参考曲面（如图 6.2 所示），通常为实体模型的上表面或下表面。对于在特定曲面基材上打印的情况，选取实体模型的下表面更方便；若无曲面基材或实体模型的下表面为平面，则应选取上表面为参考曲面。

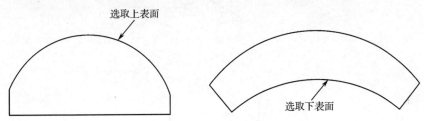

图 6.2 参考曲面

另一方面，确定偏置方向，即通过原曲面参数方程，按特定的分层方向求得下一层的曲面方程。可采用沿 Z 轴方向（图 6.3 中简称"Z 向"）偏置或沿法向偏置的方法，对于前者，将拟合后的曲面沿 Z 轴方向偏置，设定 D 为偏置距离，u、v 分别为曲面上切面和法面的法线方向，则偏置后新的曲面可表示为

$$S^0(u,v) = S(u,v) - D \tag{6-1}$$

曲面偏置方向及其层厚对比如图 6.3 所示。图 6.3（a）给出了沿 Z 轴方向偏置的分层曲面族，可见其保型性较好，但分层厚度不均匀，在三维打印过程中层高不易控制。对于后者，沿法向偏置是指沿着曲面上各点的法向量进行等距偏置，这样每一层均为等厚，更适用于三维打印。沿法向偏置及两种偏置方法的层厚对比分别如图 6.3（b）和图 6.3（c）所示。

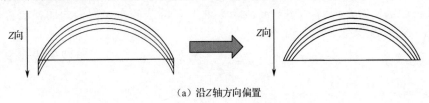

（a）沿 Z 轴方向偏置

图 6.3 曲面偏置方向及其层厚对比

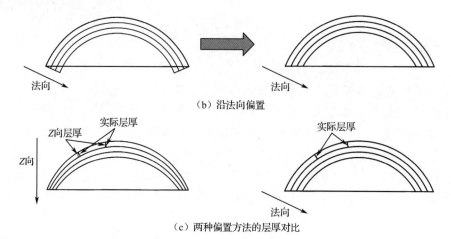

（b）沿法向偏置

（c）两种偏置方法的层厚对比

图 6.3　曲面偏置方向及其层厚对比（续）

自由曲面的法向量可通过以下步骤求得。

求出曲面上各点在 u、v 两个方向上的切向量。自由曲面切向量如图 6.4 所示。

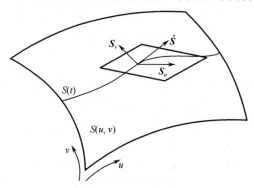

图 6.4　自由曲面切向量

设 $S(u,v)$ 在 u 和 v 两个方向上的偏微分分别为

$$S_u = \frac{\partial S}{\partial u} \qquad (6\text{-}2)$$

$$S_v = \frac{\partial S}{\partial v} \qquad (6\text{-}3)$$

对曲面上的曲线 $S(t)$ 求微分：

$$\dot{S} = \frac{\mathrm{d}S}{\mathrm{d}t} = \frac{\partial S}{\partial u} \cdot \frac{\mathrm{d}u}{\mathrm{d}t} + \frac{\partial S}{\partial v} \cdot \frac{\mathrm{d}v}{\mathrm{d}t} = S_u \dot{u} + S_v \dot{v} \qquad (6\text{-}4)$$

式中，$\dot{S}$ 为曲线 $S(t)$ 的切向量，S_u 和 S_v 分别为曲面上一点在 u、v 方向上的切向量，由这 3 个切向量定义的平面称为切平面。切平面的单位法向量 $\boldsymbol{n}$ 称为曲面在该点处的单位法向量，由 S_u 和 S_v 叉乘后归一化得到：

$$\boldsymbol{n} = \frac{S_u \times S_v}{\left| (S_u \times S_v) \right|} \qquad (6\text{-}5)$$

令分层厚度为 d，等距后新的曲面可表示为

$$S^0(u,v) = S(u,v) + d\boldsymbol{n}(u,v) \qquad (6\text{-}6)$$

对于非均匀有理 B 样条（Non Uniform Rational B-Spline，NURBS）曲面，其参数方程由 u 方向的基函数、v 方向的基函数和控制点矩阵组成。基函数是关于 u 和 v 的函数，控制顶点矩阵相当于常数项，因此，对曲面参数方程求偏导的本质是对 u、v 两个方向上的基函数求导。以 u 方向为例，三阶 NURBS 拟合基函数可以化简为如下形式：

$$N_{l,3,i}(u) = aN_{l,0,i}(u) + (b_1 + b_2 + b_3)N_{l+1,0,i}(u) + (c_1 + c_2 + c_3)N_{l+2,0,i}(u) + dN_{l+3,0,i}(u) \tag{6-7}$$

式中，l 为基函数的个数，i 为维数，各项系数分别由式（6-8）～式（6-15）给出，其中，u_l 为节点坐标。

$$a = \frac{(u - u_l)^3}{(u_{l+3} - u_l)(u_{l+2} - u_l)(u_{l+1} - u_l)} \tag{6-8}$$

$$b_1 = \frac{(u - u_l)^2(u_{l+2} - u)}{(u_{l+3} - u_l)(u_{l+2} - u_l)(u_{l+2} - u_{l+1})} \tag{6-9}$$

$$b_2 = \frac{(u - u_l)(u_{l+3} - u)(u - u_{l+1})}{(u_{l+3} - u_l)(u_{l+3} - u_{l+1})(u_{l+2} - u_{l+1})} \tag{6-10}$$

$$b_3 = \frac{(u - u_{l+1})^2(u_{l+4} - u)}{(u_{l+4} - u_{l+1})(u_{l+3} - u_{l+1})(u_{l+2} - u_{l+1})} \tag{6-11}$$

$$c_1 = \frac{(u - u_l)(u_{l+3} - u)^2}{(u_{l+3} - u_l)(u_{l+3} - u_{l+1})(u_{l+3} - u_{l+2})} \tag{6-12}$$

$$c_2 = \frac{(u - u_{l+1})(u_{l+4} - u)(u_{l+3} - u)}{(u_{l+4} - u_{l+1})(u_{l+3} - u_{l+1})(u_{l+3} - u_{l+2})} \tag{6-13}$$

$$c_3 = \frac{(u - u_{l+2})(u_{l+4} - u)^2}{(u_{l+4} - u_{l+1})(u_{l+3} - u_{l+2})(u_{l+4} - u_{l+2})} \tag{6-14}$$

$$d = \frac{(u_{l+4} - u)^3}{(u_{l+4} - u_{l+1})(u_{l+4} - u_{l+2})(u_{l+4} - u_{l+3})} \tag{6-15}$$

根据 De-Boor 递推公式，$N_{l,0,i}(u)$ 只能是 0 或者 1，因此，对基函数的求导又可以转化为对上述各项系数的求导。根据法向等距曲面公式，分别计算得到不同偏置距离的曲面族，法向分层如图 6.5 所示。由于所选参考曲面为上表面，沿着法向量偏置得越多，曲面变形程度越大，同时曲面片尺寸越小，但各层曲面间的厚度均匀。

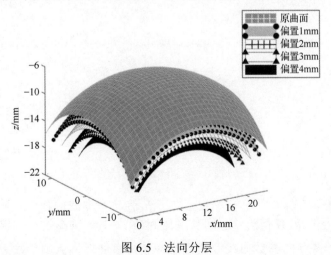

图 6.5　法向分层

　　曲面分层后，由于所选参考曲面为模型的上表面或下表面，分层后会产生收缩，导致部分曲面未达到实体模型边界，故需要延展，使之与实体模型的边界及下表面或上表面形成一个封闭的实体。

　　曲面延展可采用两种方法：其一是基于曲面边界反射控制顶点的曲面延伸，即先确定曲面延伸量，进行曲面分割，再对这一部分曲面的控制点网格关于曲面边界作对称反射，从而得到延伸曲面；其二是节点插入，即离散出曲面边界点，沿曲面边界各点的切线方向插值得到延伸曲面边界线，从而得到延伸曲面。

　　NURBS 曲面本质上是由 u、v 两个方向上的多条曲线组合而成，一个 NURBS 曲面可在 u、v 两个方向上离散成曲线，因此，曲面延展的实质是相应曲线的延伸。由于 NURBS 曲面的参数方程取决于基函数和控制点，而基函数是由节点矢量决定的，因此，插入节点离散 v 方向的节点矢量，即可得到 u 方向的多条 NURBS 曲线。曲面离散如图 6.6 所示。

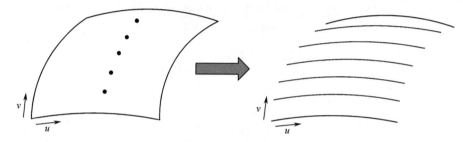

图 6.6　曲面离散

　　曲线延伸可采用自然延伸、线性延伸、圆形延伸和控制点反射延伸 4 种方法。曲线延伸方法如图 6.7 所示。

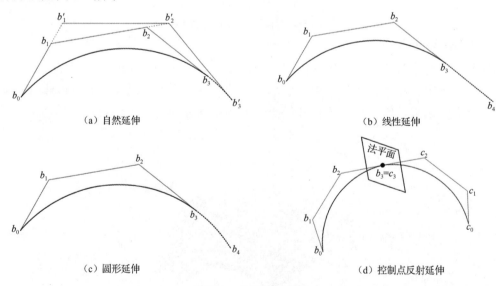

（a）自然延伸　　　　　　　　　　　　　（b）线性延伸

（c）圆形延伸　　　　　　　　　　　　　（d）控制点反射延伸

图 6.7　曲线延伸方法

　　自然延伸如图 6.7（a）所示，b_0、b_1、b_2、b_3 为参数曲线的控制顶点，给定一个参数 $t' \notin (0,1)$，则参数区间 $[0,1]$ 和 $[1,t']$ 区间长度比为 $1:(t'-1)$，根据这个比例依次将控制顶点外推，即可得到一条新的参数曲线。线性延伸指沿着曲线端点的切线方向作延长线，如

图 6.7（b）所示。圆形延伸的实质是令延伸曲线的曲率与原曲线端点处曲率保持一致，按此曲率以端点为起始画圆得到延伸曲线，如图 6.7（c）所示。控制点反射延伸就是作原始控制点关于法平面的对称点，从而获得延长曲线，如图 6.7（d）所示。线性延伸可保证相切连续，即曲线方程一阶导数连续（G1 连续）；圆形延伸可保证曲率连续（G2 连续），但其延伸曲线部分的曲率不再发生变化，无法满足自由曲线的需求；而控制点反射延伸可以保证 G2 连续且延伸曲线的曲率能连续变化。下面具体说明控制点反射延伸的方法。

将曲面分别按 u、v 两个方向离散成曲线，分别计算每一条曲线两端点的切向量，从而得到曲面整个边界的切向量，曲面边界切向量如图 6.8 所示，法平面即为与切向量垂直的平面。

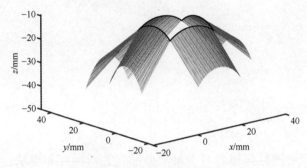

图 6.8　曲面边界切向量

将反射延伸问题转化为求解空间中一点关于已知平面对称点的问题，设平面上点 $P_0(x_0, y_0, z_0)$，该平面法向量 $\boldsymbol{n}(A, B, C)$，法平面方程可表示为

$$A(x - x_0) + B(y - y_0) + C(z - z_0) = 0 \tag{6-16}$$

作空间点 $P(x, y, z)$ 关于法平面的对称点 $P'(x_1, y_1, z_1)$，其坐标为

$$x_1 = \frac{2A^2 x_0 + 2AB y_0 + 2AC z_0 - (A^2 - B^2 - C^2)x - 2AB y - 2AC z}{A^2 + B^2 + C^2} \tag{6-17}$$

$$y_1 = \frac{2AB(x_0 - x) + 2B^2(y_0 - y) + 2BC(z_0 - z)}{A^2 + B^2 + C^2} + y \tag{6-18}$$

$$z_1 = \frac{2AC(x_0 - x) + 2BC(y_0 - y) + 2C^2(z_0 - z)}{A^2 + B^2 + C^2} + z \tag{6-19}$$

分别向曲面的 4 个方向进行反射延伸，可得延伸后曲面，整体延伸效果如图 6.9 所示。

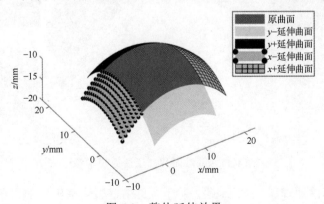

图 6.9　整体延伸效果

将各层曲面分别延伸后，设定原实体模型的四周边界及下表面，对延伸后的曲面作截断，即可实现整体曲面法向等距分层，如图 6.10 所示。

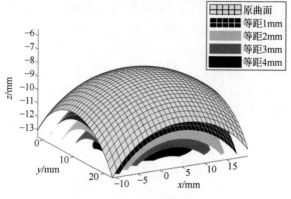

图 6.10　曲面法向等距分层

6.2.2　曲面打印方法

曲面分层后，即可逐层打印。对于单层曲面，有两种打印方法：降维面片打印法和三维曲线打印法。降维面片打印法是指将曲面用离散的平面片逼近，以单个平面片为打印单元，在每次打印前，通过五轴打印设备旋转模型至待打印面片法向量平行于喷头中心轴的状态，即转到水平面，其后按二维平面打印方式进行喷射打印。降维面片打印原理示意如图 6.11 所示。其中，图 6.11（a）为打印前，待打印图形被划分为一系列小面片，根据喷头空间位置确定初始打印面片，记工作台转角为（α, β），改变转角，即可将待打印面片旋转到水平面。此后，控制喷头在该打印面片区域内按规划的最佳路径进行二维平面打印，形成直线印迹如图 6.11（b）所示，喷射完成后进行面片整体固化，可提高整体连通性。此后根据面片相邻关系定位下一个打印面，重复以上过程，直到完成所有面片打印。

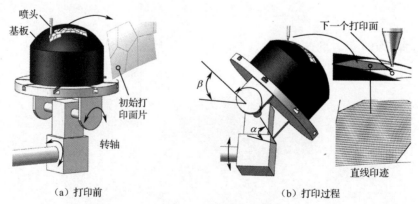

（a）打印前　　　　　　　　　　　　　　　（b）打印过程

图 6.11　降维面片打印法原理示意

三维曲线打印法原理示意如图 6.12 所示。其中，黑色基板上的白色部分为要打印的图形，打印件固定于工作由 A、C 轴驱动的二轴转台上，打印头在 x、y、z 3 个正交的平动轴上运动，工作台转角（α, γ）及喷头空间位置（x, y, z）可实时改变，从而在打印件上形成曲线印迹。为避免液滴在曲面上流动而降低打印质量，需要进行同步快速固化。下面分别给出具体实现方法。

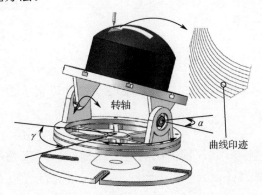

图 6.12　三维曲线打印法原理示意

1. 降维面片打印

降维面片打印可利用 STL 模型中的三角形面片逼近三维曲面。然而，如果面片过小，不仅会导致离散面片间边界长度增加从而降低导电性，而且会导致打印面片过多从而降低打印效率。因此，结合 STL 模型中三角形面片的拓扑关系，采用面积最大化面片划分方法，将曲面离散为一系列更大的平面，以达到减少面片数量、减小边界长度、降低电阻的目的。

模型简化应满足两个要求：一是面片删除后的网格必须保留原始的拓扑关系；二是简化后的网格必须对原始网格有很好的几何近似。由于面片划分过程中将删除几何元素，或多或少会降低原模型的精度，因此，应最大限度地保留模型的重要顶点，以减小误差。

在 STL 模型中，建立顶点和面片的对应关系，根据中心顶点是否为边界点，可以将子域划分为两种情况，如图 6.13 所示。

如果子域中相邻三角形面片法向量夹角的方差值小于给定的平坦度 σ，则可进行子域合并。相邻三角形面片法向量夹角的方差值 D_θ 可按下式计算。

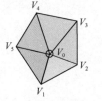

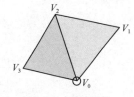

（a）中心点为内点　　　（b）中心点为边界点

图 6.13　子域划分

$$D_\theta = E_\theta^2 - (E_\theta)^2 \qquad (6\text{-}20)$$

式中，E 为期望，θ 为相邻三角形面片法向量的夹角，E_θ 为子域中相邻三角形面片法向量夹角的平均值。

$$E_\theta^2 = \frac{\sum \theta_i^2}{m}, \quad E_\theta = \frac{\sum \theta_i}{m} \qquad (6\text{-}21)$$

其中，$\theta_i = \frac{180}{\pi}\arccos\frac{\boldsymbol{n}_i \cdot \boldsymbol{n}_{i+1}}{|\boldsymbol{n}_i||\boldsymbol{n}_{i+1}|}$，$m$ 为当前子域中的三角形面片个数。

为保证液滴喷射质量，要求喷头与打印面保持合适的距离（通常为 2～5mm），因此，在子域合并时还应判断子域中心点的高度，即拱高 h 是否小于允许的不平度 ε，如图 6.14 所示。

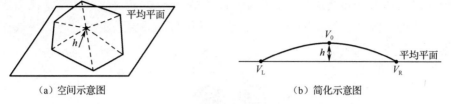

（a）空间示意图　　　　　　　　　　　　（b）简化示意图

图 6.14　拱高示意

平均平面的法向量 N、单位法向量 n 和形心向量 x 可表示为

$$N = \frac{\sum n_i A_i}{\sum A_i}, \quad n = \frac{N}{|N|}, \quad x = \frac{\sum x_i A_i}{\sum A_i} \tag{6-22}$$

式中，N、n_i、x_i、A_i 分别为平均平面的法向量、子域中第 i 个三角形的法向量、形心向量、面积。记子域中心点向量为 v_0，则平均平面的不平度（拱高）h 可表示为

$$h = |n \cdot (v_0 - x)| \tag{6-23}$$

如果 $D_\theta \leqslant \sigma$，且 $h \leqslant \varepsilon$，则该子域为平坦区域，进行子域合并；如果 $D_\theta > \sigma$，且 $h > \varepsilon$，则该子域曲率变化较大，保留该面片。

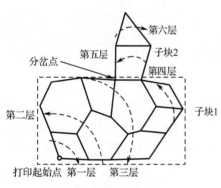

图 6.15　面片逐层展开排序

由于在逼近曲面的面片簇中，面片是无序的、非封闭的形式，打印时应尽可能按一定顺序将面片串接起来，这样不仅可以减少打印空行程，而且可以提高成形表面质量。为此，基于图的数据结构，将空间面片按实际相邻顺序逐层展开排列，相邻层遍历顺序相反，有效减小了空行程。根据边界点是否为分岔点，将分岔点两边的模型分为两个子块，依次对子块中的面片进行排序，以提高打印效率。面片逐层展开排序如图 6.15 所示。

如打印件通过 A、C 轴旋转至水平面进行打印，转台 A、C 轴的旋转角度可表示为

$$\begin{cases} \alpha = \arccos\left[\dfrac{(n \cdot n_h)}{|n||n_h|}\right] \\ \gamma = \arctan\left(\dfrac{n_x}{n_y}\right) \end{cases} \tag{6-24}$$

式中，n_h 是水平面的法向量，即面片旋转的目标位置法向量；n 是空间任意面片的法向量，$n = (n_x, n_y, n_z)$；n_x、n_y、n_z 分别为沿 X、Y、Z 轴的矢量。

面片旋转投影示意如图 6.16 所示。合并后面片旋转后的平面即为二维打印平面，三角形面片转平过程如图 6.16（a）所示。而对于子域删除后的孔洞形成的面，由于其所有点不在同一个平面上，因此，在保证边界精度的前提下，需对旋转后的孔洞边界点进行投影，得到水平打印平面，之后再对水平面片进行最佳打印路径规划，得到路径点数据。图 6.16（b）为多边形面片旋转及投影。降维面片打印数据生成流程如图 6.17 所示。

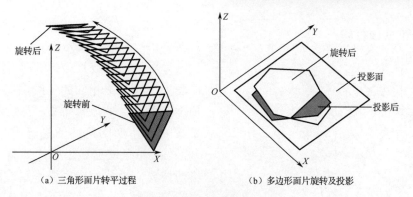

（a）三角形面片转平过程　　　　　　（b）多边形面片旋转及投影

图 6.16　面片旋转投影示意

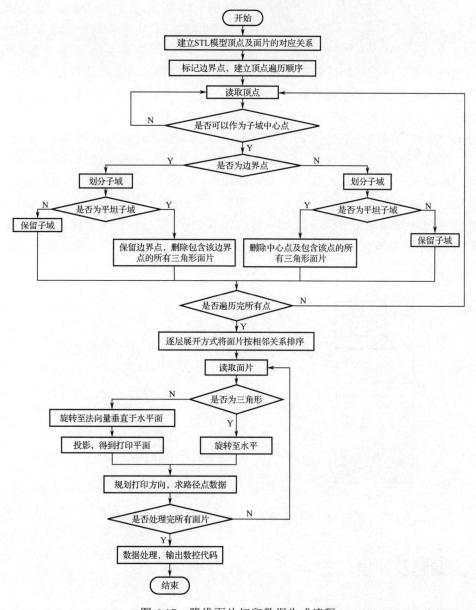

图 6.17　降维面片打印数据生成流程

2. 三维曲线打印

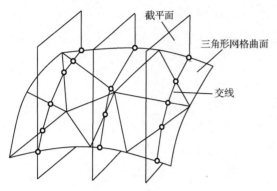

图 6.18　平行截面法获取的打印路径

采用三维曲线打印方式时，需要在三维曲面上逐次生成相应的三维曲线。对于 STL 模型，可采用平行截面法，即采用一组平行平面对三角形网格曲面进行求交得到一簇截面线，每条截面线由平行平面与三角形网格边线交点构成的空间微小直线段组成，可作为打印轨迹。平行截面法获取的打印路径如图 6.18 所示。此时一条截面线的运动控制指令由 N 条直线插补指令组成。

这种运动轨迹由于在线段连接处运动方向发生改变，导致在打印过程中存在冲击。为此，采用拟合曲线逼近曲面轮廓，这样生成的打印路径不仅轨迹平稳光顺，而且可保证较高的精度。本节将截面与三角形网格的交点进行拟合求得 NURBS 曲线，再生成相应的数控代码。

对于给定数量的路径点序列 P_j（$j=0,1,\cdots,m$），构造合适的 NURBS 曲线 $C(u)$ 来拟合路径点，即通过已知型值点数据，反求定义 NURBS 所需的参数，包括曲线的节点矢量、控制顶点和权因子。在此采用三次 NURBS 曲线逼近型值点来保证路径具有曲率连续（G2 连续）性，从而使运动平稳。具体地，NURBS 曲线反求过程包括确定插值曲线的节点矢量、确定曲线两端的边界条件及反算插值曲线的控制顶点 3 个步骤。平行截面法求 NURBS 曲线路径的流程如图 6.19 所示。

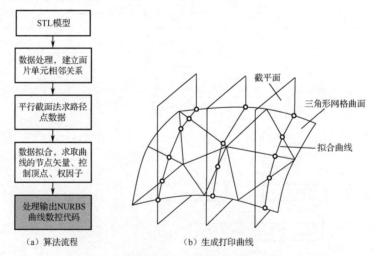

（a）算法流程　　　　　　（b）生成打印线

图 6.19　平行截面法求 NURBS 曲线路径的流程

6.2.3　塌陷及补偿方法

在平面切片三维打印过程中，液滴铺展、烧结固化等均会导致成形件形状偏离设计模型，对此已有相应的补偿方法。在曲面三维打印过程中，液滴在曲面上的流动、融合等会增大沉积形貌偏差，多层叠加后该偏差将进一步放大，导致成形件出现尺寸、形状偏差乃至缺陷，如空洞、裂纹等，进而降低其性能。针对上述问题，建立基于液滴形状变化的沉积高度演化模型。

1. 沉积高度演化模型

将打印区域离散为一个 $N_1 \times N_w$ 节点的网格，离散化的打印区域如图 6.20 所示。$h[H(m,n),L]$ 表示打印到第 L 层时在位置 $H(m,n)$ 处的沉积高度，第 L 层的零件空间高度矩阵 $\boldsymbol{H}_L \in R^{N_1 \times N_w}$ 可表示为

$$\boldsymbol{H}_L = \begin{bmatrix} h[H(0,0),L] & \cdots & h[H(0,N_w-1),L] \\ \vdots & \ddots & \vdots \\ h[H(N_1-1,0),L] & \cdots & h[H(N_1-1,N_w-1),L] \end{bmatrix} \tag{6-25}$$

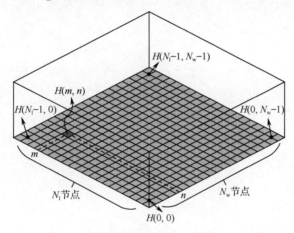

图 6.20　离散化的打印区域

定义空间高度矩阵 $\boldsymbol{H}_L$ 向量化后的矢量 $\boldsymbol{h}_L$ 为描述沉积高度的状态变量，如式（6-26）所示。

$$\boldsymbol{h}_L = \mathrm{vec}(\boldsymbol{H}_L) = \begin{bmatrix} h[H(0,0),L] \\ h[H(0,1),L] \\ \vdots \\ h[H(0,N_w-1),L] \\ h[H(1,0),L] \\ \vdots \\ h[H(N_1-1,N_w-1),L] \end{bmatrix} \tag{6-26}$$

式中，vec 表示向量化算子，$\boldsymbol{h}_L \in R^N$，$N = N_1 \times N_w$。

沉积高度的演化可表示为

$$\boldsymbol{h}_{L+1} = \boldsymbol{A}_L \boldsymbol{h}_L + \boldsymbol{B}_L \boldsymbol{f}_L \tag{6-27}$$

式中，$\boldsymbol{h}_L, \boldsymbol{h}_{L+1} \in R^{N \times 1}$ 分别为第 L 层和第 $L+1$ 层的沉积高度矢量；$\boldsymbol{A}_L \in R^{N \times N}$ 为系统矩阵；$\boldsymbol{B}_L \in R^{N \times N}$ 为输入矩阵；$\boldsymbol{f}_L \in R^{N \times 1}$ 为输入向量，即第 L 层打印图形的位图。等式右边第一

项描述了连续打印层中材料的物理特性及相互作用造成的轮廓变化，等式右边第二项描述了材料沉积的高度叠加。

将每层沉积的图形用二值矩阵 $\boldsymbol{F}$ 表示，其元素 $f_{ij} \in \{0,1\}$，1 代表 (i,j) 处沉积一个液滴，0 代表该位置无液滴沉积。液滴图形与矩阵对应关系示意如图 6.21 所示。将矩阵 $\boldsymbol{F}$ 向量化，可得空间输入向量 $\boldsymbol{f}_L$，即 L 层对应的打印图形。

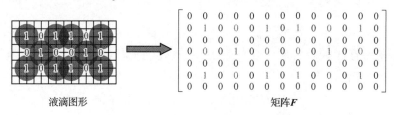

图 6.21 液滴图形与矩阵对应关系示意

第 L 层中第 k 个液滴沉积前后，空间高度矩阵 $\boldsymbol{H}_L^k$ 的变化可由式（6-28）表示。液滴沉积后空间高度矩阵的更新过程如图 6.22 所示。

$$\boldsymbol{H}_L^{k+1} = \boldsymbol{H}_L^k + \boldsymbol{P}_1^k \cdot \boldsymbol{D}(L) \cdot \boldsymbol{P}_2^k \qquad (6\text{-}28)$$

式中，$\boldsymbol{H}_L^k$ 和 $\boldsymbol{H}_L^{k+1} \in R^{N_l \times N_w}$ 分别表示一个新液滴沉积前后的空间高度矩阵；$\boldsymbol{P}_1^k \in \{0,1\}^{N_l \times N_w}$ 和 $\boldsymbol{P}_2^k \in \{0,1\}^{N_d \times N_w}$ 中包含一个单位矩阵，其余元素均为 0。单位矩阵的维数取决于单个液滴离散的节点数 N_d（图 6.22 中，$N_d=3$），单位矩阵的位置由新沉积液滴中心所在节点的位置确定。若在离散区域内的 $H(m,n)$ 处沉积一个液滴，$\boldsymbol{P}_1^k$ 矩阵中单位矩阵的中心所在的行为 m，$\boldsymbol{P}_2^k$ 矩阵中单位矩阵的中心所在的列为 n；$\boldsymbol{D}(L) \in R^{N_d \times N_d}$ 为单液滴高度分布矩阵，描述了单液滴的高度。

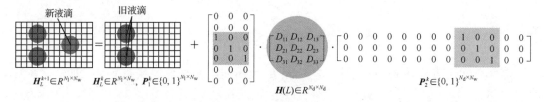

图 6.22 液滴沉积后空间高度矩阵的更新过程

将式（6-28）的各项向量化，得

$$\boldsymbol{h}_L^{k+1} = \boldsymbol{h}_L^k + \boldsymbol{b}^k \qquad (6\text{-}29)$$

式中，$\boldsymbol{b}^k = \text{vec}[\boldsymbol{P}_1^k \cdot \boldsymbol{D}(L) \cdot \boldsymbol{P}_2^k]$。设一层打印图形由 K 个液滴组成，即图 6.21 中矩阵 $\boldsymbol{F}$ 中"1"的个数为 K，在一层所有 K 个液滴沉积完成之后，沉积高度可表示为

$$\boldsymbol{h}_{L+1} = \boldsymbol{h}_L + \sum_{k=1}^{K} \boldsymbol{b}^k \qquad (6\text{-}30)$$

设 $\boldsymbol{B}_L = [\boldsymbol{b}^1, \boldsymbol{b}^2, \cdots, \boldsymbol{b}^N]$，$\boldsymbol{b}^k \in R^{N \times 1}$，用来描述节点 k 处沉积一个液滴后对所有节点高度的影响，则式（6-30）可表示为

$$\boldsymbol{h}_{L+1} = \boldsymbol{h}_L + \boldsymbol{B}_L \boldsymbol{f}_L \qquad (6\text{-}31)$$

式（6-27）中，系统矩阵 A_L 反映了沉积过程中当前层对后续层高度的影响。若不考虑沉积材料的流动，即局部高度只取决于该处沉积的液滴数量，则 A_L 是一个 $N \times N$ 的单

位矩阵。但实际上，沉积液滴往往会局部流动，受影响区域内的沉积高度发生变化，这样系统矩阵就不再是一个单位矩阵。液滴的局部流动及影响区域如图 6.23 所示。设局部流动只影响相邻处的高度分布，如图 6.23（a）所示。在新液滴沉积后，除了该液滴所覆盖的节点，相邻液滴的部分节点处的高度会受到该液滴局部流动的影响。

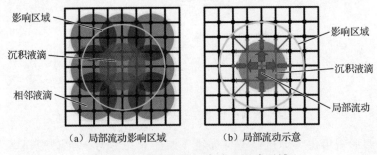

（a）局部流动影响区域　　　（b）局部流动示意

图 6.23　液滴的局部流动及影响区域

用 Δh_{ij}^k 表示节点（i, j）处由于局部流动导致的高度变化量，$\Delta h_{ij}^k > 0$ 表示该节点高度增加，$\Delta h_{ij}^k < 0$ 表示该节点高度减小。假设局部流动导致的高度变化与节点距离成反比。局部流动示意如图 6.23（b）中灰色箭头所示，箭头的粗细反映了局部流动引起的高度变化。引入矩阵 $\boldsymbol{H}_{L\_\text{flow}}$，该矩阵表示第 L 层材料打印后，由于局部流动造成的零件高度变化。

$$\boldsymbol{H}_{L\_\text{flow}} = \begin{bmatrix} \Delta h_{11} & \cdots & \Delta h_{1,(N_\text{w}-1)} \\ \vdots & \ddots & \vdots \\ \Delta h_{(N_1-1),1} & \cdots & \Delta h_{(N_1-1),(N_\text{w}-1)} \end{bmatrix} \tag{6-32}$$

引入矩阵 $\boldsymbol{D}$，其中元素 d_{ij} 为矩阵 $\boldsymbol{H}_{L\_\text{flow}}$ 和矩阵 $\boldsymbol{H}_L$ 中对应元素的比值，即 $d_{ij} = \Delta h_{ij}/h[H(i,j),L]$，再将矩阵 $\boldsymbol{D}$ 对角化为 $\boldsymbol{D}_\text{g}$，即 $\boldsymbol{D}_\text{g} = \text{diag}(\boldsymbol{D})$。

设前一层所有节点以收缩率 $s(i)$ 映射到下一层的对应节点，并设 $s(i)$ 独立于层数 L，且节点 i 与所在位置有关。整个沉积面的收缩率可由 $N \times N$ 的矩阵 $\boldsymbol{S}$ 表示，其元素为相应节点的 $s(i)$。该矩阵通过实验测量，即在基板上打印一层样件的图案，分别在固化前后用激光共聚焦显微镜扫描其表面形貌，在每个节点处，将固化后的高度值与固化前的高度值之比作为该节点处的收缩率，获得模型中的收缩率矩阵。因此，系统矩阵 $\boldsymbol{A}_L$ 可表示为

$$\boldsymbol{A}_L = \boldsymbol{S}(\boldsymbol{I} + \boldsymbol{D}_\text{g}) \tag{6-33}$$

式中，$\boldsymbol{I}$ 为单位矩阵。综合式（6-27）、式（6-31）和式（6-33），沉积高度的演化过程可表示为

$$\boldsymbol{h}_{L+1} = \boldsymbol{S}(\boldsymbol{I} + \boldsymbol{D}_\text{g})\boldsymbol{h}_L + [\boldsymbol{b}^1, \boldsymbol{b}^2, \cdots, \boldsymbol{b}^N]\boldsymbol{f}_L \tag{6-34}$$

液滴在不同的表面沉积时，其铺展特性不同。为了获取准确的铺展形貌，可采用实验的方法，即在不同表面粗糙度的基材上进行液滴铺展实验。通过测量不同表面粗糙度时液滴的接触角，进而获得对应的液滴形状。液滴接触角与基底表面粗糙度的关系如图 6.24 所示，可见，接触角随着表面粗糙度的增大而减小。根据每层轮廓的表面粗糙度值，在一定表面粗糙度范围内，经线性插值获得模型中该层对应的液滴接触角。

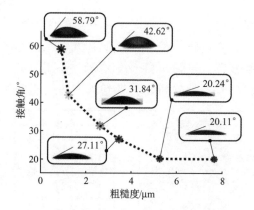

图 6.24　液滴接触角与基底表面粗糙度的关系

沉积液滴的形貌可由"球冠模型"描述（如图 6.25 所示），"球冠模型"几何关系如图 6.25（a）所示。其中，h 为球冠最大高度，θ 为液滴与基底的接触角，r 为液滴铺展半径，R_C 为球半径。图 6.25（b）为接触角为 60°时单液滴的离散形状。为减小计算量，在保证模型精度的基础上，可尽量减少网格数量。图 6.25（c）为采用 3×3 节点离散的情况，即 $N_d=3$。

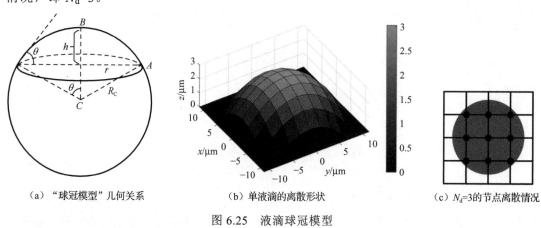

（a）"球冠模型"几何关系　　　（b）单液滴的离散形状　　　（c）$N_d=3$的节点离散情况

图 6.25　液滴球冠模型

2．沉积高度补偿

微滴喷射过程中，喷头的运动误差会导致液滴的落点偏差，喷射液滴局部流动和烧结固化过程中的收缩均会导致形状偏差。随着打印层数的增加，这一偏差将进一步放大，最终导致成形件成形质量下降。为了解决这一问题，在此给出了一种闭环补偿方法，即实时测量表面形貌，并根据前文所述的沉积高度演化模型，预测其后续层形貌，通过调整后续层打印数据，补偿单层打印偏差。为此，在打印系统中集成了共聚焦显微镜（型号为 CDS-500），其分辨率为 10nm，精度为±0.02%F.S.[①]。在打印并固化完一层材料之后，使用共聚焦显微镜扫描样件，得到其表面形貌，通过数据处理系统生成后续层的打印图形，从而实现闭环补偿打印。

第 L 层打印后，其轮廓实测误差和 $L+1$ 层的预测误差可分别表示为

---

① F.S.指 Full Scale，满量程。

$$e_L^{\mathrm{M}}(L) = \| r_L - h_L^{\mathrm{M}} \|_R^2 \qquad (6\text{-}35)$$

$$\varepsilon_{L+1}(\boldsymbol{f}) = \| \boldsymbol{A}_L h_L^{\mathrm{M}} + \boldsymbol{B}_L \boldsymbol{f} - r_{L+1} \|_R^2 \qquad (6\text{-}36)$$

式中，L 为层数；$\boldsymbol{f}$ 为打印位图对应的向量；r_L 表示第 L 层的参考轮廓高度；h_L^{M} 表示第 L 层的测量轮廓高度；r_{L+1} 为 $L+1$ 层的轮廓高度；$\boldsymbol{A}_L$ 和 $\boldsymbol{B}_L$ 分别为系统矩阵和输入矩阵，$\boldsymbol{A}_L$ 的物理意义是前面打印的高度轮廓对后续高度轮廓的影响，$\boldsymbol{B}_L$ 描述了打印模型对高度轮廓的影响。如果在后续层打印时能根据预测误差修改打印数据，就可减小后续层的打印误差，从而提高打印精度。具体地，在给定当前输入测量值、输出测量值和下一层参考轮廓的情况下，获取下一层打印的最佳补偿量。此时最佳补偿量可表示为 $\boldsymbol{f}_{L+1}^* = \arg\min \{\, \varepsilon_{L+1}(\boldsymbol{f}) \mid r_{L+1}, h_L, h_{L-1}, \cdots \,\}$，采用梯度下降算法求解此优化问题。由于预测误差函数是一个正定二次型函数，在其可行域内是严格凸函数。使用链式法则，预测误差函数的梯度可表示为

$$\nabla \varepsilon_{L+1}(\boldsymbol{f}) = 2\boldsymbol{B}_L \boldsymbol{R}(\boldsymbol{A}_L h_L^{\mathrm{M}} + \boldsymbol{B}_L \boldsymbol{f} - r_{L+1}) \qquad (6\text{-}37)$$

式中，等式右边的括号里前两项表示 $L+1$ 层的预测轮廓高度，$\boldsymbol{R} = u\boldsymbol{I}$，$u \in \mathbf{R}^+$，$\boldsymbol{I}$ 为 N 阶单位矩阵，$\boldsymbol{f}_{L+1}^*$ 可表示为

$$\boldsymbol{f}_{L+1}^* = \boldsymbol{f}_L - \alpha \boldsymbol{B}_L \boldsymbol{R}(\boldsymbol{A}_L h_L^{\mathrm{M}} + \boldsymbol{B}_L \boldsymbol{f} - r_{L+1}) \qquad (6\text{-}38)$$

式中，α 是学习率。每打印完一层后，测量其表面形貌，并与已知的参考轮廓进行对比，当误差超过某个阈值时，根据式（6-38）对后续层的输入图形进行补偿。在工程上，为提高打印效率，无需每层都进行补偿，打印若干层后进行一次补偿即可。

分别使用传统的开环打印和本节所述的闭环补偿打印方式，打印横截面为 10mm×10mm 的块状样件，其对比如图 6.26 所示。开环打印样件和闭环补偿打印样件的表面形貌分别如图 6.26（a）和图 6.26（b）所示。图 6.26（c）给出了不同打印层数时样件的表面粗糙度。可见，闭环补偿打印样件表面轮廓的峰值与表面粗糙度较开环打印方式均显著下降。两种打印方式的表面形貌均方根误差如图 6.26（d）所示。可见，随着打印层数的增加，开环打印的误差逐层增加；而采用闭环补偿打印，误差能够稳定在一个较小的范围内，不随打印层数增加而增加。

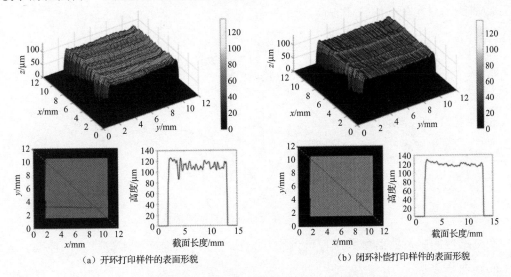

（a）开环打印样件的表面形貌　　　　　（b）闭环补偿打印样件的表面形貌

图 6.26　开环打印与闭环补偿打印对比

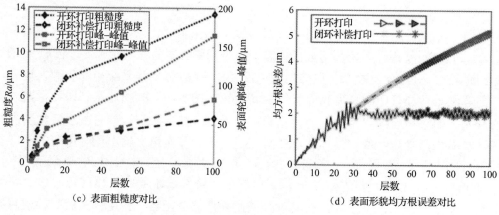

（c）表面粗糙度对比　　　　　　　　（d）表面形貌均方根误差对比

图 6.26　开环打印与闭环补偿打印对比（续）

6.3　打印路径规划

为提高三维打印效率，通常采用阵列式喷头。当打印工件的宽度大于喷头宽度时，无法一次完成截面的打印，需要将模型进行分段处理。对于平面切片的三维打印模型和可展开曲面上的三维打印模型，只需要沿着一个方向均匀分段即可。但对于非可展开曲面上的三维打印模型，需要综合考虑曲面形状和喷头宽度，优化打印方向并对打印路径进行合理分段，一方面减小曲面上的打印误差，另一方面提高喷头的利用率，从而提高打印效率。

6.3.1　打印方向优化与曲面分段

非可展开曲面上的打印示意如图 6.27 所示，如果垂直于打印方向上（喷头方向）的曲率变化小，则每次打印可利用的喷头宽度大，打印效率高。为此，可利用优化技术在拟打印曲面上寻找最优的打印方向。

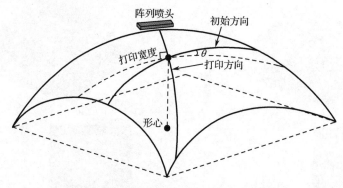

图 6.27　非可展开曲面上的打印示意

在三维空间中，曲面参数方程可以表示为 $r = r(u, v)$。曲面上不同位置的曲率，通常用 Gauss 曲率表示：

$$K = \frac{|\boldsymbol{\Omega}|}{|\boldsymbol{g}|} = \frac{LN - M^2}{EG - F^2} \tag{6-39}$$

式中，$\boldsymbol{\Omega}$ 和 $\boldsymbol{g}$ 分别为曲面第二基本形式和曲面第一基本形式的系数矩阵，E、F、G 这 3 个系数称为曲面的第一基本量，分别由式（6-40）～式（6-42）计算；L、M、N 这 3 个系数称为曲面的第二基本量，分别由式（6-43）～式（6-45）计算。

$$E = \boldsymbol{r}_u \cdot \boldsymbol{r}_u = \left|\boldsymbol{r}_u\right|^2 \tag{6-40}$$

$$F = \boldsymbol{r}_u \cdot \boldsymbol{r}_v \tag{6-41}$$

$$G = \boldsymbol{r}_v \cdot \boldsymbol{r}_v = \left|\boldsymbol{r}_v\right|^2 \tag{6-42}$$

$$L = -\boldsymbol{r}_u \cdot \boldsymbol{n}_u = \frac{(\boldsymbol{r}_{uu}, \boldsymbol{r}_u, \boldsymbol{r}_v)}{\sqrt{EG - F^2}} \tag{6-43}$$

$$M = -\boldsymbol{r}_u \cdot \boldsymbol{n}_v = \frac{(\boldsymbol{r}_{uv}, \boldsymbol{r}_u, \boldsymbol{r}_v)}{\sqrt{EG - F^2}} \tag{6-44}$$

$$N = -\boldsymbol{r}_v \cdot \boldsymbol{n}_v = \frac{(\boldsymbol{r}_{vv}, \boldsymbol{r}_u, \boldsymbol{r}_v)}{\sqrt{EG - F^2}} \tag{6-45}$$

式中，$\boldsymbol{r}_u$、$\boldsymbol{r}_v$ 为曲面上某点的切向量，$\boldsymbol{n}$ 为曲面上该点的法向量。

设 θ 为打印方向与初始方向夹角的余角，a、b 分别为打印曲面水平投影外接矩形的长和宽，最优打印方向可通过以下优化模型求取。

$$\text{Find } \theta$$
$$\min \ f_1(\theta) = \max \boldsymbol{K}_\mathrm{C} - \min \boldsymbol{K}_\mathrm{C}$$

$$\boldsymbol{K}_\mathrm{C} = \begin{cases} \boldsymbol{K}\left(j, \dfrac{m}{2} + \dfrac{n}{2}\tan\theta - l\tan\theta\right) & ,\theta \in \left[0, \arctan\dfrac{a}{b}\right) \\[3mm] \boldsymbol{K}\left(j, \dfrac{n}{2} - \dfrac{m}{2\tan\theta} + \dfrac{j}{\tan\theta}\right) & ,\theta \in \left[\arctan\dfrac{a}{b}, \dfrac{\pi}{2}\right) \\[3mm] \boldsymbol{K}\left(j, \dfrac{n}{2}\right) & ,\theta = \dfrac{\pi}{2} \\[3mm] \boldsymbol{K}\left(j, \dfrac{n}{2} + \dfrac{m}{2\tan\theta} - \dfrac{j}{\tan\theta}\right) & ,\theta \in \left[\dfrac{\pi}{2}, \pi - \arctan\dfrac{a}{b}\right) \\[3mm] \boldsymbol{K}\left(j, \dfrac{m}{2} - \dfrac{n}{2}\tan\theta + l\tan\theta\right) & ,\theta \in \left[\pi - \arctan\dfrac{a}{b}, \pi\right) \end{cases} \tag{6-46}$$

$$\text{s.t.}^{①} \ \Delta h \leqslant H_\mathrm{E}$$

式中，目标函数 $f_1(\theta)$ 为当前打印方向的曲率变化程度，曲面的曲率矩阵为 $\boldsymbol{K}_\mathrm{C}$；$m$、$n$ 分别为曲率矩阵的行数和列数；$j \in [1, m]$，$l \in [1, n]$；Δh 为拱高差；H_E 为最大允许拱高差，由喷头特性确定。

在曲面上打印时，若各段曲面宽度等于喷头宽度，则喷头的所有喷孔可同时喷射，其打印效率最高。然而，由于喷头是一条直线段，而基板是一条曲线段，不同位置处有不同的拱高，拱高差示意如图 6.28 所示。当拱高差较大时，不同喷孔喷射液滴的形态将

---

① s.t.是 subject to 的缩写，表示约束条件。

产生较大的变化，从而降低打印精度。

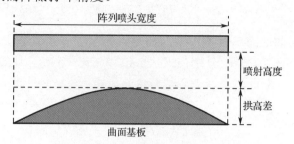

图 6.28　拱高差示意

在不考虑液滴铺展和流动的理想情况下，假定每个液滴都是球体，落在曲面基板上相互之间会存在液滴间隙，导致填充不完全，曲面上的液滴间隙如图 6.29 所示。

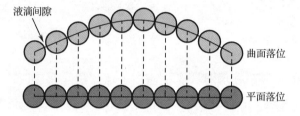

图 6.29　曲面上的液滴间隙

液滴间隙是由弧线段与弦线段之间的长度差引起的，根据拟合曲面参数方程可得曲面上任意一条曲线的参数方程，曲线段的弧长可表示为

$$s = \int_{t_0}^{t} |r'(u)| \mathrm{d}u \tag{6-47}$$

式中，$r(u)$ 为曲线参数方程，$r'(u)$ 为其导数，t_0 和 t 分别为弧线段的起始参数和终止参数。因此，各段曲面的填充率可以表示为垂直打印方向上各位置弦线段与弧线段长度的比值之和，以保证整体曲面的高填充率和低分段数。令拱高误差 c_e 为输入参数，建立优化模型

$$\min \ f_2(x) = \frac{\sum \left[1 - \dfrac{r(t-t_0)}{\int_{t_0}^{t} |r'(u)| \mathrm{d}u} \right]}{r(t-t_0)} \tag{6-48}$$

$$c_e = \frac{2\int_{t_0}^{t} r(u)\mathrm{d}u}{r(t-t_0)} \tag{6-49}$$

沿最优打印方向，在保证拱高差和填充率的前提下，使曲面打印的分段数最少，即可实现曲面高精度、高效率的打印。

下面以图 6.30 所示的曲面模型为例，进行打印方向和分段优化。在已拟合曲面方程的基础上，根据 Gauss 曲率的计算方法，计算该曲面的曲率分布，结果如图 6.31 所示。

首先根据曲率的分布情况求解曲面的最优打印方向，利用遗传算法求解优化模型，得到最优解为 0°，即最佳打印方向垂直于初始方向；之后进行分段优化，最优解分段数为 4，此时最大拱高差为 0.11mm。最优打印方向与初始打印方向（$\theta = 90°$）的打印

方案对比如图 6.32 所示。可见，沿最优方向打印，填充率高、分段数少，既保证了高精度，又达到了高效率。

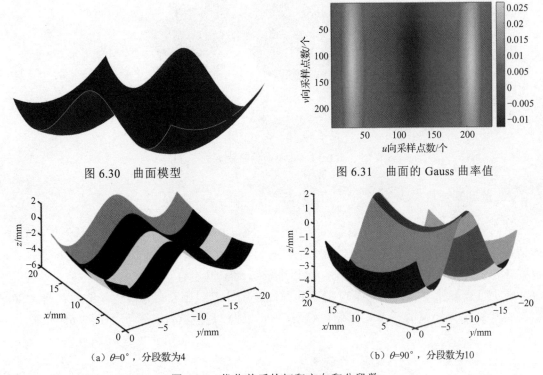

图 6.30　曲面模型

图 6.31　曲面的 Gauss 曲率值

（a）$\theta=0°$，分段数为4

（b）$\theta=90°$，分段数为10

图 6.32　优化前后的打印方向和分段数

6.3.2　打印路径规划与调整

1. 初始路径生成

喷头位置 B 与喷头矢量 AB 如图 6.33 所示。对于分段后的各段曲面，理想打印点位于每一条弧段上距离喷头最近处，即图 6.33 中的 A 点。为保证打印时液滴能准确落到每一条弧段上，喷头的单排喷孔应与弧段和弦线段共面，故喷头矢量垂直于弦线段且经过理想印点，即图 6.33 中的 AB。由于喷孔为直线排列，不能完全贴合曲面，因此，喷头应位于理想印点沿喷头矢量方向相隔一段距离（打印间距由喷头特性确定）处，如图 6.33 中的 B 点。这样根据优化的打印方向和分段数，可计算不同位置处的喷头矢量。曲面初始路径规划如图 6.34 所示。

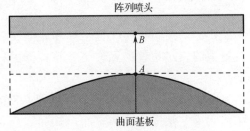

图 6.33　喷头位置与喷头矢量

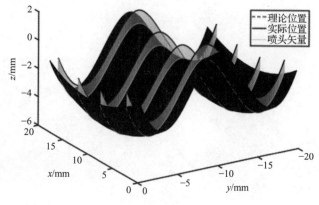

图 6.34　曲面初始路径规划

2. 运动干涉检查

喷头和烧结固化装置通常安装在 Z 轴平台上，在凸曲面打印过程中，不会产生干涉的情况；但在凹曲面打印过程中，喷头平台有可能与曲面发生干涉。一旦发生运动干涉，将损坏已打印的工件和喷头。因此，必须进行运动干涉检查。

喷头平台通常结构较复杂，可根据其外部轮廓计算包围盒。为避免复杂的几何运算，也可将其简化为规则的两个长方体。喷头平台三维模型及其简化模型如图 6.35 所示。

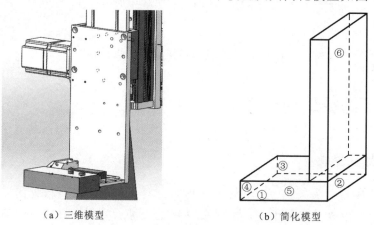

（a）三维模型　　　　　　　　　（b）简化模型

图 6.35　喷头平台三维模型及其简化模型

在已知实际运动位置坐标和底面法向量的前提下，根据简化模型各顶点与实际运动位置点的相对位置关系，可计算打印过程中，喷头相对于曲面的位置和姿态，如图 6.36 所示。

图 6.35（b）中标出的 6 个面是最有可能发生干涉的位置，其中，①为前面，③为后面，④为左侧面，⑤为底面，②和⑥为右侧面。分别建立这 6 个面在空间直角坐标系中的平面方程及各自的边界，对已规划打印位置的坐标进行筛选，分别计算运动路径上，位于 6 个面外侧且在边界范围内的各点到相应平面的距离，找出最近距离。最近距离小于某个预先设定的阈值时视为干涉，此时需要对初始打印路径进行调整。

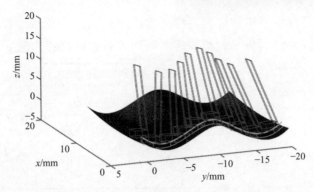

图 6.36　打印过程中，喷头相对于曲面的位置和姿态

3. 路径调整算法

在喷头平台与凹曲面工件存在干涉的情况下，可增加喷头到曲面表面的距离（即喷头高度调整）或改变喷头矢量的方向（喷头矢量调整）以避免运动干涉。因为微滴喷射为非接触式打印，喷头与工件始终保持一定的间隙范围，在此范围内，喷射质量不发生明显变化，因此，将喷头高度调整作为调整路径的首选方法。喷头高度调整采用步进的方式，每次抬高一个微步并进行干涉检测，直到在当前位置不产生干涉则停止，保证此时的喷头高度在不发生干涉的前提下达到最优打印效果。打印路径调整示意如图 6.37 所示。

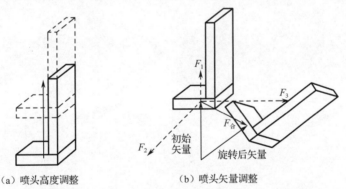

（a）喷头高度调整　　　　　　（b）喷头矢量调整

图 6.37　打印路径调整示意

喷头矢量调整是在喷头高度调整的基础上，基于人工势场法，将曲面距离喷头的最近点视为曲面上的障碍，产生的排斥力作用于对应的潜在干涉面上，则喷头平台会受到来自多个方向上的排斥力。同时由于障碍都是距各平面的最近点，因此，不考虑排斥力作用范围，令喷头平台时刻处于所有障碍物的叠加斥力势场中。

在叠加斥力势场中，喷头平台所受的所有斥力可以合成为指向某一方向的合斥力，将喷头矢量沿合斥力的方向进行旋转。在传统的人工势场法中，存在某一位置合斥力为零，此时会陷入局部最优解，通常需要避开或逃离局部最优解。但在图 6.37（b）所示模型中，F_1 始终垂直于 F_2 和 F_3 所确定的平面，F_2 是作用于图 6.35（b）中①、③平面的合斥力，F_3 是作用于图 6.35（b）中②、④、⑥平面的合斥力，因此，存在 F_2 和 F_3 都为零的局部最优解情况。此时，喷头模型四周与曲面表面的距离近似相等，此位置为最佳矢量旋转位置。在最佳矢量旋转位置进行一次干涉检测，若在该位置不存在干涉，说明此曲面通过喷头矢量调整消除了运动干涉。路径调整算法流程如图 6.38 所示。

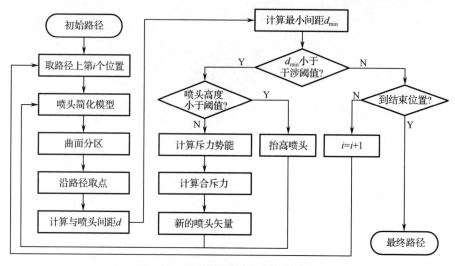

图 6.38　路径调整算法流程

将调整前后的打印路径在 CAD 软件中进行运动仿真，路径调整前（初始路径）的运动仿真如图 6.39 所示，路径调整后的运动仿真如图 6.40 所示。

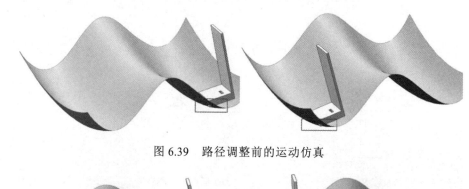

图 6.39　路径调整前的运动仿真

图 6.40　路径调整后的运动仿真

6.4　一体化喷射成形设备

一体化喷射成形设备用于实现非可展开曲面介电基板、导电图形、散热通道的一体化喷射成形和烧结固化。下面详述其总体结构、硬件结构和软件系统组成及功能。

6.4.1　总体结构

　　为实现一体化喷射成形和烧结固化，支撑材料、介电材料、导电材料均采用压电式微滴喷射方式，由不同的喷头进行按需喷射（Drop on Demand，DoD）；这 3 类材料经喷射后均采用烧结/固化方式，其中，支撑材料和介电材料采用紫外固化方式，导电材料采用闪光/激光烧结方式。一体化喷射成形设备包括精密五轴联动数控平台、多喷头自适应喷射控制系统、供液负压自动控制系统、闪光/激光/紫外复合固化及其自适应控制系统、基板恒温控制系统、固化区域红外测温、激光测距和图像采集和环境控制系统，其外部结构和内部结构如图 6.41 所示。

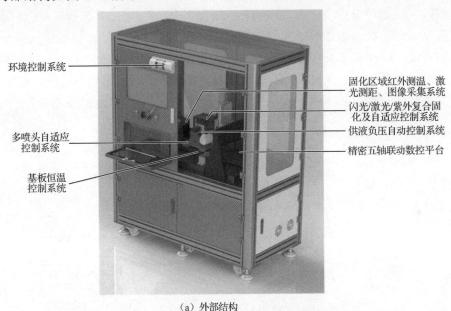

（a）外部结构

（b）内部结构

图 6.41　一体化喷射成形设备

6.4.2 硬件结构

为实现一体化喷射成形的过程控制，以及打印、烧结固化过程中的运动控制，采用上位 PC（个人计算机）和基于 ARM[①]的嵌入式系统构成主从控制系统（即下位机），其中，PC 进行打印模型分层、打印数据解析、打印/烧结固化控制指令生成、数据传输和状态显示；下位机为基于 ARM 的嵌入式系统，可进行五轴运动控制（含插补运算）、多喷头喷射控制、打印材料压力控制、工作环境控制、紫外固化控制、激光/闪光烧结控制、液位/压力/温度/等状态检测。上位 PC 与基于 ARM 的嵌入式系统通过以太网连接，采用 TCP/IP 协议传输控制指令，以及记录液位、温度、压力、运动位置等设备工作状态信息。一体化喷射成形设备硬件结构如图 6.42 所示。其中，波形发生器、压力波检测电路和固化于 FPGA（现场可编程门阵列）中的喷头驱动波形迭代优化算法构成自适应喷射控制系统；温度传感器、二维振镜、半导体激光器、脉冲氙灯、UV 固化光源构成烧结/固化闭环控制系统；蠕动泵、压力传感器和固化于 MCU（微控制单元）中的压力控制程序构成喷射压力控制系统，实现恒压供液以保证打印质量。此外，为保证系统运行的可靠性，还设计了喷头保护器，防止烧结固化时喷头内液体凝固（由高温和强光引起）导致的喷孔堵塞。

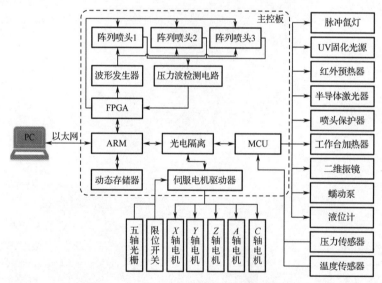

图 6.42 一体化喷射成形设备硬件结构

6.4.3 软件系统组成及功能

一体化喷射成形软件系统由运行于上位 PC Windows 系统的主控模块、基于 ARM 嵌

---

① ARM：由英国 ARM Holdings 公司开发的一种广泛用于移动设备、嵌入式系统和服务器领域的计算机处理器架构。

入式系统和 MCU 的控件组成。其中，主控模块主要进行模型的曲面分层、打印数据/打印代码（G 代码）的生成和发送、虚拟成形（成形过程模拟）、设备状态/成形状态显示；嵌入式系统主要进行成形过程的实时控制，包括 G 代码解析、五轴运动控制、成形环境控制、打印数据接收与分发、喷射过程控制、烧结固化过程控制、设备状态检测等。一体化喷射成形设备软件系统框图如图 6.43 所示。主控软件界面如图 6.44 所示。

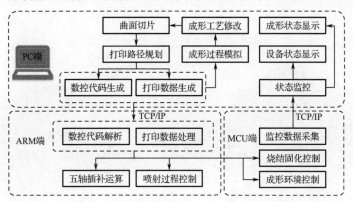

图 6.43　一体化喷射成形设备软件系统框图

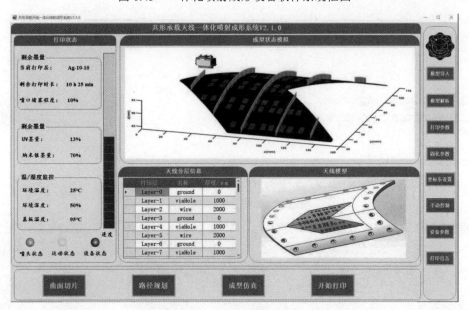

图 6.44　主控软件界面

6.5　曲面部件一体化喷射成形案例

6.5.1　共形承载天线的一体化喷射成形案例

本案例为安装于飞机机身的共形承载天线（如图 6.45 所示），该天线包括铝合金冷板和附着于其上的馈电和天线辐射单元。除铝合金冷板外，共形承载天线分为4层，以光固化树脂为介电材料，以纳米银溶液为导电材料，成形于图6.45（a）所示的曲面冷板凹槽中；天线三维模型和天线截面分别如图6.45（b）和图6.45（c）所示。其中，第1层为64阵子寄生贴片，第2层为介质基板及辐射贴片，第3层为截止基板及垂直互联结构，第4层为反射地板。该天线长为143.36mm，宽为74.6mm，介质层厚度为0.07mm。为了进行五轴联动一体化喷射成形，研制了专用工装用于固定成形天线，如图6.45（d）所示。采用前述的一体化成形工艺和设备，共形承载天线成形过程如图6.46所示。

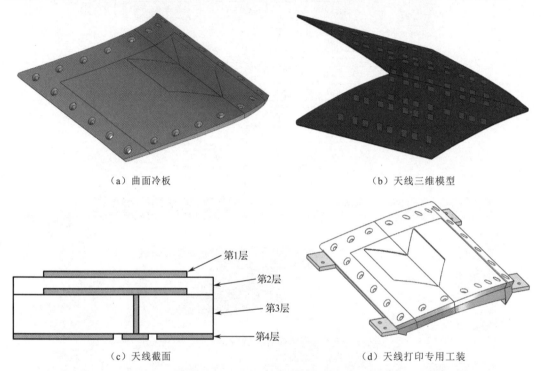

（a）曲面冷板　　　　　　　　　　　　　　（b）天线三维模型

（c）天线截面　　　　　　　　　　　　　　（d）天线打印专用工装

图 6.45　共形承载天线

（a）五轴联动微滴喷射　　　　　　　　　　（b）紫外固化

图 6.46　共形承载天线成形过程

一体化成形的共形承载天线成形结果如图 6.47 所示。经实测，表面粗糙度 Ra 为 2.644 μm，成形线宽的平均误差为 6.167 μm，线间距的平均绝对误差为 7.126 μm，导电

图形电导率为 $1 \times 10^7 \mathrm{S/m}$，导电图形厚度为 $10.01 \mu m$。此外，曲面介质材料与铝合金冷板之间结合力满足 GB/T 9286—1998 的 1 级要求。

图 6.47　一体化成形的共形承载天线成形结果

6.5.2　频率选择表面天线罩一体化喷射成形案例

拟研制的频率选择表面天线罩为冯卡门曲线的回转体，表面内嵌具有选择性透波的频率选择单元。其主要技术指标：在 S 波段（2GHz～4GHz）透波，具有大于 300MHz 的 85%以上透波率（$S_{21}>-0.7\mathrm{dB}$）的通带，在 X 波段（8GHz～12GHz）雷达散射截面（Radar Cross Section，RCS）缩减大于 15dB。频率选择单元结构及其等效电路如图 6.48 所示。频率选择单元由方形栅格和方环贴片组合，在方形栅格中心插入额外的集总电感，其通带为并联谐振结构，电磁波全透射；由电容和电感构成的串联谐振电路用于 X 波段 RCS 缩减，反射电磁波到雷达无法接收的方向。浅灰色部分介质为耐高温树脂，其介电常数为 2.87，损耗角正切值为 0.032，厚度为 1mm；黑色部分为集总电感；深灰色部分是金属图案。图 6.48 中，C 表示电容，L_1 和 L_2 表示电感，a、p、g、w_1、w_1 分别为频率选择单元的几何尺寸。

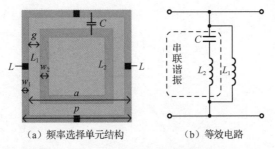

（a）频率选择单元结构　　　　（b）等效电路

图 6.48　频率选择单元结构及其等效电路

由于罩体是以冯卡门曲线为母线的旋转面，该频率选择单元投影于曲面时，越接近头部，频率选择单元的形变越严重，为此对频率选择单元进行稳健优化，使参数 a 具有最大的误差半径 a^w。稳健优化的目标是保证频率选择单元在阻带 S_{11} 小于-10dB 且通带 S_{21} 大于-0.7dB 的情况下，具有最大的参数误差半径。稳健优化模型如式（6-50）所示。

$$\text{Find} \quad \boldsymbol{X} = [\boldsymbol{X}_1, \boldsymbol{X}_2]$$

$$\text{Min} \quad -a^{w} + \sigma \left\{ \max\left[0, -\sum_i [P(g_i(\boldsymbol{X}, x^{w}) \leqslant b) - \lambda_1] \right] \right.$$

$$\left. + \max\left[0, -\sum_j [P(f_j(\boldsymbol{X}, x^{w}) \leqslant \text{obj}) - \lambda_2] \right] \right\} \tag{6-50}$$

$$\text{s.t.} \quad \boldsymbol{X}_1 \in \Omega_1$$

$$\boldsymbol{X}_2^{L} \leqslant \boldsymbol{X}_2 \pm x^{w} \leqslant \boldsymbol{X}_2^{R}$$

$$x^{w} = [x^{cw}, a^{w}]$$

式中，$\boldsymbol{X}$ 是频率选择单元 6 个优化参数组成的向量，$\boldsymbol{X} = [L, w_1, g, w_2, a, a^{w}]$；$\boldsymbol{X}_2$ 为实数编码变量，$\boldsymbol{X}_2 = [w_1, g, w_2, a, a^{w}]$；$g_i(\boldsymbol{X}, x^{w})$ 表示阻带内第 i 个点在参数偏差区间内的对应区间量，阻带范围为 8GHz～12GHz，每隔 0.1GHz 取一个点；$f_j(\boldsymbol{X}, x^{w})$ 表示通带内第 j 个点在参数偏差区间内的对应区间量，通带范围为 2.85GHz～3.15GHz，每隔 0.01GHz 取一个点；σ 是罚函数的惩罚因子，此处取 100，一旦有阻带和通带内的频点对应的频率响应的区间量不在要求范围内，目标函数将会很大；λ_1 和 λ_2 是区间可能度水平，其值越高，区间离规定界越远；x^{cw} 是已知参数偏差，电感的公差为±0.3nH，导电图形采用纳米银打印方式制备，其公差为±0.04mm。

取 $\lambda_2 = 1.0$，不同 λ_1 的参数优化结果如表 6.1 所示。λ_1 越大，通带透波率越高，参数 a 的对应允许误差半径 a^{w} 越小。

表 6.1 频率选择单元稳健优化参数结果

λ_1 取值	a^{w}/mm	L/nH	w_1/mm	g/mm	w_2/mm	a/mm
1.0	0.38	10.00	0.75	0.78	1.42	10.81
1.2	0.26	12.00	0.64	0.97	1.12	10.63
1.4	0.17	14.00	0.69	1.21	0.86	10.68

频率选择单元稳健优化仿真结果如图 6.49 所示。对比图 6.49（a）所示的 3 组稳健优化结果，可见，λ_1 越大，a^{w} 越小，通带内的 S_{21} 值越低，阻带的 S_{21} 值也越低。第二组稳健优化后的仿真结果如图 6.49（b）所示，在参数偏差半径 a^{w} 范围内变动时，通带内的 S_{21} 值始终大于-0.7，且由于 $\lambda_1 > 1$，通带还存在余量，带宽大于 300MHz，阻带在偏差半径 a^{w} 范围内 S_{21} 值始终小于-10dB。

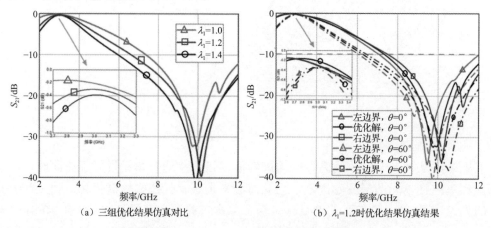

（a）三组优化结果仿真对比　　（b）λ_1=1.2时优化结果仿真结果

图 6.49 频率选择单元稳健优化仿真结果

将上述频率选择单元投影阵列，可得如图 6.50 所示的频率选择单元投影阵列模型，方形栅格中间的孔隙黏贴集总电感。

图 6.50　频率选择单元投影阵列模型

频率选择天线罩剖面结构如图 6.51 所示。频率选择天线罩由耐高温树脂层、UV 树脂层、纳米银层和集总电感构成。耐高温树脂型号为 JS-UV-LY02-G，耐热温度为 120℃，介电常数 $\varepsilon_r = 2.87$，损耗角正切值 $\tan\delta = 0.032$；UV 树脂层采用微滴喷射、紫外固化方式制备，其介电常数 $\varepsilon_r = 2.7$，损耗角正切值 $\tan\delta = 0.016$；纳米银层采用纳米银溶液喷射、激光烧结方式制备，激光波长为 980nm，功率为 3W；集总电感通过纳米银胶黏贴于表面。

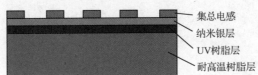

图 6.51　频率选择天线罩剖面结构

采用前述的一体化喷射成形设备和工艺，首先进行罩体结构的喷射成形，然后打印光固化树脂并进行紫外固化，最后打印纳米银溶液并进行激光烧结。频率选择表面天线罩一体化喷射成形如图 6.52 所示。

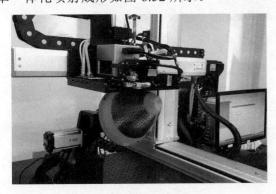

（a）喷射—激光烧结设备　　　　　　　　　（b）激光烧结过程

图 6.52　频率选择表面天线罩一体化喷射成形

频率选择表面天线罩成形件（如图 6.53 所示）底面直径为 420mm，高为 400mm，头部是半径为 20mm 圆球的一部分。

图 6.53　频率选择表面天线罩成形件

为验证上述频率选择表面天线罩的电性能，在此进行了远场测试和雷达散射截面测试，详述如下。

1．远场测试

远场测试采用接收远场法，频率选择表面天线罩（以下简称"天线罩"）测试系统如图 6.54 所示。该测试系统由 3 个部分组成，分别是收态远场测试系统、天线罩和工装及天线转动控制系统。

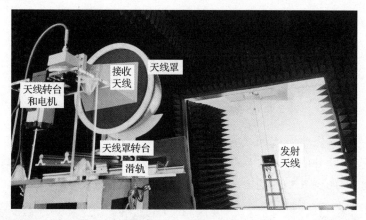

图 6.54　频率选择表面天线罩远场测试系统

将天线不加罩和加罩的远场增益作差，便可得到天线罩插入损耗，从而计算天线罩的透波率，透波率表达式为

$$T = 10^{(G_2-G_1)/10} \times 100\% \qquad (6-51)$$

式中，G_1、G_2 分别为天线不加罩与加罩的远场增益。测试时，取天线与天线罩轴线夹角（入射角）分别为 0°、25° 和 50°。不同入射角测试如图 6.55 所示。

透波率测试结果如图 6.56 所示，在频率为 2.8GHz、2.9GHz、3.0GHz 和 3.1GHz 频点上，天线罩在入射角为 0° 时的最小透波率为 85.51%，在入射角为 25° 时的最小透波率为 86.70%，在入射角为 50° 时的最小透波率为 85.70%，此外，在频率为 2.8GHz～3.1GHz 内透波率的范围是 85.51%～92.04%，满足设计要求。

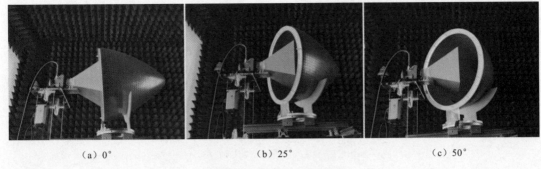

（a）0°　　　　　　　　（b）25°　　　　　　　　（c）50°

图 6.55　不同入射角测试

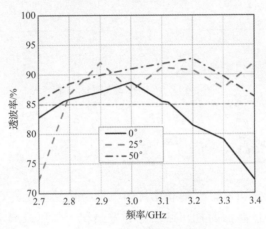

图 6.56　透波率测试结果

2．雷达散射截面测试

雷达散射截面（RCS）采用紧缩场测试方法，RCS 测试如图 6.57 所示。测试系统包括精密波源天线、紧缩场反射面、低散射支架等。电磁波经紧缩场反射面反射后近似为平面波，从而可以模拟目标在远场辐射环境下的散射情况，RCS 采用下式计算。

$$\sigma_{\text{dBsm}}=10\log\sigma_{\text{t}}=10\log\left(\frac{\left|E_{\text{t}}\right|^{2}-\left|E_{\text{b}}\right|^{2}}{\left|E_{\text{c}}\right|^{2}-\left|E_{\text{b}}\right|^{2}}\sigma_{\text{c}}\right) \tag{6-52}$$

式中，E_{t} 为被测目标的散射幅值，E_{c} 为定标球的散射幅值，E_{b} 为暗室背景散射幅值，σ_{c} 为已知目标 RCS。

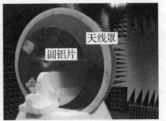

图 6.57　RCS 测试

天线罩对 RCS 缩减通过比圆板的 RCS 与铝圆板加罩天线罩的 RCS 作差得到，RCS 缩减值测试结果如图 6.58 所示，X 波段的缩减值范围为 15.151dB～36.893dB，满足设计要求。

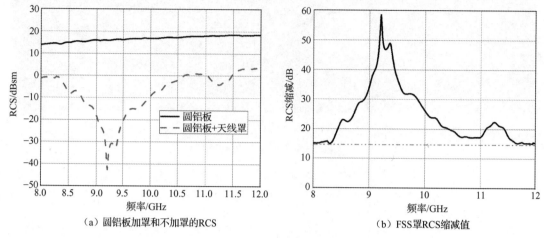

（a）圆铝板加罩和不加罩的RCS

（b）FSS罩RCS缩减值

图 6.58　RCS 缩减值测试结果

本章小结

　　本章介绍了具有曲面切片、五轴联动打印、原位烧结固化特征的一体化喷射成形原理，详述了边缘塌陷补偿、曲面打印路径规划方法和一体化成形设备的原理与组成，并给出了嵌入式共形承载天线、频率选择表面天线罩的一体化喷射成形案例。

参考文献

[1] F.B. Meng, J. Huang, P.B. Zhao. 3D-Printed conformal array patch antenna using a five-axes motion printing system and flash light sintering[J]. 3D Printing and Additive Manufacturing, 2019, 6 (2): 118-125.

[2] H.Y. Zhang, J. Huang, J.J. Wang, et al. Development of a path planning algorithm for reduced dimension patch printing conductive pattern on surfaces[J]. International Journal of Advanced Manufacturing Technology, 2018, 95(5-8): 1645-1654.

[3] B. Ping, J. Huang, F.B. Meng, et al. Prediction model of part topography in curved surface inkjet 3D printing[J]. International Journal of Advanced Manufacturing Technology, 2023: 127(7-8): 3371-3384.

[4] P.B. Zhao, J. Huang, J.Z. Nan, et al. Laser sintering process optimization of microstrip antenna fabricated by inkjet printing with silver-based MOD ink[J]. Journal of Materials Processing Technology, 2020, 275: 116347.

[5] Z. Li, J. Huang, Y.P. Yang, et al. Additive manufacturing of conformal microstrip antenna using piezoelectric nozzle array[J]. Applied Sciences, 2020, 10(9): 3082.

[6] 黄进，徐天存，王建军，等. 一种曲面共形频率选择表面罩、设计方法及应用[P]. 陕西省：CN202110218149.7, 2022-4-1.

第 7 章

柔性电子增材制造技术

7.1 概述

柔性电子技术是指在柔性衬底上大面积、大规模集成不同材料体系、不同功能元器件，构成可拉伸、可弯曲变形的柔性信息器件与系统的技术。柔性电子器件具有质量轻、形态可变、功能可重构等特点，颠覆性地改变了传统电子系统刚性的物理形态。因此，柔性电子技术必将对人工智能、生物电子、脑机融合、物联网等领域产生巨大影响。与传统的基于刚性衬底和刚性材料的电子技术不同，柔性电子技术使用具有物理弯折能力并能够承受一定形变的材料和结构构建电子器件和系统，使得电子器件和系统在形态、结构、功能、应用等方面取得突破，是未来智能技术的重要支撑。

在柔性/曲面基板上大面积精确制造有机/无机微纳结构，满足光/电/热/力学等性能要求，实现纳米特征-微米结构-米级器件跨尺度高精度制造至关重要。近年来，以喷墨打印为代表的无掩膜增材制造在柔性电子制造领域得到广泛关注，已被应用于太阳能电池、传感器、共形天线、OLED 显示等领域。相较于光刻、蒸镀等工艺，喷墨打印在成本与效率上都具有明显优势，但在精度上仍有不足，亟须提出新型制造工艺，以满足柔性电子跨尺度制造中的精度与效率匹配需求。

柔性电子具有高集成度与分布式融合的特点，各种材料的物理和化学特性不同，异质元器件的尺寸差异极大，因此，表/界面效应及其调控是柔性电子制造的共性基础问题。在实际制造中，热及各种应力的作用带来定位精度差、可靠性差等一系列问题，所以柔性基底抗变形处理工艺、加工与装配也是柔性电子制造中获得高性能器件的共性基础问题。本章重点介绍柔性电子的增材制造技术，包括微滴喷射、电喷印及直写等工艺。

7.2 柔性电子的增材制造材料

7.2.1 柔性绝缘材料

柔性基板材料多为绝缘材料，其应具有较高的电阻率、较低的吸水率和良好的介电特性。柔性基板材料在传统基板材料的基础上增加了可弯曲或可拉伸的特性。按照材料性质分类，柔性基板材料一般包括柔性有机基板材料和柔性无机基板材料。

1. 柔性有机基板材料

由于良好的弯曲和可延展特性，柔性有机基板材料在柔性电子器件中有着广泛的应用，如柔性封装材料、转印材料和有机薄膜晶体管（OTFT）器件中的绝缘层材料等。常见的柔性有机基板材料主要有聚酰亚胺（PI）薄膜、聚二甲基硅氧烷（PDMS）薄膜，以及聚氨酯薄膜和形状记忆聚合物（SMP）薄膜等。

PI 薄膜具有较低的介电常数（约 3.4）、较低的介电损耗（损耗角正切约为 0.02）、较高的击穿场强（大于 200kV/mm）、较强的耐热性（300℃）及良好的力学特性（弹性模量约为 2.5GPa），使其具有良好的尺寸稳定性，因而应用最为广泛。在柔性电路中，PI 薄膜需要与铜箔复合形成柔性覆铜板（FCCL）。高分子材料与金属材料之间的结构差异，使得 PI 薄膜的热膨胀系数（CTE）比铜箔的热膨胀系数大得多，这种热膨胀系数的不匹配导致 PI 薄膜基 FCCL 在受热时易发生翘曲、断裂、脱层等质量问题，会严重降低其性能。因此，制备低热膨胀系数的 PI 薄膜是柔性电子技术领域的关键。

PI 薄膜基 FCCL 经过曝光、显影、刻蚀等制程，可制造出柔性线路板（FPC），FPC 已广泛应用于电子设备的连接线、柔性天线和柔性封装基板等领域。PI 薄膜因具有较强的耐热性，满足回流焊的工作条件，因而可以在 FPC 的表面集成芯片、蓝牙天线等电子元器件和电池等部件，再通过异方性导电胶膜（ACF）黏合可拉伸电路，形成柔性电子系统。传统 FPC 不具备可拉伸性，这限制了传统 FPC 在可拉伸柔性电子技术领域中的应用。因此，通常采用环形、蛇形或 3D 屈曲的结构设计，使得传统 FPC 具有可拉伸性。

与 PI 薄膜相比，PDMS、生物降解塑料和聚氨酯等薄膜材料具有较低的弹性模量和较大的泊松比，故具备良好的可弯曲和可拉伸特性。此外，这些材料还具有良好的生物相容性，可广泛应用于柔性可拉伸电子领域。在柔性电子器件的设计中，可拉伸性和生物相容性良好的薄膜主要被用于柔性电子器件的衬底和封装材料。例如，将 PDMS 薄膜进行预拉伸，将不可拉伸的硅条黏附到预拉伸的 PDMS 衬底上，释放预应变，可形成波浪形屈曲结构，该屈曲结构使得硅条具有一定的可拉伸和压缩特性。在 PDMS 衬底上制造的可拉伸硅条带如图 7.1 所示。

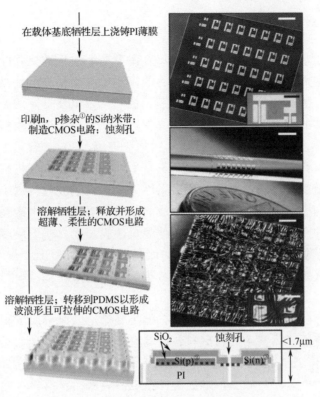

在载体基底牺牲层上浇铸PI薄膜

印刷n，p掺杂[1]的Si纳米带；
制造CMOS电路；蚀刻孔

溶解牺牲层；释放并形成
超薄、柔性的CMOS电路

溶解牺牲层；转移到PDMS以形成
波浪形且可拉伸的CMOS电路

SiO₂   蚀刻孔   <1.7μm

Si(p)[2]   Si(n)[3]

PI

图 7.1   在 PDMS 衬底上制造的可拉伸硅条带

    SMP 作为一类智能材料，具有形状可控、模量可调等特点，在电子器件形态设计方面的应用受到了越来越广泛的关注。将 SMP 引入柔性电子器件，不仅可以更好地调节柔性电子器件的物理性能，而且能使器件具有复杂的宏观三维立体结构。在柔性电子领域，SMP 主要用作三维柔性电子的衬底材料和柔性电子制造的转印材料。目前，用作柔性衬底的材料主要有 PI、PDMS 和生物降解材料等薄膜，这些材料的强度高、柔性好，但是加工成形后，就无法改变其形状。利用 SMP 的形状记忆特性，将其作为衬底材料，在平面加工完成后进行变形，可实现二维柔性电子到三维柔性电子的转变，也可以满足柔性电子器件的复杂曲面形貌需求。

---

    ① n，p 掺杂指 n 型掺杂和 p 型掺杂。n 型掺杂和 p 型掺杂是半导体材料中的两种基本掺杂方式。在纯净的半导体材料中，如硅（Si）或锗（Ge），通过有控制地引入特定的杂质原子，可以改变其电导率，使其成为有用的电子器件。其中，n 型掺杂是指向半导体材料中掺入五价元素，如磷（P）或砷（As）。这些杂质原子的价电子在半导体晶格中成为自由电子，增加了材料的电子浓度，使其成为负电荷载体主导的半导体。n 型半导体的载流子主要是自由电子，因此它被称为电子型半导体。p 型掺杂是指向半导体材料中掺入三价元素，如硼（B）或铝（Al）。这些杂质原子的 3 个价电子与半导体晶格中的 4 个价电子形成共价键，留下一个空穴。这些空穴可以视为正电荷载体，在电场作用下可以移动。p 型半导体的载流子主要是空穴，因此它被称为空穴型半导体。

    ② Si(p)指经过 p 型掺杂的 Si 半导体。

    ③ Si(n)指经过 n 型掺杂的 Si 半导体。

2．柔性无机基板材料

无机基板材料通常没有自由电子，但有比金属键和纯共价键更强的离子键，以及离子键与共价键组成的混合键。这种化学键具有的高键能和高键强，使得无机基板材料具有高熔点、高硬度、耐腐蚀、耐磨损、高强度、抗氧化，以及良好的介电、压电和铁电等特性。虽然从块体的形态上，这类材料不具有柔性，但当无机基板材料的厚度降低到一定程度时，则具有一定的柔性，如 0.1mm 的柔性玻璃、20μm 的柔性云母单晶等。几乎所有的无机基板材料都可以通过减薄使其具有柔性，所以柔性无机基板材料通常意义上是指柔性无机薄膜基板材料。由于大多数柔性无机薄膜基板材料属于多晶材料，当发生变形时，各种不同大小的晶粒紧密排列形成的多晶体更容易产生微裂纹缺陷，因此，多晶薄膜的生长必须有衬底作为支撑。当柔性无机薄膜基板材料的厚度远小于衬底材料的厚度时，柔性无机薄膜基板材料的应变与衬底材料的厚度成正比，与弯曲半径成反比。当应变一定时，降低衬底材料的厚度，可以减小柔性无机薄膜基板材料的弯曲半径，提高其柔性。

柔性无机薄膜基板材料的制备方法主要有磁控溅射法、原子层沉积、热蒸发、脉冲激光沉积和溶胶凝胶法等。其中的衬底材料应具有一定的耐温性，如柔性云母和金属箔衬底；在制备环境温度低的工艺中可以用 PI 薄膜作为衬底；也可以使用硬质耐高温衬底，如二氧化硅，再转印至柔性衬底上，形成柔性无机薄膜基板材料。衬底材料和制备工艺对柔性无机薄膜基板材料的影响，主要体现在材料内应力的产生导致微结构改变，从而对柔性无机薄膜基板材料的电性能产生影响。通常在衬底材料上制备柔性无机薄膜基板材料前，需先制备一层与柔性无机薄膜基板材料具有相同结构的过渡层，如镍酸镧、钌酸锶等物质，它们具有导电性，也可以作为无机绝缘薄膜的底电极。

7.2.2 柔性导电材料

导电材料一般指电导率在 10^4S/cm 以上，能在电场中传输载流子从而导通电路的一类功能材料。在柔性电子器件中，导电材料大多用作电极或导线，并可通过图案和结构设计实现功能化。根据化学组成，导电材料可分为金属导电材料、碳基导电材料和有机导电材料三大类。金属导电材料及碳基导电材料的电导率较高但柔性较差，大部分情况下需要和有机高分子衬底材料复合以实现柔性；有机导电材料主要为导电聚合物，柔性较好但电导率较低。因此，在柔性电子器件设计中，需要根据应用场景选择合适的导电材料，以获得最佳的器件性能。

1．柔性金属导电材料

常用金属材料的电导率可达 10^5S/cm，非常适合用作导电电极。但是金属材料通常是刚性的，需要经过特殊的制备或加工手段，将金属材料处理至微纳尺度，与有机高分子衬底材料复合后才能具备柔性。机械加工处理可以将常规金属材料的厚度处理至微米、纳米尺度，从而实现金属材料的柔性化，如商业化铜箔、铝箔、锡箔等；之后借助微加工技术，如激光切割，可以对柔性电极进行图案化。但是激光加工的精度有限，也会在器件中引入薄弱点，因而对于精度和性能要求更高的柔性电子器件，一般通过溅射和蒸镀的方式在柔性薄膜衬底上沉积，再结合光刻工艺完成加工制造。

金属材料的另一种柔性化方法是先制备金属纳米粒子、纳米片或纳米线，然后将它们分散于溶液中形成导电墨水，接着使用印刷、涂布方式将其转移到柔性衬底上制备柔性电极。导电墨水需具备合适的黏度、表面张力和挥发性，以满足印刷时的工艺要求。为增强界面强度，还要对柔性衬底表面进行预处理，如紫外辐射、臭氧处理、引入表面微结构等。

此外，还可以将金属纳米材料与其他柔性衬底材料复合来制备导电电极，复合的方法包括溶液共混法、熔融共混法及原位法等。金属纳米材料/聚合物复合材料的导电机理大多与渗流网络的形成有关，根据渗流理论，复合材料的电导率会在导电粒子含量达到渗流阈值后急剧上升，这是由于在达到渗流阈值后，导电粒子之间相互接触并搭接成较为完善的导电网络。目前，最常用的导电金属材料为银，但是银的价格较高，所以有大量研究致力于寻找银的替代品。

2．柔性碳基导电材料

碳基导电材料是另一种被广泛研究的导电材料，通常包括炭黑（CB）、石墨、碳纤维（CF）、碳纳米管（CNT）、石墨烯等，通过在柔性衬底表面成膜或与有机物体相复合，以及形成自支撑柔性结构后，可以实现碳基导电材料的柔性化。

（1）炭黑作为一种低成本的纳米粒子，是最早进行商业化的碳基导电材料，被广泛用于制备导电油墨、导电橡胶及其他复合型导电聚合物等。研究表明，在较大的应变下，复合物的导电性急剧下降，这说明炭黑填充复合材料的导电性依赖于炭黑粒子之间形成的导电网络，因而炭黑复合物可用于制备应变传感器等。与金属纳米粒子相比，虽然炭黑导电油墨制造柔性电极的成本更低，但稳定性和性能较差。

（2）石墨是一种层状碳材料，内部的碳原子均以 sp^2 杂化[①]形式存在，存在一个自由的电子用于形成层内大 π 键传递电流，因而具有非常好的导电性。将石墨破碎并制备成油墨后，可通过刷涂或喷涂等方式制备导电电极。与炭黑类似，石墨在制备导电电极时也需加入黏结剂加强其与衬底的黏附力。刷涂法制备的石墨导电电极往往由于厚度不均匀而导致性能的不稳定，而喷涂则能较好地改善均匀性，其电导率和性能稳定性也较高。

（3）碳纤维是指含碳量 90%以上，具有高强度、高模量的一类导电纤维材料。碳纤维通常由含碳纤维的原材料高温碳化而成，根据纤维尺寸不同，可分为常规碳纤维和碳纳米纤维。常规碳纤维可通过编织的方式制造自支撑柔性导电电极，如碳纤维布。碳纳米纤维则需要配制成导电油墨，通过喷涂、印刷等方式在柔性衬底上沉积，从而制造柔性电极。

---

① sp^2 杂化是碳碳成键的重要方式之一，利用其三重对称空间构型可以得到稳定的石墨结构和亚稳定的石墨烯等碳纳米结构。

（4）碳纳米管是一维纳米材料，具有超高长径比、高力学强度、高热稳定性及高电导率，被视为理想的柔性电子材料。碳纳米管最常用的制备方法是化学气相沉积（CVD）法，这种方法的优势在于所得碳纳米管的导电性能较好，产物可直接转移到其他衬底上使用，且碳纳米管的长度及取向可控。与金属纳米粒子相似，碳纳米管也可作为导电填料与其他高分子混合，从而制备具有特定功能的导电弹性体。

（5）石墨烯是当下电阻率最低的材料，其在柔性电子领域拥有广阔的应用前景。石墨烯的制备方法主要有剥离法、CVD法、外延生长法及氧化还原法等。用导电墨水制造石墨烯导电图案时，常利用喷墨打印、旋涂、印刷等方法将石墨烯导电墨水转移到衬底材料上，然后利用后处理技术控制墨水在衬底材料上的成膜性并调控电导率。石墨烯也可以作为导电填料与高分子衬底材料复合制备导电材料，同时，其本身具备较好的组装性能，可不依赖其他衬底材料而形成自支撑导电材料。

3. 柔性有机导电材料

有机导电材料主要指导电聚合物，根据导电机理可以将导电聚合物分为结构型导电聚合物和复合型导电聚合物。结构型导电聚合物又称为本征型导电聚合物，是指本身具有导电性或经掺杂后具有导电性的聚合物材料。结构型导电聚合物可分为3种，分别是载流子为自由电子的电子导电聚合物、载流子是可迁移正负离子的离子导电聚合物，以及以氧化还原反应为电子转移机理的氧化还原型导电聚合物。复合型导电聚合物也称为导电聚合物复合材料，是指利用物理、化学的方法将各种导电性物质加入聚合物衬底中进行复合后得到的兼具力学和电学优势特性的多相复合材料。导电聚合物复合材料包括以下两种，分别是填充有各种无机导电填料（如金属纳米粒子、石墨烯、碳纳米管等）的衬底聚合物，以及结构型导电聚合物与衬底聚合物的共混聚合物。导电聚合物复合材料的导电机理比较复杂，通常包括渗流网络、隧道效应和场致发射3种导电机理。

7.2.3 柔性半导体材料

柔性器件材料多指柔性电子系统中的半导体材料，其电导率（$1 \sim 10^{-9}$S/cm）介于金属与绝缘体之间。近20年的研究表明，无机半导体材料被制备成微纳尺度的低维纳米材料或超薄薄膜后可以实现一定程度的柔性；有机半导体材料则可以兼具电学和力学优势特性，因而在柔性电子技术中，柔性半导体材料具有巨大的研究价值和应用潜力。

1. 柔性硅基半导体材料

传统的硅基器件因其脆性大、效率与质量的比值小等固有缺点，难以应用在对质量和柔韧性有特定要求的环境中，如航空航天、物联网、可穿戴设备等领域。柔性单晶硅材料的出现为柔性硅基器件的发展提供了新的机遇。柔性单晶硅材料不仅具有传统半导体材料的物理特性，而且具有部分柔韧性，因此，在柔性硅基器件及柔性能源等方面具有巨大的应用价值。美国西北大学黄永刚教授和伊利诺伊大学 Rogers 教授提出了硅基材料柔性化的力学设计原理和失效机理，开拓了无机电子器件新的功能和应用领域。他们提出，利用结构设计方式，引入中性层或屈曲模型设计，能够在系统大变形过程中避免过多应力作用到脆性无机功能器件上，从而实现无机电子器件的柔性化。

除了柔性结构设计，另一种柔性化设计方法是通过减薄尺寸来实现无机材料的本征柔性化。目前，制备柔性单晶硅结构的方法主要有两种，一种是薄化单晶硅材料，即通过减薄的方式实现柔性；另一种是低维化硅材料，即将块状材料制成微纳米级别尺寸，通过降低材料之间的间隔，减弱弯曲时的应变应力，从而实现柔性。值得注意的是，低维度的硅材料无法独自成为柔性器件的独立支撑体，需要依托柔性衬底才能实现柔性。这导致低维度的硅材料与柔性衬底容易因为界面不稳定、集成过程损耗等问题造成器件失效。因此，薄化单晶硅材料是一个重要的研究方向，其制备方法主要包括体硅剥离法、机械研磨减薄法、离子注入剥离法、化学刻蚀法及外延生长转移法等。体硅剥离法如图 7.2 所示。首先，通过光刻-刻蚀技术在体硅上制备微米级别阵列，然后真空沉积一层贵金属，反应离子刻蚀去除掩膜，碱液各向异性刻蚀沟槽，制备氮化硅保护层；其次，再次真空沉积贵金属层，碱液刻蚀脱离；最后，有机物黏离体硅衬底，剥离形成超薄的硅条阵列。通过构型设计、层层刻蚀制备出大量的薄硅条阵列，硅条阵列之间有着大量的应力释放区，使得转移后的硅条阵列具有良好的抗弯折性能。

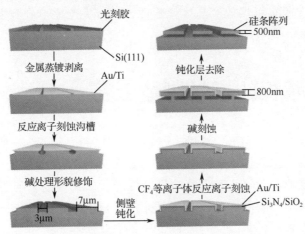

图 7.2　体硅剥离法

2. 柔性化合物半导体材料

柔性化合物半导体材料通常是指在柔性薄膜（如 PI、PET）上构建柔性超薄可弯曲的化合物半导体材料。常见的柔性化合物半导体材料有 III-V 族材料、金属氧化物材料、金属硫化物材料和钙钛矿材料等。柔性化合物半导体材料的一个重要应用是构成异质结。异质结是光电子和微电子器件的关键，但是应用于柔性传感器件时，异质结在大变形工作环境下的电学特性、光电特性的演化规律和器件可靠性仍需要深入研究。对异质结而言，其性能与异质结界面的能带结构密切相关，而异质结界面的能带结构又与构成异质结材料本身的能带结构有着紧密的联系。因此，半导体材料的异质结界面在柔性器件结构中是否会受到应变的影响，是异质结应用于柔性传感器件时首先需要面对的问题。

透明导电氧化物（TCO）薄膜具有很高的透射率，在红外区具有很高的反射率，并且具有较高的直流电导率。TCO薄膜优良的光电特性使其在液晶显示器、电荷耦合成像器件、太阳能电池、热反射镜等领域得到了广泛的应用，因此，TCO薄膜是信息产业中不可缺少的材料。金属硫化物在光伏、光电器件方面具有广泛应用，Ag_2S是一种新型窄禁带半导体材料，具有很高的化学稳定性、可见光吸收、主红外区透过和光致发光等特性，能够应用于光伏电池、红外探测器、离子导体和光电导器件等领域。砷化镓（GaAs）是 III-V 族材料中重要的半导体材料，在微波器件和高频数字器件方面具有广泛的应用。钙钛矿材料是一类有着与钛酸钙（$CaTiO_3$）相同晶体结构的材料，这种晶体结构使其具备了吸光性、电催化性等。目前，钙钛矿太阳能电池（PSC）的认证效率已经超越了多晶硅太阳能电池，达到了24.2%。

3. 柔性有机半导体材料

高分子聚合物已广泛用于能量存储系统、生物电子器件和柔性电子技术等领域。使用特殊工艺掺杂的高分子聚合物具有半导体性质，可用来制备柔性有机场效应晶体管（OFET）。斯坦福大学鲍哲南课题组制备了一种可以双向延展，且同时保持高性能的有机场效应晶体管。该器件在100%应变下，仍能保持$1.08cm^2/(V\cdot s)$的电子迁移率。使用该材料制备的柔软超薄有机场效应晶体管器件，可以完全贴合在皮肤上。在100%应变下，该器件仍然可以具有很高的开关比。

7.3 柔性基板的增材制造工艺

柔性基板是柔性电子区别于传统微电子最突出的特点，除了需要具有传统刚性基板的绝缘性、廉价性等特点，还需要具备质轻、柔软、透明等特性，以实现弯曲、扭曲和伸缩等复杂的机械变形，对材料和器件的机械性能（如柔韧性、延展性及抗疲劳性等）提出了不同于传统电子技术的要求，需要保证材料和器件在使用和制造过程中不发生屈服、疲劳、断裂等失效行为。

柔性基板的薄膜图案化是柔性电子制造的核心技术之一，遵循着自上而下去除材料或自下而上增加材料的基本思想，其关键技术是薄膜的制造、图案化、转移、复制、保真等。柔性电子不同于微电子，需要采用大面积、低温、低成本的图案化技术。可借鉴微电子、微机电、生物医疗器件的图案化技术，但同时又必须考虑柔性电子器件的基板的柔性、材料的有机性及器件面积大等特点，需要考虑有机材料热稳定性（低熔点、低玻璃态转化温度等）、兼容性（溶剂敏感性等）、一致性（结构均匀性、电学特性等）和大变形性（有机—无机混合软硬结构伸缩性等）。目前，可用于柔性电子的图案化技术包括光刻、软刻蚀、纳米压印、激光直写和喷墨打印等。

增材制造技术无需掩膜、制备周期短、材料利用率高、对环境污染小，已应用于印刷电路板、玻璃和环氧树脂材料微米尺度结构的加工，柔性基板增材制造常用的工艺包括微滴喷射、电流体动力喷印（以下简称"电喷印"）和直写等，以下分别进行介绍。

7.3.1 微滴喷射

微滴喷射技术用于功能材料直写电子器件，面临材料配置、驱动模式、基板选择和溶剂挥发性控制等挑战，喷印的图案化结构还需进行干燥、固化、烧结等后处理。喷嘴尺寸为 20～30μm，液滴体积为 10～20pL（$1pL=10^{-12}L$），基板上液滴直径约为滴落过程液滴直径的 2 倍。

微滴喷射主要有连续喷印和按需喷印两种液滴生成方式。连续喷印中，由液滴构成的液柱连续从喷嘴喷出，通过加载在液柱上的周期性扰动产生间隔和大小均匀的液滴，通过偏转电场控制所需液滴的位置，多余的液滴通过回收系统进行回收。按需喷印中，液滴按需喷出，可避免连续喷印中复杂的液滴加载和偏转机构，其定位精度高、可控性好、材料节约性好。按需喷印使用脉冲方式喷射液滴，主要有热泡法和压电法两类原理截然不同的驱动方式（如图 7.3 所示），这两种技术的优缺点如表 7.1 所示。喷印过程最重要因素是溶液的表面张力和载性，以及驱动的频率和幅度。

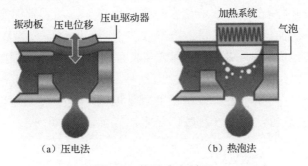

（a）压电法　　　　　　（b）热泡法

图 7.3　按需喷印原理

表 7.1　热泡法和压电法技术比较

驱 动 方 式	优　　点	缺　　点
热泡法	喷嘴密度高 允许材料存在气泡 材料浪费少	需要精确的热流控制 对液滴黏度非常敏感
压电法	允许液滴黏度变化 液滴尺寸随控制信号变化 液滴不会出现热损伤 喷射腔体更大	对液滴中的气泡敏感 需要液滴有规律地流动 喷嘴集成度较低

按需喷印中，液滴的形成过程包括喷射和射流拉伸、喷嘴液体飞线、液体飞线收缩、主/卫星液滴形成及主/卫星液滴重新结合等阶段。要实现高效、高分辨率和高可靠打印，其关键是精确操控掺杂了大量固体粒子、非牛顿液体射流形成或液滴喷射的复杂物理过程，需要对高剪切速率的材料性质、射流不稳定性、液滴成形与运动、液带的拉伸，以及飞行过程中射流和液滴的气动性和静电作用进行深入研究。

利用微滴喷射进行图案化面临以下挑战。一是溶剂兼容性问题。多层结构连续打印时，对溶剂和溶液的选择性有较高要求。二是形貌一致性问题。表面张力、液滴边缘的溶质聚合和溶剂干燥，将导致喷印成形薄膜的厚度不均匀，即所谓的咖啡环效应。三是图案分辨率问题。喷射液滴的直径过大，使得喷印成形结构的特征尺寸很难小于 20μm。四是溶液的优化问题。低蒸发率的溶液可能需要增加额外的烘烤工艺，高蒸发率的溶液易导致打印过程中出现喷嘴堵塞。五是定位精度问题。喷射的液滴经过飞行后沉积到基板上，其定位精度不仅取决于喷头的定位精度，而且取决于喷头与基板的角度、空气的扰动、喷嘴到基板的距离等。

7.3.2　电喷印

传统喷印采用"挤"的方式，难以直接沉积较高分辨率的图案，同时难以适应电子器件特征尺寸日趋减小的发展需求。电喷印采用电场驱动，采用"拉"的方式，从液锥顶端产生极细的射流，能够喷印黏性较高的溶液，在柔性电子领域具有广泛的应用前景。电喷印喷嘴直径越小，获得的图案分辨率越高，但分辨率受喷嘴的影响远低于传统喷印工艺，可采用较粗的喷嘴在避免溶液堵塞喷嘴的前提下，实现亚微米甚至纳米结构的高精度喷印。根据所采用的材料属性和工艺参数的不同，电喷印分为液滴（电点喷）、纤维（电纺丝）和喷雾（电喷涂）。这 3 种喷印方式具有相似的电流体动力学机理和实验装置。3 种不同的电喷印方式如图 7.4 所示。电喷印能够形成复杂和高精度的图案，如电点喷、电喷涂、电纺丝可分别用于制备柔性电子的复杂电极、薄膜层、互联导体。电流体动力喷印、热泡法喷印和压电法喷印 3 种喷印技术比较如表 7.2 所示。

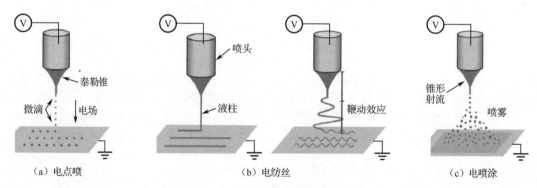

（a）电点喷　　　　　　　　　（b）电纺丝　　　　　　　　（c）电喷涂

图 7.4　3 种不同的电喷印方式

表 7.2　喷印技术比较

工艺特点	电流体动力喷印	热泡法喷印	压电法喷印
喷头设计	喷头设计、加工简单，需要辅助电极产生电场	喷头设计、加工复杂	喷头设计、加工复杂，难以实现高集成度
溶液兼容性	对非牛顿流体适应性强，特别是高黏性溶液	对非牛顿流体适应性弱，对溶液蒸发性敏感	对非牛顿流体适应性弱，溶液不能有气泡
分辨率	较高，300nm～10μm	较低，20～50μm	较低，10～50μm

续表

工 艺 特 点	电流体动力喷印	热泡法喷印	压电法喷印
制造方式	可实现连续、离散喷印	液滴成线或膜不可连续	液滴成线或膜不可连续
效率	取决于液体本身黏弹性	受限于气泡发生速率	受限于压电频率

为获得稳定的射流，实现高精度电喷印，必须对材料因素、工艺因素进行控制。其中，材料因素包括材料结构（如分子量、分子链类型、分子链长度）、溶液物理性质（如黏度、杨氏模量、电导率和介电常数）等，工艺因素包括控制参数（如喷嘴与收集电极的距离、电压、喷嘴直径）、环境参数（如压力、湿度、温度）等。为实现不同线宽图案的电喷印，需要对液滴的断裂过程及其机理进行研究与控制。大分子量物质溶解导致溶液黏性增加，提高溶液黏性有利于电纺出连续的纳米纤维，但不利于电喷涂和电喷印中液滴的断裂。表面张力影响溶液的比表面积，增加溶液表面张力有利于小液滴的形成，对提高电喷涂和电点喷工艺精度有利，但会导致电纺丝工艺形成纤维—液珠结构。溶液的电导率对电喷印工艺具有较大影响，较高的电导率会增加液滴的射流速度和拉力，并有可能使得电极出现电导通，烧毁喷射的材料。基板的介电常数直接影响表面电荷密度，会引起电纺丝"鞭动"行为，导致难以定位。电极间距直接影响液滴的飞行时间和电场强度，较大的电极间距可生成细小的液滴和纤维，但会增加不稳定性，降低定位精度。控制电场可减小液滴尺寸，但其作用过程十分复杂，同时影响液滴和纤维的形貌、分辨率和稳定性。沉积薄膜的厚度、结晶度、质地和沉积速度，可通过调节电压、流速、溶液浓度和基板温度进行控制。

喷头结构是影响空间电场分布和喷印液滴/纤维尺寸的重要因素，对打印性能和精度有直接的影响。喷头需要有良好的化学兼容性，以适应不同的材料；同时需要具有良好的液滴生成稳定性，以提高打印质量。为确保喷头适合聚合物打印，需要对喷嘴材料的物理和化学性能进行优化，包括毛细管内/外部的润湿性、液滴喷射性等。目前，喷头普遍采用的流量控制方式集成化程度不高，制约了喷头结构的微型化、集成化进程。结合当前较为成熟的 MEMS（微机电系统）加工工艺，借鉴生物微流控芯片领域微流泵/微流道控制的相关研究结果，设计制造适用于高精度微纳结构喷印的一体式微喷头结构，是实现批量化、一致性、低成本柔性电子制造的关键技术之一。

7.3.3　直写

直写技术是一种在基体上通过微区反应或物质传递构筑结构和功能单元的微加工技术。直写技术可在亚微米至厘米范围内实现金属、陶瓷、聚合物、水凝胶等复杂三维构型的程序化构筑，构型过程由 CAD 控制，在不同形状基体（平面、球面、不规则曲面）上完成。本节主要介绍墨水直写和激光直写两种技术。

1. 墨水直写

墨水直写也称自动注浆成形，墨水材料存储于温度可控的料筒并和喷头相连，安装于数控平台，通过螺旋挤压或气动压力控制系统，使材料从喷头挤出并在基体上成形。其可通过对模型切片分析和数控代码编写进行层层构筑，直写参数（压力、速度）和直写环境（温度、直写介质）都会对直写过程产生很大影响，墨水需搭配合适的直写参数和直写环境方能构筑稳定结构。经过近几年的发展，墨水直写已不再是简单层层堆叠制作三维支架的概念，其材料和方式不断多元化，且最小构型尺寸降低至几微米，被广泛应用在微电子、光伏、能源、组织工程等领域。

墨水直写技术的显著特点是可选材料多样，不仅可用金属、陶瓷、聚合物、水凝胶构型，而且可用于复合材料、生物细胞、食物等构型。材料需设计成适合直写的墨水，并从细喷头中稳定挤出且不发生堵塞。适合直写的墨水有两个特点：一方面，墨水具有剪切致稀特性和优异的黏/弹性，从喷头中挤出后快速"固化"保持稳定形状且逐层堆叠不坍塌；另一方面，墨水具有较高固体含量，以减弱在后续处理过程产生的体积和形状变化。墨水固化可由溶剂挥发、温度变化、凝胶化、直写介质等诱导发生，其流变性能和固体含量由固化机理决定，固化速度很慢的墨水必须具备较高的模量和固体含量，而固化速度很快的墨水只须具备较低的模量和固体含量。

墨水直写已被广泛应用于柔性电子领域。和传统的电子设备制造技术相比，墨水直写不需刺激性化学物质参与且没有高温加工过程，制作过程更加温和、便捷。墨水直写一般可制备柔性电子电极、导电连接组件和其他功能元件，也可制备一体化柔性电子器件。电极和导电连接组件是柔性电子器件必不可少的组成部分，利用传统方法容易制备一维、二维电极，但是较难制备具有特殊结构的三维电极。为满足微电子器件精密成形要求，可使用墨水直写技术制备具有特殊结构的电极和电子连接线。其三维电极相比于二维电极具有独特的优势，其三维多孔结构有助于电解质渗透扩散，从而促进反应过程的物质传输。墨水直写技术具有程序可控的特点，可制备传统加工制造技术无法制备的电极和导电元件，如具有特殊结构的复合电极和三维指状电极，这些电极可应用于锂离子电池、超级电容器等能量储存设备。利用墨水直写技术构筑三维指状电极还可应用于其他柔性电子器件，为柔性电子器件三维集成化发展提供新的途径。

2. 激光直写

激光直写是将激光作用于材料的成形方法。通过激光和基体或者基体上的其他材料相互作用，使材料发生聚合、熔融、烧结、消除等反应，可实现改性、增材、减材的效果，并最终获得三维构型。激光直写系统组成及基本原理如图 7.5 所示。激光直写可将气态、液态、固态前驱体材料沉积成为三维结构，也可通过激光高能聚焦作用对原有材料改性。根据激光作用方式不同，激光直写可分为激光诱导传送、激光化学气相沉积、多光子聚合等。

激光直写所用的材料十分广泛，不同的激光作用方式适用于不同材料。多光子聚合技术常用的材料为光敏聚合物、光敏复合材料及水凝胶等。应用于激光诱导传送技术的材料更为广泛，如金属、陶瓷、聚合物、复合材料等。此外，利用激光高能聚焦作用可对材料进行特定功能改性，如烧蚀有机物、诱导单体聚合、还原氧化石墨烯等。激光直写技术的最小成形尺寸在亚微米级别，成形精度高于墨水直写和喷墨打印。激光直写技术被广泛应用于制备微电极、场效晶体管、发光二极管、微电子机械系统等。和传统的微电子制造技术相比，激光直写技术具有更好的精度和更强的可设计性。

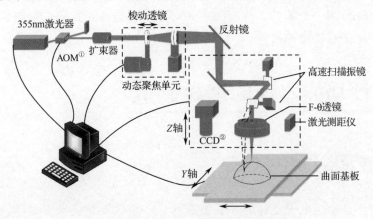

图 7.5 激光直写系统组成及基本原理

激光直写最大的优点是成形精度高，可完成微米、亚微米级电子器件制备，这是其他直写技术不能实现的。因此，激光直写在超微型电子器件制造领域中具有重要地位。深入研究激光和材料相互作用的方式，使激光更加有效地发挥作用，对于提高激光直写技术效率有重要意义。墨水直写、激光直写和喷墨打印技术特点比较如表 7.3 所示。

表 7.3 墨水直写、激光直写和喷墨打印技术特点比较

工　艺	可用材料	打印速度	精度	应　用	优　点	缺　点
墨水直写	聚合物、陶瓷、水凝胶、纳米颗粒、聚电解质、生物细胞等	0.1～5mm/s	1μm	导线、天线、电池、光子晶体、组织工程支架等	多功能化，可以非平面全向构筑三维模型	一般需后续处理，如固化、烧结等
激光直写	聚合物、纳米颗粒、碳纳米管、石墨烯及其他材料的低浓度溶液或分散液	很慢	50μm	传感器、薄膜晶体管、OLED[③]、超级电容器	设备简单、成本低	三维成形需要基体和支撑结构
喷墨打印	金属、氧化物、光敏聚合物、水凝胶等	很慢	100nm	微电极、场效晶体管、OLED、MEMS	打印精度很高、三维成形能力强	价格昂贵

未来，直写技术将继续向多样化方向发展。一是材料多样化。更多种类的材料亟待被研究开发并应用于直写技术，如多相复合材料，这些材料能更为广泛地应用于柔性电

---

① AOM 是一种高速、声光脉冲调制器。

② CCD 是电荷耦合组件。

③ OLED 是有机发光二极管。

子器件及其他领域。二是结构多样化。直写的结构设计需同时满足理论要求和实际检验，直写技术将不断把理论设计的结构转换成现实中的器件。三是方法多样化。不同的直写技术将被应用于制造同一个器件，直写技术还可以和其他各种加工成形技术互相配合，制造出更精密、更多功能化的器件。

7.4　柔性功能器件的增材制造

7.4.1　柔性能源器件增材制造

柔性能源器件是柔性电子器件的重要组成部分。柔性能源技术主要包括两个方面内容：一方面要发展柔性电池、柔性超级电容器等能量存储部件；另一方面要发展柔性能量传输、能量补给器件，如无线充电、能量收集等器件，提升器件的稳定续航性能。

1. 柔性电池

（1）柔性锂电池

柔性锂电池具有能量密度高、循环次数高、电压高等优点，是柔性电池最重要的发展方向之一。从锂电池组成要素（电极、电解质）出发，柔性锂电池研究主要围绕电极和电解质的材料、结构、工艺等。柔性锂电池电极可采用二维层状薄膜电极或三维柔性电极。二维层状薄膜电极是独立的电极薄膜层或者是在柔性衬底表面涂布的电极层，具有轻、薄、大面积等特点。碳纳米线、碳纳米管、石墨烯、导电聚合物及导电复合材料是研究较多的柔性电极材料。斯坦福大学崔屹课题组以碳纳米管自由薄膜层作为电极，以普通打印纸作为隔膜，制备了总厚度小于 0.3mm、弯曲曲率半径低至 6mm 的变形柔性"纸电池"。纸基柔性锂电池如图 7.6 所示。与二维层状薄膜电极相比，三维微结构阵列或三维编织结构的电极（即三维柔性电极）能够增加阳极/阴极的配对面积及离子的迁移通道，提升电池的能量密度。

（a）层压制备工艺　　（b）柔性纸电池结构　　（c）变形情况下驱动LED工作

图 7.6　纸基柔性锂电池

基于薄膜电极、电解质、封装可实现柔性电池的拉伸性能。要实现柔性电池的拉伸性能，需要对电池结构进行可延展结构设计。其主要实现途径：对电解质层进行小型离散化设计，将电池整体离散为一系列独立的小电池微元或单元阵列，微元间通过可弯曲或可拉伸薄膜导线互联，依附/埋置于柔性可拉伸衬底/封装内，变形时柔性导线变形而电池微元基本不变形。美国西北大学 Rogers 课题组基于锂电池微元阵列与蜿蜒的互联导线的结构设计，展示了可拉伸率达 300%的柔性锂电池。该柔性锂电池由 100 个电池微元组成，电池微元间通过几何拓扑自相似的蜿蜒薄膜金属线互联（即互联导线）。电池微元本身基本不可拉伸，但蜿蜒的互联导线被拉伸时通过弯曲、离面翘曲等形式可实现多级展开变形，最大拉伸量超过原长 3 倍，从而使柔性电池具备较好的拉伸变形能力。

（2）柔性太阳能电池

太阳能电池（也称"光伏电池"）是将光（包括自然光和人工光）转换成电的装置。太阳能电池产生电的基础是半导体的光电效应，即入射光子使半导体材料中的载流子定向移动形成光电流，从而产生电势差。根据所使用的半导体材料种类不同，柔性太阳能电池主要分为柔性无机太阳能电池和柔性有机太阳能电池。

实现柔性无机太阳能电池的主要方法有两种。一是将电池光电转换进行薄膜化设计，减小无机器件层厚度以降低抗弯模量，保证其与柔性衬底集成时具有一定弯曲变形能力。二是将电池进行离散化设计，采用小型化电池单元阵列通过蜿蜒的互联导线构建可拉伸电池整体，提升电池的可延展能力。2010 年，Rogers 课题组通过转印的方法，将在硅衬底上制备的单晶硅光伏转换薄膜条带阵列集成到光固化聚氨酯薄膜上，最后进行有机封装，形成高性能可弯曲柔性无机太阳能电池单元，如图 7.7（a）所示。2011 年，Rogers 课题组基于图案化可拉伸衬底，通过岛桥结构实现可延展 GaAs 太阳能电池，双轴拉伸率可达 20%，如图 7.7（b）所示。

（a）高性能可弯曲柔性无机太阳能电池单元阵列　　　（b）可延展GaAs太阳能电池

图 7.7　柔性无机太阳能电池

柔性有机太阳能电池是以有机半导体为活性材料，在柔性衬底上制备的可弯曲的太阳能电池。根据有机半导体光电转换原理的不同，柔性有机太阳能电池包括肖特基型太阳能电池、PN 异质结型太阳能电池、混合异质结型太阳能电池。混合异质结型太阳能电池的光电转换效率最高，是研究的热点之一。它可将有机半导体的给体材料和受体材料混合配置成共混溶液，再经旋涂工艺打印成膜。混合异质结型太阳能电池的光电转换过程实际上是一系列空间交错的 PN 异质结的光伏转换过程。

由于有机光伏半导体可采用低温溶液制备，柔性有机太阳能电池可直接在柔性衬底上制备成形，因此，在较薄或较软的衬底上制备的柔性有机太阳能电池具备一定的可弯曲性。柔性有机太阳能电池主要围绕柔性透明电极设计、高性能光活性层材料及新型器件结构的优化等方面开展研究。用于柔性有机太阳能电池的柔性透明电极材料主要有 ITO（氧化铟锡）、导电高分子、银纳米线、石墨烯、碳纳米管及超薄金属等，并通过结构设计来降低表面电阻，提高光透过率。在有机半导体吸光层中引入高稳定性、耐弯曲的非富勒烯或全聚合物活性材料，可以实现高性能柔性有机太阳能电池的制备。

柔性有机太阳能电池一般采用卷对卷工艺进行商业化生产，具有质轻、可大面积/高通量制备、成本相对较低等优点，在光伏建筑一体化方面具有广阔的应用前景。卷对卷工艺制备的大面积有机光伏器件如图 7.8 所示。

图 7.8　卷对卷工艺制备的大面积有机光伏器件

德国 Belectric 是光伏系统集成厂商，并负责 2015 年米兰世博会德国馆有机光伏系统的设计制造，在实现有机光伏组件基本功能的同时，对柔性有机太阳能电池进行了艺术设计与裁剪加工，使柔性、透明、多彩的有机光伏模块与建筑完美地结合，与建筑物、环境融为一体。米兰世博会德国馆的有机光伏系统如图 7.9 所示。

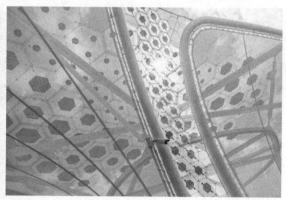

图 7.9　米兰世博会德国馆的有机光伏系统

2．柔性超级电容器

电容器是电子电路的三大基本元件之一，可实现电荷的存储或释放。超级电容器具有寿命长、充放电速度快、可靠性高和安全性高等优点，是电容研究的热点方向之一。

柔性超级电容器在结构形式方面的直观解决策略是将原本硬质的电容器结构进行小型化、薄膜化设计，通过薄膜电容结构与柔性衬底/封装的复合来实现电容的变形能力。柔性超级电容器的研究主要集中在电极材料研究、结构研究及电介质研究。柔性超级电容器对于电极的要求包括具有较高电导率、电极与电解质有较大的接触面积，从而保证较高的充放电速度。针对柔性超级电容器电极材料的研究主要集中在碳纳米结构、聚合物和复合材料。碳纳米结构材料主要包括碳纳米管、碳纳米纤维、石墨烯、氧化石墨烯等。这些微结构材料被制备成薄膜结构、编织薄膜结构、多孔交联结构、三维结构等，通过增加电极对的有效配对面积来提升电容量，通过微观材料修饰来提升电导率，从而提升电荷充放速度。柔性超级电容器的缺点是输出电压随着放电过程的进行不断下降，而不能像柔性电池一样保持稳定的电压输出值。这限制了柔性超级电容器在许多场景直接作为功能部件的应用，主要用于整流电路、无线充电能量的临时存储等。

7.4.2　薄膜晶体管增材制造

晶体管是半导体器件的基本单元，它通过改变电场来控制晶体管电流，是集成电路重要的逻辑单元。随着人们对信息存储、传递及处理需求的快速增加，薄膜晶体管迅速发展。和传统的硅基 CMOS（互补金属氧化物半导体）相比，薄膜晶体管的优点是可以在较低温度、较低单位面积成本下实现与大面积柔性衬底的集成。随着柔性电子等新技术的进一步发展，柔性晶体管在物联网、可穿戴柔性电子等多个领域具有颠覆性应用。薄膜晶体管在柔性电子中的典型应用如图 7.10 所示。按照半导体材料种类的不同，薄膜晶体管可分为无机薄膜晶体管和有机薄膜晶体管。

（a）超薄柔性传感结构　　　　（b）柔性信息处理电路　　　　（c）柔性无线通信器件

图 7.10　薄膜晶体管在柔性电子中的典型应用

薄膜晶体管由电极（源电极、漏电极和栅电极）、有源层和介电层组成。尽管无机薄膜晶体管和有机薄膜晶体管在电性能、制造技术等方面存在一些差异，但它们的结构和功能基本相同，这里分别介绍电极、有源层和介电层的增材制造技术。

1. 电极

薄膜晶体管要求源漏电极材料电阻率低、与半导体的接触为欧姆接触，且界面的肖特基势垒小，在选择电极材料时要考虑其功函数是否与半导体的能带间隙相匹配。通常制作电极的金属材料有铝、银、钛、铬、钼、钨、钽、金、钯和镍等。除了金属材料，无机材料（如碳纳米管、石墨烯、氧化石墨烯等）也可以充当电极材料。随着银墨水制备工艺的完善和喷墨打印技术的不断发展，喷墨打印不仅能够在柔性衬底和刚性衬底表面构建各种图案化的电极阵列，而且能够构建晶体管器件及逻辑电路等。

2. 有源层

有源层是载流子传输的通道，是影响薄膜晶体管性能参数最重要的因素。构建有源层的有机和无机半导体材料在性质上相差甚远，因此，构建有源层所采用的技术相对于构建其他部分所采用的技术显得更加多样化。目前，构建有源层常用的方法主要有旋涂、喷涂、点滴、蒸镀、磁控溅射、喷墨打印、气溶胶喷印等。喷墨打印不仅可以用于构建薄膜晶体管电极，而且已广泛应用于构建有机半导体和无机半导体薄膜晶体管的有源层，如金属氧化物薄膜、碳纳米管薄膜、并五苯薄膜等。此外，气溶胶喷印也能构建高性能碳纳米管薄膜晶体管器件。通过调节碳纳米管墨水中表面活性剂和碳纳米管浓度，可以得到高性能碳纳米管薄膜晶体管。

3. 介电层

旋涂是目前制备薄膜晶体管介电层最常用且最简单的方法之一。已有文献报道，通过旋涂方法在衬底表面形成一层聚（4-乙烯基苯酚）衍生物薄膜，再在其表面构建有机或无机薄膜晶体管器件，所有器件表现出优越的电性能，如较低的工作电压、较高的开关比等。因此，聚（4-乙烯基苯酚）衍生物是一种构建较低的工作电压薄膜晶体管所需的比较理想的绝缘材料，也有可能成为一种较理想的印刷介质墨水，具备广泛的应用前景。

浸渍提拉法是将整个洗净的基板浸入预先制备好的溶胶，然后以精确控制的均匀速度将基板平稳地从溶胶中提拉出来，在黏滞力和重力作用下，基板表面形成一层均匀的液膜，紧接着溶剂迅速蒸发，于是附着在基板表面的溶胶迅速凝胶化而形成一层凝胶膜。浸渍提拉法所需溶胶黏度一般为 $(2\sim5)\times10^{-2}Pa\cdot s$，提拉速度为 $1\sim20cm/min$。凝胶膜的厚度取决于溶胶的浓度、黏度和提拉速度等。

此外，转印技术也可用于构建介电层。先在硅衬底表面制备一层 $1\mu m$ 左右的 PDMS（聚二甲基硅氧烷）薄膜，将 PDMS 作为介电层，通过转印技术把 PDMS 转移到其他衬底表面，再构建电极和有源层。该方法制备的器件具有优越的电性能，无迟滞现象，但其性能与 PDMS 厚度，以及 PDMS 与电极的接触面积等有密切关系。

7.5 柔性电子增材制造案例

7.5.1 柔性相控阵天线增材制造案例

柔性相控阵天线（FPAA）是利用先进成形工艺将柔性多层基板、低剖面柔性天线阵列（及其馈电网络）、柔性冷板（及其防护结构）及柔性微波组件等进行高密度集成而制造的一种可折叠、可弯曲变形的新型天线，具有质量轻、形态可变、功能可重构，以及结构—功能—防护一体化等特点。柔性相控阵天线不仅能够与装备平台实现高度融合与共形，而且兼具电磁信号收发、波束扫描、散热与承载等功能。柔性相控阵天线是新一代无人预警监视系统、浮空器预警探测系统、星载轻质高效一体化雷达、太阳能无人机等高性能装备信息感知系统的核心，更是高性能装备制电磁权、制信息权的重要体现，具有广泛而迫切的需求。柔性相控阵天线在高性能装备信息感知系统中的应用如图 7.11 所示。

（a）新一代无人预警监视系统　　　　　　　　（b）浮空器预警探测系统

（c）星载轻质高效一体化雷达　　　　　　　　（d）太阳能无人机

图 7.11　柔性相控阵天线在高性能装备信息感知系统中的应用

　　柔性相控阵天线结构如图 7.12 所示。其中，封装功能层主要由柔性防护蒙皮、柔性蜂窝夹层及微结构覆层组成。射频功能层具有电磁波的激励、传输、幅度/相位控制及辐射等功能，由辐射单元阵列、电磁发射和接收（T/R）组件、馈电网络组成，通常为多层互连微波电路。柔性冷板（散热功能层）主要用于散热，不仅要避免有源器件过热损坏，而且要保持柔性相控阵天线温度均匀，从而保证各单元激励的幅度和相位一致，以实现精确的波束合成。波束控制层主要由微波电路组成，通过控制射频功能层中各电磁 T/R 组件的相位来实现波束扫描功能。

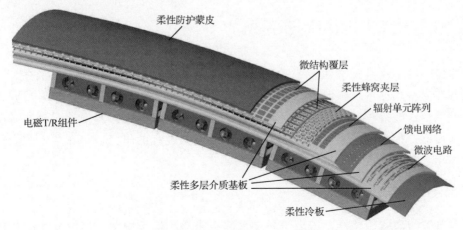

图 7.12　柔性相控阵天线结构

柔性相控阵天线具有两个重要特征。一是多功能综合一体化，即目标探测、精确制导、电子对抗、通信指挥等功能共用一副天线，这要求射频系统高密度、轻薄化；二是结构功能一体化，即柔性多层介质基板、柔性冷板与微波电路、馈电网络高度融合，这要求结构高精度、电路抗干扰、散热高效能。目前，对于柔性相控阵天线这种力、电、热高度融合的多层高密度异质异构功能件，尚无有效且成熟的制造工艺。微滴喷射与紫外固化/激光烧结相结合的一体化成形工艺是一种极具潜力的机电热集成制造方式，其可将柔性多层介质基板、柔性冷板和柔性防护蒙皮通过紫外固化成形，将辐射单元阵列、馈电网络和微波电路通过激光烧结成形，最终通过贴装柔性微波组件实现多层高密度柔性相控阵天线的一体化成形。

美国德克萨斯大学在聚酰亚胺薄膜上利用纳米银溶液打印了柔性相控阵天线的辐射单元、传输线和移相器，并利用碳纳米管打印了薄膜晶体管的源极、漏极和栅极，最后对所研制的 4×4 阵列柔性相控阵天线在微波暗室进行了性能测试，验证了采用微滴喷射成形制造完整柔性相控阵天线的可行性，为大面积共形天线系统的开发和部署奠定了基础。微滴喷射成形的柔性相控阵天线如图 7.13 所示。

（a）4×4阵列柔性相控阵天线　　　　　　（b）远场方向图测试

图 7.13　微滴喷射成形的柔性相控阵天线

7.5.2　柔性传感器增材制造案例

柔性传感器不仅具有普通传感器的优点，而且具有良好的柔韧性、保形性、变形能力，能够在复杂表面进行检测，广泛应用于接触式测量、无损检测、机器人皮肤、生物传感器、柔性天线等领域。近年来，柔性传感器已从单纯的传感器设计研制发展成为对涉及触觉传感、控制、信息处理等较复杂的系统及其过程的研究，并在柔性力敏材料、多功能传感器等方面取得了较大的研究进展。

1. 人造电子皮肤

作为典型的力敏传感器，人造电子皮肤将在未来机器人中得到广泛采用。目前，人造电子皮肤在压力、温度感知方面已经取得飞速发展，但是大面积柔性皮肤传感器一直发展较慢。敏感皮肤通常由成千上万个压力传感器组成，需要柔软可变形的切换控制阵列，而集成有机晶体管和橡胶压力传感器为人造皮肤提供了解决方案。基于有机薄膜晶体管（OTFT）的有源阵列传感器具有诸多优势：OTFT 可以在室温下在塑料薄膜上制造；有源阵列传感器可以通过电学表征直接获取多个不同的物理参数，属于多参数传感器，可以利用变量组合对所要测量的参数进行表征；有源阵列传感器可以综合切换和感知功能，并且可以在有限空间中实现感知阵列。人造电子皮肤如图 7.14 所示。图 7.14（a）为人造电子皮肤实物，有机晶体管用于读取传感器的压力分布，除了电极，其他部分采用软材料，整个器件具有良好的弯曲性能，其制造工艺流程如图 7.14（b）所示：①在 PEN（聚萘二甲酸乙二醇酯）薄膜上进行通孔，在薄膜两面沉积 150nm 的 Au 薄膜和 5nm 的 Cr 薄膜，其中一侧 Au 薄膜作为晶体管栅极；②通过旋涂工艺制备 500nm 的 PI（聚酰亚胺）层作为栅极绝缘层，通过激光去除部分 PI 层实现通孔；③利用真空蒸发系统沉积 50nm 并五苯，然后通过掩膜沉积 50nm 的 Au 薄膜作为源/漏极；④压敏橡胶板和附着在 PI 薄膜上的铜电极实现与带有晶体管的 PEN 薄膜底部接触；⑤制备 32×32 传感器阵列（比例条为0.5mm）；⑥为传感器局部放大图，其面积为 2.54cm×2.54mm（比例条为 0.5mm）。

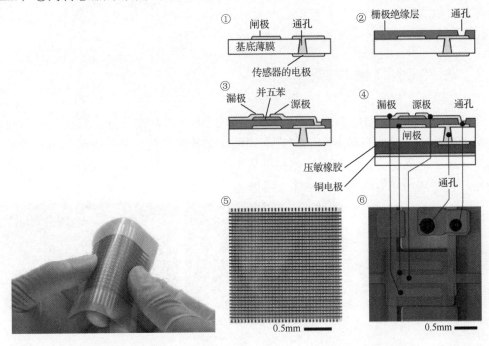

（a）人造电子皮肤实物　　　　　（b）制造工艺流程

图 7.14　人造电子皮肤

2. 柔性压力传感器

柔性压力传感器从传感机理上可分为压阻式、电容式、压电式等。其中，压阻式柔性压力传感器是基于压阻效应实现的，当其受到压力时，该传感器整体的电阻值会发生相应改变，由此便可以通过测量电阻值的大小反推压力的大小。压阻式柔性压力传感器由于具备信号采集容易、制备简单、灵敏度高等突出优点，是目前研究和应用最广泛的一种柔性压力传感器。压阻式柔性压力传感器的研究思路主要有两个：一是对压阻结构进行结构化设计，以某种形式建立压力与电阻/接触电阻的线性关系；二是采用本身具有明显压阻效应的三维多孔材料制备可大变形的压力传感器。

对于基于微结构和导电材料的柔性压力传感器，微结构和导电材料是两个非常关键的因素。其中，微结构的作用是帮助传感器在受到外界压力时产生更大的接触电阻变化，从而提高传感灵敏度；导电材料的作用是赋予柔性压力传感器整体的导电能力。一些热门的新材料被应用于柔性压力传感器，以实现优异的导电能力，如石墨烯、rGO（还原氧化石墨烯）、CNT（碳纳米管）、Ag 纳米线和 Au 纳米线等；同时通过复杂的微纳加工工艺，制备出具有微米尺度的金字塔状、柱状、半球状及互锁等结构的柔性衬底，展示了各种高灵敏度、低探测极限、宽探测范围的柔性压力传感器。这些形式的柔性压力传感器主要通过一些新导电材料与弹性变形材料的混合形成非均匀导电网络，当该导电网络受到压力时，内部导电交联通道或界面配对导电通道会发生变化。三维多孔压阻材料，如石墨烯聚氨酯海绵、碳黑聚氨酯海绵、碳纳米管聚合物海绵、碳气凝胶等，其疏松多孔的结构特性具有很大的变形能力和优异的压阻特性，用于柔性压力传感器时无须特别设计复杂的微结构来调整其传感灵敏度，制备难度相对较低。此类材料还具有质轻、疏水、大比表面、低导热系数等优点，在很多领域都可应用。

7.5.3　柔性 OLED 增材制造案例

有机发光二极管（OLED）因具有能耗低、色彩丰富、柔性好、对比度高、视场角大等优点而被广泛关注和研究，已在显示领域（如智能手机、平板电脑、电视等）及照明领域（如平面光源、车尾灯等）得到了应用。尤其是其可折叠的特点，使其在新一代智能显示领域应用潜力巨大。OLED 应用如图 7.15 所示。

（a）折叠屏手机　　　　　　（b）曲面显示系统　　　　　　（c）汽车尾灯

图 7.15　OLED 应用

喷墨打印是一种高精密、无需掩膜版的图案化直写技术，具有工艺简单、成本低、适合大面积制备等优势，已广泛应用于电子制造行业。虽然喷墨打印的蓝光 OLED 器件与实际应用差距较大，但是红光 OLED 器件和绿光 OLED 器件在 HDR1000[①]下的 T95 寿命均已超过 10000h，显示出巨大的商业化应用前景。

---

① HDR1000 是一个与高动态范围相关的技术标准。具体来说，HDR1000 表示显示器件至少能够显示 1000 尼特的峰值亮度。

目前，喷墨打印 OLED 技术已经取得了部分进展。2020 年，京东方公司用喷墨打印技术制备了 55 英寸的 8K OLED 电视。中国台湾友达公司也展出了 17.3 英寸的高分辨率（255 PPI[①]）喷墨打印 OLED 电视，亮度达到 350cd/m²，色域大于 100% NTSC[②]。根据打印材料的不同，喷墨打印 OLED 分为聚合物（Polymer-OLED）和小分子（SM-OLED）两种。由于发光原理不同，喷墨打印 OLED 又分为荧光、磷光和 TADF（热活化延迟荧光）3 种[③]。目前，打印墨水以荧光和磷光为主，部分企业已在开发 TADF 墨水材料，但距离应用较远。

随着喷墨打印设备及有机墨水材料的持续发展，喷墨打印 OLED 在 2017 年前后达到了蒸镀 OLED 在 2010 年左右的水平，在分辨率和效率上大约达到蒸镀 OLED 在 2012 年的性能。在大尺寸显示领域，与白光 OLED 及 LCD（液晶显示器）相比较，喷墨打印 OLED 可以完全覆盖高分辨率的产品，因此，其具备了产业化应用的基础，应用前景巨大，也是当前显示行业的重点研究方向。

7.6 小结

本章首先介绍了柔性电子增材制造所需的各类绝缘、导电和半导体材料，以及微滴喷射、电喷印和直写等增材制造工艺，为各类新型柔性电子系统的一体化成形奠定了材料和工艺基础。其次，以柔性能源器件和薄膜晶体管为例，系统阐述了柔性电子增材制造的基本过程。最后，针对柔性电子领域关注较多的柔性相控阵天线、柔性传感器和柔性 OLED，给出了相应的增材制造案例。

参考文献

[1] 冯雪. 柔性电子技术[M]. 北京：科学出版社，2021.

[2] Y.A. Huang, Y.W. Su, S. Jiang. Flexible electronics: theory and method of structural design[M]. Beijing: Science Press, 2022.

[3] W.S. Wong, A. Salleo. Flexible electronics: materials and applications[M]. New York: Springer, 2009.

[4] D.H. Kim, J.H. Ahn, W.M. Choi, et al. Stretchable and foldable silicon integrated

---

① PPI 为像素密度单位，表示每英寸所拥有的像素数量。

② NTSC（National Television System Committee）色域是一种常见的色域标准，主要应用于电视和视频领域。

③ 单重态向基态跃迁所发出的光称为荧光。三重态向基态跃迁所发出的光称为磷光。TADF 材料的发光原理：处于三重态的电子可以通过逆系间跨越回到单重态，并从单重态跃迁回基态并发出荧光。

circuits[J]. Science, 2008, 320(5875): 507-511.

[5] 郑宁，黄银，赵莺，等. 面向柔性电子的形状记忆聚合物[J]. 中国科学：物理学 力学 天文学，2016, 46(4): 8-17.

[6] 李润伟，刘钢. 柔性电子材料与器件[M]. 北京：科学出版社，2019.

[7] T. Cheng, Y.Z. Zhang, W.Y. Lai, et al. Stretchable thin-film electrodes for flexible electropics with high deformability and stretchability[J]. Advanced Materials, 2015, 27(22): 3349-3376.

[8] C. Tong. Advanced materials for printed flexible electronics[J]. Switzerland AG, Springer, 2022.

[9] D.H. Kim, J.L. Xiao, J.Z. Song, et al. Stretchable, curvilinear electronics based on inorganic materials[J]. Advanced Materials, 2010, 22(19): 2108-2124.

[10] A.J. Baca, M.A. Meitl, H.C. Ko, et al. Printable single-crystal silicon micro/nanoscale ribbons, platelets and bars generated from bulk wafers[J]. Advanced Functional Materials, 2007, 17(16): 3051-3062.

[11] J. Lee, J. Wu , M.X. Shi, et al. Stretchable GaAs photovoltaics with designs that enable high areal coverage[J]. Advanced Materials, 2011, 23, 986-991.

[12] J. Nu, S.H. Wang, G.J.N. Wang, et al. Highly stretchable polymer semiconductor films through the nanoconfinement effect[J]. Science, 2017, 355(6320): 59-64.

[13] M. Ramadan, R. Dahle. Characterization of 3-D printed flexible heterogeneous substrate designs for wearable antennas[J]. IEEE Transactions on Antennas and Propagation, 2019, 67(5): 2896-2903.

[14] 尹周平，黄永安. 柔性电子制造：材料、器件与工艺[M]. 北京：科学出版社，2017.

[15] H. Wu, Y. Tian, H.B. Luo. Fabrication techniques for curved electronics on arbitrary surfaces[J]. Advanced Materials Technologies, 2020, 2000093: 1-29.

[16] Z.P. Yin, Y.A. Huang, Y.Q. Duan. Electrohydrodynamic direct-writing for flexible electronic manufacturing[M]. Singapore Pte Ltd: Springer, 2018.

[17] L.B. Hu, H. Wu, F.L. Mantia. Thin, Flexible secondary li-lon paper batteries[J]. ACS Nano, 2010, 4(10): 5843-5848.

[18] A.J. Baca, K.J. Yu, J.L. Kiao, et al. Compact monocrystalline silicon solar modules with high voltage outputs and mechanically flexible designs[J]. Energy & Environmental Science, 2010, 3(2): 208-221.

[19] J. Lee, J. Wu, M.X. Shi, et al. Stretchable GaAs photovoltaics with designs that enable high areal coverage[J]. Advanced Materials, 2011, 23(8): 986-991.

[20] T. Someya, T. Sekitani, S. Iba, et al. A large-area, flexible pressure sensor matrix with organic field-effect transistors for artificial skin applications[J]. PNAS, 2004, 101(27): 9966-9970.

Chapter **8**

第8章

复合材料成形技术

8.1　概述

本章复合材料主要是指连续纤维作为增强材料的一类复合材料。按增强纤维类型不同，复合材料可分为碳纤维增强复合材料、玻璃纤维增强复合材料、芳纶纤维增强复合材料、碳化硅纤维增强复合材料等。按基体类型不同，复合材料可分为树脂基复合材料、碳基复合材料、陶瓷基复合材料、金属基复合材料等。其中，树脂基复合材料是目前发展最迅速、应用最广泛的一类复合材料，本章涉及的复合材料主要指树脂基复合材料。

树脂基结构吸波复合材料在飞机、战舰、导弹上的应用，可以显著提高装备的生存能力和突防能力。F-22"猛禽"战斗机采用了先进的隐身/气动一体化外形技术、吸波材料技术和推力矢量技术，兼具隐身性和高机动性，其雷达散射截面积可以达到 $0.1m^2$ 以下，是目前世界上最先进的隐身战斗机之一。一架 F-22"猛禽"战斗机的作战效能优于几十架第三代战斗机。

树脂基结构透波复合材料是预警机等电子探测和电子战飞机不可缺少的电磁窗口材料，对于保障天线的可靠性和实现高灵敏探测具有非常重要的作用。

树脂基结构阻燃和导电复合材料明显提高了机舱内复合材料的阻燃性能和结构复合材料的抗雷击性能，支撑了波音787等民用飞机大量应用复合材料，有效降低了飞机的结构质量系数。

树脂基智能复合材料可应用于航空领域多用途、多形态仿生智能变形飞行器，以及深空探测航天运载飞行器等，能够根据飞行环境、飞行剖面和飞行任务的需要进行自适应变形，使飞行航迹、飞行高度和飞行速度等机动多变、灵活自如，发挥飞行器最优的飞行性能。同时，树脂基智能复合材料可应用于可展开太阳能电池板、可展开天线、可展开桁架、可展开梁等空间可展开结构，实现上述空间可展开结构在发射前有效地折叠封装，在进入空间轨道后可靠有效地展开。

从 20 世纪 60 年代开始应用以来，树脂基复合材料已经逐步走向成熟，其在航空领域的大量应用不仅减轻了结构质量，而且通过气动剪裁设计解决了飞行器颤振等问题，有效提升了航空装备的性能，已经成为航空航天领域不可或缺的关键材料之一。树脂基复合材料具有持续发展的潜力。例如，碳纳米管等新型增强材料的出现，以及结构功能一体化复合材料的发展等，有望大幅度提高树脂基复合材料的性能和应用效能。

8.2 电子设备常用的复合材料

树脂基复合材料具有性能可设计性，使其不仅具有优异的力学性能，而且具有许多其他性能，如声、光、电、磁、热等，在航空航天等领域的应用日益广泛，对提升武器装备的生存力与战斗力具有重要作用。树脂基结构吸波复合材料是兼具承载能力和雷达波吸收能力的一类结构功能一体化复合材料，其具备吸收频带宽、吸收效率高等特点，不仅可以明显降低飞行器的雷达散射截面积（RCS），而且可以实现结构减重，是武器装备实现轻量化和隐身功能的关键材料，可大幅提升战斗机的生存能力和突防能力。树脂基结构透波复合材料是指在宽频带具有良好的透波性能，同时具有较好力学性能的一类结构功能一体化复合材料。该复合材料在预警机等电子设备中，既作为飞行器的结构部件承受气动载荷，保护雷达天线免受环境暴露和气动热的直接影响，又为雷达波提供了发射和接收的电磁窗口，是装备提升环境适应性和探测能力的关键材料。图 8.1 为采用树脂基结构透波复合材料制造的预警机天线罩。图 8.2 为树脂基防热复合材料在美国"洞察"号火星探测器热防护系统中的应用。统计表明，在第四代隐身战斗机中，结构功能一体化复合材料占其复合材料总体用量的 30%左右；在先进电子探测和电子战飞机中，结构功能一体化复合材料用量更高，能够达到复合材料总用量的 60%以上。

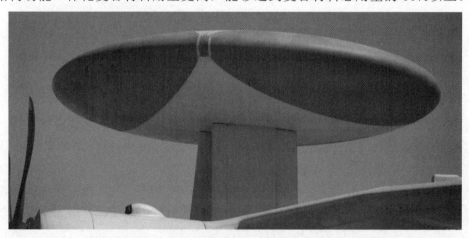

图 8.1　采用树脂基结构透波复合材料制造的预警机天线罩

图 8.2　树脂基防热复合材料在美国"洞察"号火星探测器热防护系统中的应用

结构功能一体化复合材料已成为高性能电子设备研制中一类重要的复合材料，其增强纤维主要包括碳纤维、玻璃纤维和芳纶纤维。增强纤维是指长度大于 $100\mu m$、长径比大于 10、分散在基体中，以及能强化复合材料基体的丝状材料。增强纤维的特性有时直接决定了复合材料的性能和应用。因此，复合材料对增强纤维除了有力学性能的要求，还特别强调增强纤维的质量稳定性、性能分散性、工艺适宜性，在某些条件下还要求其具有特殊性能（如耐高温、抗氧化、可吸收雷达波等）。

8.2.1　碳纤维增强复合材料

碳纤维"外柔内刚"，密度比金属铝小，但强度却高于钢铁，在国防军工和民用方面有广泛应用。碳纤维不仅具有碳材料的固有特性，而且具有纺织纤维的柔软可加工性，是新一代增强纤维。碳纤维具有许多优良性能，如轴向强度和模量高、密度低、比性能高、无蠕变，在非氧化环境下耐超高温、耐疲劳性好，比热及导电性介于非金属和金属之间，热膨胀系数小且具有各向异性，X 射线透过性好等。同时，碳纤维具有良好的导电和导热性能，以及电磁屏蔽性好等。碳纤维与玻璃纤维相比，弹性模量是其 3 倍多；碳纤维与芳纶纤维相比，弹性模量是其 2 倍左右。碳纤维在有机溶剂、酸、碱中不溶不胀，耐腐蚀性突出。

8.2.2　玻璃纤维增强复合材料

玻璃纤维主要用于制备树脂基结构透波复合材料（如雷达罩），具有优异的强度、不生锈、不燃烧，以及可耐除强酸和强碱外其他化学试剂的腐蚀。和其他纤维一样，玻璃纤维可以编织成玻璃布。玻璃纤维增强热固性复合材料已应用于电绝缘材料、绝热保温材料、电路基板等，其化学稳定性取决于多个因素，包括玻璃纤维的种类、树脂基体、玻璃纤维的表面处理剂、复合材料的边缘密封和使用的表面涂层等。

8.2.3　芳纶纤维增强复合材料

芳纶纤维是一种新型高科技合成纤维，具有强度超高、模量高、耐高温、耐腐蚀（耐酸耐碱）、密度小等优良性能。其强度是钢丝的 5～6 倍，模量为钢丝或玻璃纤维的 2～3 倍，韧性是钢丝的 2 倍，而密度仅为钢丝的 1/5 左右。在 560℃的温度下，芳纶纤维不分解、不融化。芳纶纤维具有良好的绝缘性和抗老化性，具有较长的生命周期。芳纶纤维是重要的国防军工材料，美、英等发达国家的防弹衣均为芳纶纤维材质。芳纶纤维防弹衣和头盔的轻量化，有效提高了军队的快速反应能力和杀伤力。此外，其介电常数小、介质损耗低，可作为树脂基结构透波复合材料用增强材料。

8.3　复合材料典型成形技术

复合材料成形技术在很大程度上决定了复合材料构件的质量、成本和性能。复合材料成形技术主要包括纤维缠绕成形技术、RTM 树脂传递模塑成形技术、自动铺放成形技术、拉挤成形技术和热压罐成形技术等。根据不同类型的复合材料、不同形状的构件，以及对构件质量和性能的不同要求，复合材料可采用不同的成形技术。本节主要介绍纤维缠绕成形技术、自动铺放成形技术和热压罐成形技术。

8.3.1　纤维缠绕成形技术

纤维缠绕成形是在专门的缠绕机上，将浸渍树脂的纤维均匀地、有规律地缠绕在一个转动的芯模上，最后固化、除去芯模获得制件。大部分的纤维缠绕机有 2 个自由度，即芯模转动和绕丝头平移。随着控制系统水平的提高，绕丝头可以进行附加运动，如水平或垂直运动及 3 个绕丝头同时转动。

纤维缠绕成形的主要优点是可以精确地将纤维束铺放在转动的芯模上。缠绕角的大小只需直接调节芯模转动速率和通过链带动的绕丝头的平移速度。缠绕机的控制系统可以为机械控制或数值控制（以下简称"数控"）。机械控制缠绕机的主要缺点是不能快速转换缠绕角，以及调整缠绕角时需更换齿轮、调整张紧轮/链条（往往需要数小时）。数控缠绕系统能够快速地改变或存储缠绕花样，通过调整绕丝头，可以精确地将纤维缠绕到芯模上；甚至可编制一个非线性缠绕程序以完成复杂形状制件的缠绕。图 8.3 为纤维增强复合材料数控缠绕机。

任何形式的纤维缠绕成形都是由芯模与绕丝头做相对运动来完成的。如果纤维无规则缠绕，势必出现纤维在芯模表面离缝或重叠，以及纤维滑线不稳的现象。显然，这不能满足产品的设计要求和使用要求。因此，要求芯模与绕丝头按一定的规律运动，并满足两点要求：纤维既不重叠又不离缝，均匀连续缠满芯模表面；纤维在芯模表面位置稳定且不打滑。

图 8.3　纤维增强复合材料数控缠绕机

　　纤维在芯模表面满足上述条件的排布规律,以及为实现排布规律,绕丝头与芯模的相对运动关系称为缠绕线型(缠绕规律)。制件的结构形状及尺寸不同,则缠绕线型不同,因此,为实现既定的排布规律,缠绕设备的绕丝头与芯模的相对运动也不同。不同缠绕线型的实现,通常是以芯模的旋转运动与绕丝头的单坐标(或多坐标)直线运动和旋转运动相耦合来完成的。因此,缠绕机必须具有两个基本运动,即芯模绕其轴线的匀速旋转运动与绕丝头(小车)沿平行芯模轴线方向的直线运动,只要控制这两个运动的相对关系——传动比及小车停角,缠绕机即可按规定线型缠绕。纤维缠绕工艺过程要控制缠绕张力、缠绕速度、缠绕角度、纱片宽度等,才能使其按照设计的缠绕线型进行缠绕,保证制件质量。不同缠绕工艺参数对复合材料制件性能有不同的影响。复合材料缠绕成形工艺示意如图 8.4 所示。

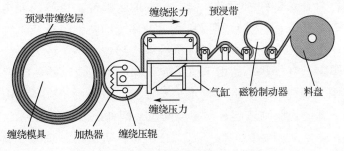

图 8.4　复合材料缠绕成形工艺示意

　　纤维缠绕成形工艺制备的复合材料适用于各种回转体结构件,其中最具代表性的产品是固体火箭发动机燃烧室壳体。目前,各国先进发动机燃烧室壳体几乎均采用纤维缠绕成形工艺制备的复合材料制造,导弹的运输发射筒、舱段、级间段也多采用纤维缠绕成形工艺制备的复合材料。同时,复合材料高压气瓶、液体燃料贮箱、飞机进气道、机身筒体等也可采用纤维缠绕成形工艺制造。美国"北极星 A3"发动机、法国"阿里安-5"运载火箭助推发动机和欧洲航天局"织女星"火箭的三级发动机壳体均采用碳纤维缠绕成形技术。"织女星"I 级发动机壳体采用了 IM7 碳纤维,直径达到 3m,长度为 10.54m,

质量比为 0.92。"织女星"Ⅱ级发动机 Zefiro23 壳体采用 T1000G 碳纤维，长度约为 7.4m，直径约为 2m，在 75s 内可燃烧 24t 固体推进剂，能产生 100tf①的推力。"织女星"Ⅲ级发动机 Zefiro9 壳体同样采用 T1000G 碳纤维，固体火箭发动机装有 10t 推进剂，可提供 305kN 的最大推力。

多轴纤维缠绕成形技术的出现有效地提高了生产效率，多轴数控缠绕机如图 8.5 所示。多轴数控缠绕机的外接轴由一个主驱动齿轮驱动，而主驱动轴则和滚轮单元相匹配。这种设备可同时缠绕多个形状相同、体积较小的制件，较大的复合材料制件很少利用多轴数控缠绕机制备。多轴数控缠绕机通常有两个自由度，如果在垂直驱动轴上安装一个纤维绕丝嘴，使纤维绕丝沿缠绕轴方向运动，这一运动可形成第三个自由度。多轴数控缠绕机的缺点是调试时间较长及维护比较困难。

图 8.5   多轴数控缠绕机

热塑性复合材料具有良好的力学性能、较高的耐温性、良好的介电常数和良好的可循环性，尤其是其可回收、可重复利用和不污染环境的特性，适应了当今环境友好材料的发展方向。近年来，热塑性复合材料纤维缠绕成形技术逐渐成为复合材料领域研究的热点之一。欧美国家已有一些产品用于航空航天和民用领域，如美国应用 CF/PEEK（碳纤维增强聚醚醚酮）缠绕工艺制造飞机水平安定面，德国用 CF/PA（由碳纤维和聚酰胺组成的复合材料）缠绕管件制造超轻质自行车等。国外已有杜邦公司（美国）、帝国化学公司（英国）、BASF 公司（德国）等多家大公司和科研机构对热塑性复合材料的纤维缠绕成形工艺进行了研究和生产实践。

8.3.2   自动铺放成形技术

复合材料构件自动铺放成形技术是替代热压罐成形工艺过程中预浸料人工铺叠，提高构件质量和生产效率的重要手段。根据预浸料形态的不同，自动铺放可分为自动铺带与自动铺丝两类，其共同特点是自动化快速铺放、质量可靠，主要适于大型复合材料构

---

① tf 是工程单位制中力的主单位，意为吨力。1tf=9800N。

件。自动铺带主要用于小曲率曲面构件（如翼面、壁板）的铺放，由于使用较宽的预浸带，因而铺放效率高。自动铺丝主要用于复杂形状双曲面（如机身、翼身融合体）的铺放，适应范围宽，但其铺放效率低于自动铺带的铺放效率。

1. 自动铺带技术

自动铺带采用有隔离衬纸的单向预浸带（长度为 25～300mm，常用宽度为 75mm、150mm、300mm），由多轴机械臂（龙门或卧式）完成铺放位置定位，由铺带头完成预浸带输送剪裁、加热、铺叠与辊压，整个过程采用数控技术自动完成。自动铺带技术原理如图 8.6 所示。

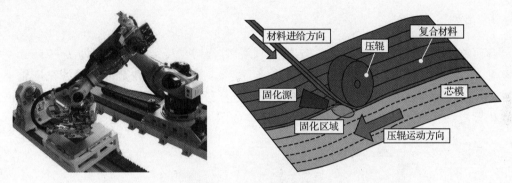

图 8.6　自动铺带技术原理

自动铺带技术是采用数控铺层设备，通过数字化、自动化的手段实现复合材料预浸带（以下简称"预浸带"）的连续自动切割和铺放。主要工作过程如下：将预浸带安装在铺放头中，预浸带由一组滚轮导出，并由压紧滚轮或可随形机构压紧在模具或已铺好的预浸料片上，切割刀将预浸带按设定好的方向切断。预浸带铺放的同时，回料滚轮将预浸带背衬材料回收。预浸带在铺叠过程中，通过对铺放速率、铺放温度和铺放压力等工艺参数的优化调整，可使预浸带处于适于铺叠成形的状态，保证预浸带的铺放质量。其中，铺放速率一般可根据铺带设备、铺放构件的外形复杂程度等实际因素确定；铺放温度可根据预浸带基体树脂的性能确定；铺放压力则由模具上的铺放路径和预浸带输送系统的张力等因素共同确定。

预浸带黏性（铺覆性）的大小直接影响铺层质量和铺放过程。黏性过大，预浸带难以与背衬纸剥离；黏性过小，则预浸带无法在压力作用下靠自身的黏性贴覆在模具表面，会出现预浸带在模具表面打滑现象。为保证在铺放过程中预浸带与背衬纸的顺利剥离，以及与铺层间的良好黏附和舒展铺贴，需优化铺放温度，并调节预浸带与预浸带及预浸带与背衬纸之间的黏性。

在自动铺带过程中，预浸带的切割是铺放的关键技术。预浸带有两种切割模式：一是分离剪切模式，即先将预浸带与背衬纸分离，用剪切方式完成预浸带的切割后，再将预浸带与背衬纸重新贴合；二是精密切割模式，利用旋片刀或超声刀完成预浸带的切割，不伤及背衬纸。超声切割不仅可控性好、切割质量高，而且可通过三轴进给系统实现曲面边界的切割，因此，超声切割是精密切割的首选切割技术。

采用自动铺带技术可以提高生产效率和减少原料浪费，从而降低复合材料构件的制造成本。有研究表明，手工铺叠复合材料效率为 3lb/h[①]，而自动铺带技术效率能达到 15～30lb/h；采用手工铺叠的复合材料废料量为 15%～20%，而采用自动铺带技术的复合材料废料量约为 5%。此外，自动铺带的定位精度高于手工铺叠定位精度的两个量级以上。

自动铺带机分为平板式自动铺带机和曲面自动铺带机两种。平板式自动铺带机有 4 个联动轴，主要适用于平板或小曲率机翼壁板的制造；曲面自动铺带机有 5 个联动轴，适用于单曲面中等曲率壁板（如大尺寸机身）的制造。自动铺带机由台架系统（平行轨道、横梁及立杆）、铺带头和独立工作单元组成，分为单架式和双架式两种。其中，双架式自动铺带机的特点是机器长度可调，适用于连续操作和大尺寸机翼蒙皮的铺放。

2．自动铺丝技术

自动铺丝采用多束（最多可达 32 根）预浸纱/分切预浸窄带（长度为 3～25mm，常用宽度为 3.20mm、4.35mm），分别独立输送、切断，由铺丝头将数根预浸纱在压辊下集束成为一条宽度可变的预浸带（宽度通过控制预浸纱根数调整）后铺放在芯模表面，加热软化预浸纱并压实定型。自动铺丝技术原理如图 8.7 所示。

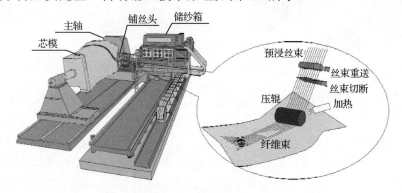

图 8.7　自动铺丝技术原理

预浸丝束的制备方法主要有直接预浸法和分切法两种，这两种方法各有优缺点。直接预浸法是将纤维束直接预浸树脂并通过整型制备预浸丝束，其可以很方便地获得连续长度的预浸丝束，对设备的要求不高，但树脂含量和丝束宽度较难控制，对于构件的质量有不利影响。分切法是在传统预浸料的基础上进行准确分切的，对于树脂含量和丝束宽度可进行较为精确的控制，但分切可能使丝束产生毛边或断丝现象，同时树脂预浸效果控制和制备连续长度的预浸丝束也较为困难，这对分切和复绕设备提出了较高的要求。目前分切法制备预浸丝束应用较为广泛。

采用铺放软件编制构件铺放程序时，构件几何形状必须用 CAD 系统描述。铺放模具必须包含铺放表面、铺层边界、纤维参考线、铺放起始点和模具定位点等的描述和定义。这些元素需用合适的标识标明，转换程序才能识别 CAD 数据，并输入离线程序中。

---

① lb/h 是质量流量单位，意为磅/时。1lb/h=0.4536kg/h。

铺放模具的 CAD 标记如图 8.8 所示。

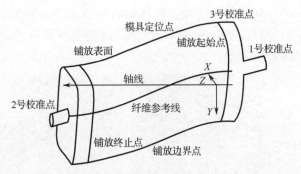

图 8.8　铺放模具的 CAD 标记

铺放表面描述铺层所在的表面位置。每个铺放表面的边缘必须连续，不存在间隙和重合，并比最大铺层边界大。铺层边界定义为丝束材料表面铺放限制区域。铺层边界用铺放表面的复杂曲线描述。纤维参考线定义为铺层 0°方向。路径生成模块用纤维参考线确定铺层纤维路径方向。纤维参考线可以是直线，也可以是复杂曲线。铺放起始点是铺层的起点。每个铺层需要一个铺放起始点，铺层纤维路径规划便从铺放起始点开始。值得注意的是，相同方向的铺层通过在铺层纤维路径法线方向上偏移 1.5 倍的丝束宽度，使各层相对应丝束交错排列。模具定位点用于芯模坐标系统和机械系统的转换。自动丝束铺放软件纤维路径生成模块读入铺放表面、纤维参考线、铺放起始点等参数，并自动以纤维路径布满铺层区域。

自动丝束铺放设备（如图 8.9 所示）一般有 7 个运动轴，包含构件支撑机构、铺放执行机构、原材料供给机构、控制及辅助机构、铺放头机构等。其中，构件支撑机构的主要功能是支撑并固定复合材料构件芯模，带动芯模运动，从而实现较复杂的铺放轨迹。

图 8.9　自动丝束铺放设备

铺放头是自动丝束铺放设备的核心部件，其作用是将预浸丝束铺放到芯模表面。典型的铺放头结构如图 8.10 所示。铺放头集施压、加热、剪断、重送、夹紧、张力控制等功能于一体，是铺放设备的核心部件。在进行铺放时，首先，热塑性预浸带从带辊出发，绕过导向辊进入跳辊，跳辊与气缸相连为预浸带提供张力。然后，预浸带沿导向槽依次经过夹紧机构、重送机构、剪切机构，这些机构将预浸带处理为所需要的长度。最后，在热风加热器的作用下，树脂熔化变软；在压辊机构作用下，预浸带与基底紧密接触；经过一定的温度和压力历程，预浸带与基底熔合。铺放头经过后，结合体自然冷却硬化，形成坚固的热塑性复合材料制品。

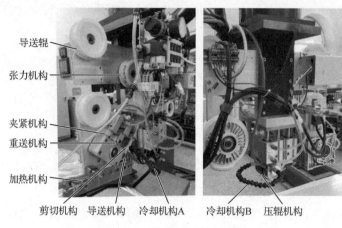

图 8.10　典型的铺放头结构

8.3.3　热压罐成形技术

热压罐成形技术是目前国内外复合材料最成熟、高性能电子设备领域应用最为广泛的成形技术，大型反射面天线面板、天线罩、飞行器智能蒙皮等大量构件均采用热压罐成形技术制造。图 8.11 为复合材料热压罐成形设备及其工作原理。热压罐是一个具有整体加热加压功能的大型密闭压力容器。为实现温度、压力和真空等工艺参数的时序化和实时在线控制，热压罐通常由多个不同功能的分系统组成，包括真空系统、加热系统[①]、加压系统、鼓风系统、冷却系统等。

（a）热压罐成形设备

图 8.11　热压罐成形设备及其工作原理

---

① 图 8.11（b）中的电热阻丝即为加热系统。

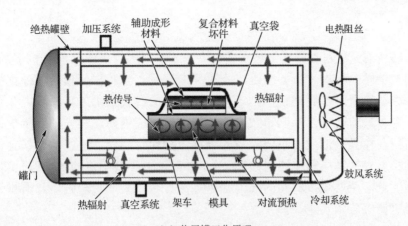

（b）热压罐工作原理

图 8.11　热压罐成形设备及其工作原理（续）

热压罐成形工艺过程如图 8.12 所示，主要包括预浸料下料、裁剪、铺贴、组装固化等。

预浸料下料　　　　裁剪　　　　铺贴　　　　组装固化

图 8.12　热压罐成形工艺过程

1. 预浸料下料

预浸料下料包括预浸料自动展开和自动排料。按照复合材料构件外形和设计要求进行曲面自动展开，形成每层预浸料的裁剪数模是预浸料下料的关键。复杂零件曲面的自动展开需要预先进行区域划分与剪口设计，这是进行自动裁剪的数字依据。制造复合材料构件用的编织纤维布或者预浸料是平面二维的，而要制造的复合材料构件通常是空间三维的，因此，使用自动裁剪设备剪裁预浸料之前，要先求取复合材料构件上每一区域三维铺层曲面对应的二维平面几何轮廓数据。

复合材料预浸料裁片的自动排料主要依赖于复合材料构件铺层排样软件，如 CATIA 中复合材料铺层设计模块及原美国 VISTAGY 公司的 FiberSIM 等软件实现。

2. 裁剪

裁剪可分为自动裁剪和手工裁剪。自动裁剪把预浸料放置在自动裁剪设备上，然后由自动裁床按生成的数模进行自动裁剪、编号和标记。手工裁剪将预浸料按照各层的铺层样板的纤维方向和尺寸进行剪裁，预浸料的纤维方向应严格符合样板，剪裁好的预浸料要逐层进行标记或编号，进行平面放置，纤维零度方向不允许预浸料拼接。

3．铺贴

开始铺贴之前，首先要进行工装准备。将工装表面用丙酮或其他有机溶剂擦洗干净，涂覆脱模剂或铺贴脱模布，小心擦洗，不可夹杂硬物，以免损伤模具型面。擦洗后涂覆脱模剂。如果要涂覆多次脱模剂，则等待前次涂覆的脱模剂晾干再涂覆。

铺贴分为激光辅助定位铺贴和按定位线或定位样板铺贴。激光辅助定位铺贴是按照激光定位系统在模具上形成的不同预浸料铺层方向和铺层轮廓进行的。按定位样板铺贴是按构件图样要求的铺层顺序逐层铺贴，对于铺贴位置不易确定的铺层须采用定位样板。铺贴时需要注意，两层预浸料间的气泡必须赶净，否则易产生缺陷。如需拼接预浸料，则各层间的拼接缝应相互错开。

为了使铺贴的预浸料中的空气尽可能少，可以在每铺贴 5～10 层进行一次抽真空压实，真空度达 0.094MPa 以上，保持 15～20min 后卸压并撕开真空袋。为减少制袋次数，每次抽真空后，将真空袋连同密封胶带从模具上揭开，真空袋可反复使用。

对上表面外形要求较高或不易加压的转角处，用未硫化的热膨胀硅橡胶制备传压垫。制备压力垫时，按构件形状铺贴、压实，同构件一起硫化，也可在构件固化前硫化。压力垫厚度按构件形状要求确定，压力垫材料选用热膨胀硅胶或未硫化橡胶片。为提高压力垫透气性，应在制备好的压力垫上开排气孔，排气孔的横向和纵向间隔均为 30mm，孔径为 2～3mm。

4．组装固化

构件铺贴完成后，按模具标示位置放置热电偶并用胶带固定，之后铺放各种辅助材料。常用的辅助材料分为隔离材料、吸胶材料、透气材料、密封材料和真空袋等。在构件边缘和表面阶差较大处，需留足够的真空袋余量，以防出现架桥现象和固化过程中真空袋破裂。真空袋用密封胶带压实贴紧，必要时可使用压边条和弓形夹夹持。组装完成后接通真空管路进行真空度检查：抽真空至 0.095MP 以上，保持 10min；关闭真空阀 5min 后，真空度下降不大于 0.01MPa 为合格。复合材料工艺组合示意如图 8.13 所示。

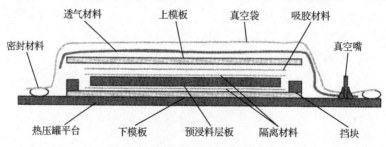

图 8.13　复合材料工艺组合示意

最后将工艺组合后的坯件送入热压罐，接通真空管路和热电偶，关闭罐门后固化，固化工艺参数按构件制造工艺规范进行。对于大厚度构件，在升温加压前，可抽真空 1～2h（真空压力为 0.09MPa），使铺层密实。此外，严格按照工艺文件和生产说明书控制温度、压力、时间、升温速率、加压温度和卸压温度。

完成固化后的复合材料构件应进行无损检测检验，评价构件中的缺陷是否在许可范围内。超声检测方法是复合材料构件最常用的无损检测方法。检验合格的构件需要再进行修整与附件装配。去除构件余量常用高压水切割装置、手提式风动铣刀或其他机械加工方法。为防止切割时构件分层，应在切割部位上、下表面加一层垫板并夹紧，对构件起到一定的保护作用。附件（如加强块、角材等）应按尺寸要求进行制孔、扩孔并装配，如加强块、角材等。根据构件材料选择相应的制孔工具，如高速合金钢钻头等。

8.4　纤维增强复合材料增材制造技术

复合材料领域已形成了一系列相对成熟的制造技术，如纤维缠绕成形技术、自动铺放成形技术和热压罐成形技术等。这些工艺对于推动复合材料的发展与应用起到了十分重要的作用，但长期以来，这些技术仍然有一些共性的缺点与不足，如对不同程度的专用模具存在依赖性。这一特点使得这一类成形工艺存在加工成本高、复杂零部件成形难、定制化产品的灵活性低等缺陷。因此，探索开发新的成形工艺以解决传统方式的不足，实现复合材料低成本、高效、快速制造，是推动复合材料在将来应用更为广泛的关键。增材制造技术是近年来发展起来的一种实体无模自由成形工艺，将这种成形工艺应用于纤维增强复合材料成形得到了学术界和产业界的空前关注。

8.4.1　短纤维增强复合材料增材制造技术

短纤维（长度为 0.2～0.6mm）增强复合材料的加工过程和基体树脂一样，可以采用注射成形、挤出成形等，不需要特殊的成形设备。短纤维在复合材料中呈均匀、无规则分布，具有较高的成形性。在性能方面，添加短纤维后，复合材料的性能会有较大的变化，通常在力学性能方面会有较大提升。同时，也可以添加一些特殊的短纤维以提高复合材料的功能性。例如，尼龙 6 用玻璃纤维增强后，其热变形温度可从 50℃提高到190℃以上；用短纤维增强后，可提高复合材料的导电性能等。

短纤维增强复合材料增材制造多采用激光粉末床熔融成形工艺，通常包含两个步骤：步骤一是通过一定的方式将短纤维与高分子基体进行混合，制备含有短纤维的复合粉末；步骤二是通过激光粉末床熔融成形工艺实现复合材料制件的成形。与结晶、半结晶高分子材料在激光粉末床熔融成形过程类似，纤维增强复合材料的激光粉末床熔融成形工艺也包含平整粉末床的形成、高分子的熔融、结晶及冷却等过程。除此之外，由于短纤维的存在，复合材料的粉末床熔融成形过程与单一高分子粉末的成形过程又有所不同。短纤维增强复合材料激光粉末床熔融成形工艺过程如图 8.14 所示。

1. 复合粉末制备

由于激光粉末床熔融成形以粉末状材料为原材料，并且复合粉末必须能够在铺粉机构的作用下形成平整密实的粉末床，故制备含有短纤维的复合粉末是进行复合材料激光粉末床熔融成形的第一步。复合粉末的制备可采用多种方法，其中，机械混合法可以很方便地制备复合粉末，适宜大批量生产。此外，也可以采用溶剂—沉降等化学方法制备纤维与高分子的复合粉末。

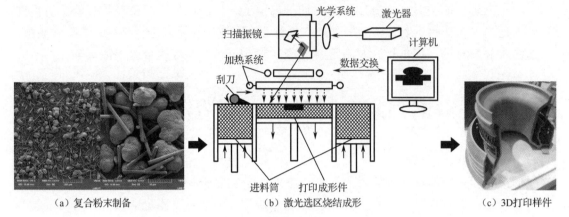

（a）复合粉末制备　　　　　　（b）激光选区烧结成形　　　　　　（c）3D打印样件

图 8.14　短纤维增强复合材料激光粉末床熔融成形工艺过程

2. 激光选区烧结成形

形成致密平整的粉末床之后，在扫描振镜的作用下，高强度激光能量扫描选定区域，被扫描的区域吸收激光能量，温度上升至复合粉末中高分子材料的熔融温度，高分子材料发生一系列物相变化，其变化过程可用半结晶高分子材料的典型差示扫描量热法（DSC）曲线来表示。

首先，在预热系统的作用下，成形腔内的粉末被加热并保持在预热温度状态。预热温度一般控制在材料的重结晶温度与熔融温度之间，在保证粉末床不发生结块的条件下，尽量接近熔融温度，以减少烧结区域和非烧结区域的温度差，降低制件的翘曲和收缩。

其次，高强度激光能量扫描选定区域，被扫描区域吸收激光能量，温度上升至高分子材料的熔融温度，高分子材料发生熔融与流动，在接近零剪切力的作用下，发生黏性流动，形成烧结颈，进而发生凝聚，实现单层形状的黏结成形。

最后，当激光扫描结束后，扫描区域的热量向粉末床下部传递，同时与粉末床上部发生对流和辐射，具有结晶能力的高分子材料在温度降低过程中，部分分子链进行规则排列，形成高分子晶体，随后在激光扫描区域发生固化。

值得注意的是，在激光选区烧结成形的过程中，短纤维一般不发生物相变化。但是由于短纤维的存在，会在一定程度上改变高分子粉末的光学、热传递、物相变化等特性，从而造成了纤维增强复合材料在激光粉末床熔融成形机理上的特殊性。

8.4.2　连续纤维增强复合材料增材制造技术

连续纤维（长度>15mm）增强复合材料的增强纤维是连续的，其力学性能远远高于短纤维增强复合材料。特别是由于预浸渍技术的改进，可以制备纤维含量较高的复合材料，其增强效果得到显著提高，甚至已经完全满足航空航天领域结构复合材料的力学性能指标。连续纤维增强复合材料增材制造技术原理如图 8.15 所示。以连续纤维干丝与热塑性树脂丝材为原材料，丝材通过送丝电动机进入打印头。在打印头内加热熔融，熔融树脂在丝材推力作用下送入喷嘴内部。与此同时，连续纤维通过纤维导管送入同一个打印头，穿过整个打印头在喷嘴内部被熔融树脂浸渍包覆形成复合丝材，浸渍后的复合丝材从喷嘴出口处挤出，随后树脂基体迅速冷却固化并黏附在工件上层，使得纤维能够不断地从喷嘴中拉出。同时，X—Y 运动机构根据截面轮廓与填充信息按照设定路径带动打印头运动，复合丝材不断从喷嘴中挤出并堆积，形成单层实体；单层实体打印完成后，Z 轴工作台下降层厚距离，重复打印过程，实现连续纤维增强复合材料三维构件的制造。采用该工艺制备的连续纤维增强复合材料，当纤维体积含量达到 28% 时，抗弯强度可达 390MPa，抗弯模量可达 31GPa。

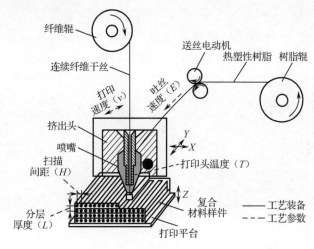

图 8.15　连续纤维增强复合材料增材制造原理

连续纤维增强复合材料增材制造技术常用的两种工艺为原位熔融浸渍挤出工艺和热塑性纤维预浸丝挤出工艺，两者各有优缺点。对于原位熔融浸渍挤出工艺，原材料采用纤维干丝且不需要进行任何预处理，扩展了原材料的兼容性。增强纤维（如碳纤维、芳纶纤维、玻璃纤维）均能与热塑性树脂材料结合作为原材料进行打印，不受材料种类限制。此外，该工艺还能够通过调节工艺参数实现纤维含量的动态调控。但该工艺仅靠喷嘴内部的压力及树脂的流动性来形成界面，喷嘴内部的压力有限，热塑性树脂由于具有较长的分子链使得熔融流动性较差，导致形成的复合材料界面性能较差，力学性能往往达不到最优的效果。对于热塑性纤维预浸丝挤出工艺，在制备预浸丝的过程中，螺杆挤出机内部产生的压力较大，熔融树脂在该压力作用下浸渍程度较高，再经过打印时喷嘴压力的二次浸渍，使打印的复合材料获得优异的界面性能及良好的力学性能。但预浸丝的制备过程比较复杂，成本较高，同时一种预浸丝只能用于某种特定热塑性材料的打印，因而限制了材料的种类。

8.4.3　连续纤维增强复合材料增材制造设备

1．一体式增材制造设备

Markforged 公司采用熔融长丝制造（Fused Filament Fabrication，FFF）工艺，成功将连续纤维增强树脂复合材料 3D 打印技术进行商业化推广，并生产了桌面式连续纤维 3D 打印机 Mark One 和 Mark Two（如图 8.16 所示）。该连续纤维 3D 打印机采用两个打印喷头，分别用于打印预浸连续纤维丝束和树脂丝束。打印时，首先在喷头内部加热熔融树脂材料，在送丝机构的作用下将其挤出并沉积在打印平台，之后将预浸连续纤维丝由对应的喷头打印并沉积到之前的树脂层，以此实现在打印过程中的材料复合。两个独立的打印喷头轮流工作，可以控制 3D 打印制件中的纤维含量和纤维取向。该设备可支持碳纤维、玻璃纤维、芳纶纤维及高温高强玻璃纤维等连续纤维增强复合材料的 3D 打印，制备的复合材料抗拉强度可达 800MPa，弹性模量可达 51GPa。

 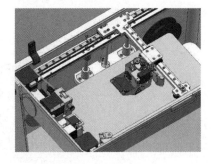

（a）Mark Two 打印机　　　　　　　　　（b）Mark Two 打印头

图 8.16　Markforged 公司桌面式连续纤维 3D 打印机

瑞士苏黎世的 9T Labs 公司开发了一种名为增材融合技术（Additive Fusion Technology，AFT）的三步制造工艺，使用具有成本竞争力的自动化工艺来制备连续纤维增强复合材料部件。该工艺流程从使用 Fibrify 设计软件进行设计和零件分析开始，然后通过在构建模块中沉积单向胶带细丝来制造连续的纤维增强预制件，随后将这些预制件放置在 Fusion 模块中进行压缩成形，最后通过固结而合并成预成形件，经过消除空隙，可输出轻质、高强度的形状部件。这种集成的工艺能够以最大的材料利用率和比制备金属零件更低的成本，连续生产具有大于 60%纤维体积分数和小于 1%～2%空隙率的零件。增材融合技术还可以实现复杂、精细的尺寸细节和非常精确的纤维方向控制，以实现承载能力、质量、制造速度和成本的定制优化设计。9T Labs 公司的连续纤维 3D 打印机如图 8.17 所示。

俄罗斯 Anisoprint 公司推出了连续纤维增强复合材料 3D 打印机 ProM IS 500（如图 8.18 所示），该打印机专为打印含连续纤维增强复合材料的耐高温热塑性塑料而设计。

该打印机配有一个用于打印高温聚合物（如 PEEK[①]或 PEI[②]）的加热室、自动校准、材料和打印质量控制，以及高精度的运动控制，支持工业接口。该打印机可以在没有工装或模具的情况下制造形状复杂的复合材料部件，且比相应的金属部件质量更轻、强度更高。Anisoprint 公司材料增强型塑料拥有 860MPa 的拉伸强度，而密度只有 1.4g/cm³，质量比铝轻一半，同时可以采用特殊的纤维铺放（以斜格形式），从而可以用最少的材料获得最优的性能。该打印机拥有 4 个可更换的打印头，用于打印复合材料和纯塑料，这样就可以根据客户要求，采用不同的复合材料（如碳纤维、玄武岩纤维）来对部件的不同区域进行加强。例如，PEEK 和 PEI 等材料可在该打印机上用作打印复合材料的基体材料，这极大地扩大了 3D 打印部件的应用范围，使其能够在较为严苛的环境中使用。

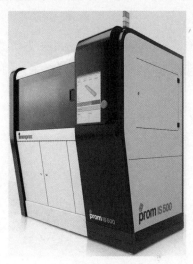

图 8.17　9T Labs 公司的连续纤维 3D 打印机　　　图 8.18　Anisoprint 公司的连续纤维增强
复合材料 3D 打印机

2．基于机器人的增材制造设备

硅谷技术初创公司 Arevo 长期以来专注于碳纤维复合材料的连续打印。该公司于 2015 年开发了一种基于激光的多自由度机械臂 3D 打印碳纤维的方法（如图 8.19 所示），该技术与设计软件相结合，实现了大型复杂的连续 CFRP（碳纤维复合材料）部件设计与打印。该公司核心产品 Aqua 2 3D 打印机系统主要用于打印大幅面连续碳纤维部件，打印速度是其前代产品的 4 倍，具有更强的竞争力。除了在软件和材料方面的突破，Arevo 公司还开发了一种基于激光的直接能量沉积 3D 打印工艺，激光束熔化刚加上去的聚合物细丝和上一层沉积打印的材料，形成液-液界面。同时，使用一个滚轴施加压力，将层与层之间的空隙率降低到小于 1%，达到消除分层横截面的目的。Arevo 公司的多轴机械臂式连续纤维 3D 打印机如图 8.19 所示。

---

① PEEK：聚醚醚酮。
② PEI：聚乙烯亚胺。

图 8.19　Arevo 公司的多轴机械臂式连续纤维 3D 打印机

美国 Continuous Composites 公司的双机械臂式连续纤维 3D 打印机在打印头中用液态热固性树脂原位浸渍连续干纤维，排出湿丝束，湿丝束在速熔聚合之前被固化。该公司于 2014 年推出首台双机械臂式连续纤维 3D 打印机（如图 8.20 所示），打印所需材料为各种干式连续纤维（包括电线和光纤），以及与阿科玛及其 Sartomer 子公司合作开发的速凝树脂。该技术有潜力重塑现有复合材料无人机、低成本复合材料航空结构的生产模式。

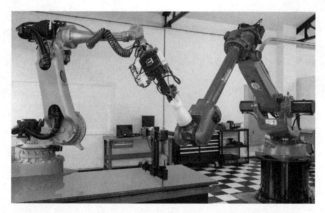

图 8.20　Continuous Composites 公司的双机械臂式连续纤维 3D 打印机

8.5　复合材料成形制造案例

8.5.1　碳纤维反射面天线制造案例

采用碳纤维复合材料制造的雷达天线，具有轻质、高强度、高刚度、耐腐蚀、高精度的特点。小型天线反射面精度可以达到 0.10mm（均方根误差），甚至更高，并可达到超低副瓣水平。因其具有质量轻的特点，特别受到机载、星载系统的青睐。对于星载反射面天线而言，其曲面精度和尺寸稳定性会直接影响天线增益，因此，天线反射面研制过程中，需保证其型面精度和尺寸稳定性。碳纤维反射面天线（如图 8.21 所示）主要由天线反射面、加强筋、角锥喇叭、连接法兰和下法兰组成。其中，天线反射面由碳纤维环氧面板、铝蜂窝芯和各种预埋件等零件，采用真空袋-热压罐法胶接成形工艺复合成蜂窝夹层结构，型面尺寸为 1000mm×600mm，采用碳纤维环氧预浸料按照铺层设计要求进行手工铺层，然后再按工艺要求进行模压成形；下法兰采用铝金属机械加工成形。最后，通过组装成形模对天线反射面、加强筋、角锥喇叭、连接法兰和下法兰 5 个部分定位，采用常温胶将其胶接成整体。

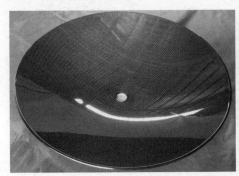

图 8.21　碳纤维反射面天线

夹层结构复合材料中的面板材料由导电材料制成。碳纤维不仅具有良好的导电功能，而且具有良好的力学性能，且沿高模量碳纤维轴向的热膨胀系数为 $-0.7×10^{-6}/℃$，而其垂直于纤维方向的热膨胀系数为 $23×10^{-6}/℃$。碳纤维具有明显各向异性特点，可通过工艺设计，满足各种天线反射面的性能要求。实践表明，碳纤维是天线反射面面板材料的理想选择之一。表 8.1 为卫星天线应用碳纤维增强复合材料的情况。

表 8.1　卫星天线应用碳纤维增强复合材料的情况

卫 星 名 称	天线反射器内容	主要材料/结构
美国国防气象卫星	精密天线反射器	Gy-70 石墨纤维/环氧
ERS-4 卫星	大型可展开式天线	碳纤维/环氧
RCA 通信卫星	整体式单壳反射器	碳纤维/环氧、Kevlar/环氧面板蜂窝夹层结构
国际通信卫星 V 型	喇叭天线、抛物面天线、太阳电池阵基板	碳纤维/环氧面板蜂窝夹层结构
美国应用技术卫星 F 型和 G 型	反射器桁架结构	Gy-70 石墨纤维/环氧
德国 TV-SAT 直播卫星	高精度天线塔	碳纤维/环氧
欧洲海事通信卫星	抛物面天线	碳纤维/环氧面板蜂窝夹层结构
法国电信 1 号通信卫星	抛物面天线及支架	碳纤维/环氧面板蜂窝夹层结构
日本 ETS-6 地球同步轨道卫星	舱体、半刚性轻型太阳能帆板、天线塔	碳纤维/环氧面板蜂窝夹层结构
日本 JERS-1 地球资源卫星	反射器桁架结构	碳纤维/环氧面板蜂窝夹层结构

8.5.2　玻璃纤维天线罩制造案例

1. 地面雷达天线罩

地面雷达天线罩大多为截球罩，结构对称，有时也使用圆柱壳罩。其特点是体积庞大，安装在地面上，工作频段为 0.3～3GHz，对材料的主要要求是介电性能和耐环境性能优良。

20 世纪 60 年代，我国开始研制地面雷达天线罩，于 1972 年研制出当时国内最大的天线罩，直径为 44m，采用蜂窝夹层结构，成为地面雷达天线罩的范例。20 世纪七八十年代，我国研制并生产了以介质空间骨架薄壁罩和金属空间骨架罩为代表的地面雷达天线罩 200 多个。20 世纪 90 年代之后，随着高性能雷达的相继问世，上海玻璃钢研究院和哈尔滨玻璃钢研究院相继推出 C 波段、P/L 波段和 S 波段高性能地面雷达天线罩。

地面雷达天线罩大多由复合材料制成，有的是金属框架与复合材料蒙皮组成的复合结构；有的罩壁由夹层结构复合材料制成，夹芯采用玻璃布蜂窝、纸蜂窝或泡沫材料，其蒙皮采用玻璃纤维增强的树脂基复合材料，早期以不饱和聚酯树脂基体手糊成形为主。近年来，由于对地面雷达测量精度要求的不断提高，对地面雷达天线罩的壁厚、树脂含量、表面状态、耐环境性等影响透波性的方面提出了更高要求，因此，地面雷达天线罩多采用预浸料铺贴或 RTM（树脂传递模塑）成形工艺，树脂基体多为环氧树脂和乙烯基树脂。地面雷达天线罩的透波性能随所采用的不同纤维、树脂的介电性能及罩体的设计等有所变化。考虑到运输及制造的方便性，大型地面雷达天线罩会被分割成若干板块，将这些板块连接起来就形成了整体的地面雷达天线罩，如图 8.22 所示。

图 8.22　地面雷达天线罩

2. 机载雷达天线罩

机载雷达天线罩是用于飞机雷达系统的保护罩，世界上最早的机载雷达天线罩是飞机上用的流线型机头罩。机载雷达起初多用于飞机自身的通信、导航和气象服务，随着科学技术的不断进步，机载雷达在军事上和民用领域都有广泛应用，如战场侦察、火控、制导、预警、指挥、导航、资源勘测、地图测绘、海洋监视、环境遥感等。预警机雷达天线罩如图 8.23 所示。飞机机头雷达天线罩如图 8.24 所示,其载机可以是歼击机、轰炸机、运输机、民用客机等。

图 8.23　预警机雷达天线罩

图 8.24　飞机机头雷达天线罩

　　用于机载雷达天线罩的材料除了要具备透过电磁波所要求的低介电常数和低损耗,还要求与载机性能相匹配的结构强度、耐温及耐环境性能,因此,其对树脂基体、增强材料及夹芯材料的选择比地面雷达天线罩更加严格。机载雷达天线罩所用的树脂基体的耐温要求是由载机的速度对外挂罩体的要求,以及雷达系统功率和内部温升两个方面决定的。对于运输机、客机的载机雷达系统,由于载机速度一般小于 2Ma,雷达以探测及预警功能为主,工作频段为 L～C 波段,对机载雷达罩的透波、承载要求中等,使用温度最高不超过 70℃。用于制造机载雷达天线罩的树脂基体多选用综合性能最优的环氧树脂,增强纤维则根据结构强度和介电性能要求选择无碱玻璃纤维、高强玻璃纤维、石英纤维或芳纶纤维。以波音 707 为载机的美国 E-3A 预警机(如图 8.25 所示),其背负式圆盘机载雷达天线罩采用了中温固化的 F155 环氧树脂,纤维是无碱玻璃织物。美国 E-2C 预警机(如图 8.26 所示)为舰载预警机,采用玻璃纤维增强环氧树脂基透波材料,对耐湿热、耐盐雾等性能提出了更高要求。中国预警机上使用的机载雷达天线罩采用了自主研制的中温固化的环氧树脂/高强玻璃纤维或石英纤维复合材料。

图 8.25　美国 E-3A 预警机

图 8.26　美国 E-2C 预警机

对于马赫数大于 2 的战斗机或轰炸机的机载雷达天线罩，如图 8.27 所示，其罩体结构强度和耐温性要求更高，同时由于雷达用于锁定目标和制导，对精确度要求更高。因此，对罩体材料的选择在介电性能、力学性能和耐温性方面均有更高的要求。目前，双马来酰亚胺、氰酸酯、聚酰亚胺树脂在国内外都有应用，其中，氰酸酯树脂由于耐温性好、介电性能优异而成为高性能机载雷达天线罩的主要材料。例如，美国 F-22 战斗机的机载雷达天线罩采用 DOW 化学公司的 Tactix XU71787 氰酸酯树脂，纤维为 S2 玻璃纤维。BASF 公司的 5575-2 氰酸酯/石英纤维预浸料用于制备 EF-2000 "台风" 战斗机的机载雷达天线罩。

图 8.27　F-22 战斗机的机载雷达天线罩

3．舰载雷达天线罩

舰载雷达天线罩与机载雷达天线罩相比，对罩体耐温性的要求降低，对耐盐雾、湿热、腐蚀等方面的要求提高。军舰一般用分米波扫描，以此来发现、跟踪目标；用厘米波锁定目标，为导弹提供准确的制导数据，对舰载雷达天线罩宽频透波性能要求比较高。目前，舰载雷达天线罩的材料以环氧树脂为主，增强纤维则根据雷达工作频段和性能要求的不同，选用无碱、高强玻璃纤维或石英纤维。舰载雷达天线罩如图 8.28 所示。

图 8.28 舰载雷达天线罩

4. 空载雷达天线罩

空载雷达天线罩主要指各种导弹、火箭或航天飞行器等使用的天线罩。由于有可能在高速和脱离大气层的空间应用，因此，空载雷达天线罩要耐受高温、辐射、粒子流等，有的还要具备一定的耐烧蚀性能。用于空载雷达天线罩的树脂基体多为氰酸酯树脂、聚酰亚胺、有机硅树脂。此外，酚醛树脂和聚四氟乙烯树脂由于具有优异的耐烧蚀性，应用在耐温要求非常高的火箭雷达天线罩上。俄罗斯已成功地将有机硅树脂应用在导弹、火箭及航天飞机上。空载雷达天线罩一般选用耐紫外线辐射、耐粒子流冲刷，且介电性能良好的高强玻璃纤维、石英纤维和高硅氧纤维作为增强材料。空载雷达天线罩如图 8.29 所示。

图 8.29 空载雷达天线罩

随着我国航空事业的发展，航空通信、机载卫星通信对宽频高性能雷达和透波材料的需求越来越迫切。长期以来，机载通信受到天线增益和通信容量方面的限制，只能作为窄带机务或者导航用途。为了能够接入全天域覆盖的卫星网络、满足移动通信的要求，需要研制高增益、具有自动跟踪能力的机载天线系统，而共形相控阵天线是一种较好的解决方法。

未来战争是高技术战争，即多手段、全方位、立体化的电子作战，"先敌发现、先敌进攻"是取得未来战争胜利的重要保障。日益复杂的战场电磁环境在频谱上表现为不断扩大的波段范围。工作频带由传统的雷达频带（0.5～18GHz）分别向两端延伸，高端向毫米波、红外和激光雷达方向发展，低端向 VHF（甚高频）、UHF（超高频）和 HF（高频）波段发展，扩展工作带宽是航空电子设备的发展趋势。电子战对宽带和超宽带天线罩的需求越来越迫切。结构透波复合材料构件需要同时作为承力结构和透波结构应用，因此，不仅要求结构透波复合材料具备良好的低介电、低损耗宽频透波特性，而且还需具有优异的力学性能和耐环境性能等。

现代军机电子分系统越来越多，相应的机载天线也越来越多。为了兼顾隐身特性，机载天线布局的区域非常有限，需要在飞机结构高度相对较低的机翼翼面前缘及机身翼面蒙皮等处布置天线，以实现定位、通信、导航、识别等功能。但机翼翼面前缘及机身翼面蒙皮等部位属于结构件，承受了较大的结构载荷，目前常规通用的透波材料和结构不能满足结构透波和承载要求，因此，宽频带和结构一体化应用要求发展新型高性能共形天线技术。共形天线的使用对结构透波材料的比强度、比刚度提出了更高的要求。

从雷达天线的发展方向可以推断，未来雷达天线罩的发展方向是超宽频带透波、高隐身和高超声速。为满足各类雷达天线罩的使用性能，必须加快雷达罩用透波复合材料的研发步伐。不仅要求材料的结构强度逐步提升，以实现构件承载、减重需求；而且要求材料的介电常数和损耗值越低越好，并在各种环境条件和宽广的频率范围内保持稳定，以实现宽频透波的功能要求；除此之外，还要求材料具备优良的工艺性能，适合现代化大生产的要求，以提高生产效率，降低制造成本。

根据国内外的研究现状，未来结构透波复合材料的研究热点将集中于以下几点。

（1）开展低介电常数的玻璃纤维、连续高硅氧纤维和空心高强度玻璃纤维等的研制，以及织物纺织工艺的研究，提高增强材料透波性能；开展高性能有机芳纶纤维、PBO（聚对苯撑苯并噁唑）纤维、聚酰亚胺纤维等的研发，在保证增强纤维低介电和低损耗的前提下，提高纤维的强度、模量及耐环境性能。

（2）开展氰酸酯树脂、双马树脂、聚酰亚胺等高性能基体树脂的改性或新的高性能树脂的合成研究，进一步降低树脂基体的介电常数与损耗，提高其力学、耐热和耐环境特性。

（3）开展高性能宽频高透波天线罩夹芯材料（蜂窝、泡沫、人工介质等）的研制，提高芯材的透波、耐温及力学特性。

（4）研究透波复合材料体系组分对湿、热及电磁波的响应特性，建立结构透波复合材料电性能变化对环境的响应特性模型，为雷达天线罩的一体化设计奠定基础。

（5）开展结构透波共形天线设计、材料与制造工艺基础研究，实现共形天线的工程化应用。

8.6 小结

本章首先介绍了高性能电子设备制造常用的复合材料，分析了不同复合材料的功能适用性及材料本身的可设计性；其次，介绍了纤维缠绕成形技术、自动铺放成形技术、热压罐成形技术等基本的复合材料成形技术，并分析了不同成形技术对复合材料构件质量、成本和性能的影响；最后，针对复合材料的高效、低成本制造，分别介绍了短纤维和连续纤维增强复合材料的增材制造工艺与装备技术，并给出了碳纤维反射面天线和玻璃纤维天线罩的增材制造案例。

[1] 陈祥宝. 先进复合材料技术导论[M]. 北京：航空工业出版社，2017.

[2] 邢丽英. 结构功能一体化复合材料技术[M]. 北京：航空工业出版社，2017.

[3] Y. Chen, L. Ye, H. Dong, et al. Lightweight 3D carbon fibre reinforced composite lattice structures of high thermal-dimensional stability[J]. Composite Structures, 2023, 304: 116471.

[4] C. Chen, L.Y. Gong, W. Jiang, et al. Light-trapping carbon nanotube forests in glass fibre-reinforced thermoplastic prepregs for efficient laser-assisted automated fibre placement[J]. Composites Science and Technology, 2023, 235: 109971.

[5] J. Louwsma, A. Carvalho, J.F. Lutz, et al. Adsorption of phenylalanine-rich sequence-defined oligomers onto Kevlar fibers for fiber-reinforced polyolefin composite materials[J]. Polymer, 2021, 217: 123465.

[6] V.R. Erik. Prescriptive comprehensive approach for the engineering of products made with composites centered on the manufacturing process and structured design methods: Review study performed on filament winding[J]. Composites Part B: Engineering, 2022, 243: 110093.

[7] C.M. Stokes-Griffina, S. Ehardb, A. Kollmannsbergerb, et al. A laser tape placement process for selective reinforcement of steel with CF/PA6 composites: Effects of surface preparation and laser angle[J]. Materials & design, 2016, 116: 545-553.

[8] K. Wang, X.P. Wang, J.Q. Gan, et al. A general method of trajectory generation based on point-cloud structures in automatic fibre placement[J]. Composite Structures, 2023, 314: 116976.

[9] 王显峰，张育耀，赵聪，等. 复合材料自动铺丝设备研究现状[J]. 航空制造技术，2018, 61(14): 83-90.

[10] A.J. Comer, D. Ray, W.O. Obande, et al. Mechanical characterisation of carbon fibre-PEEK manufactured by laser-assisted automated-tape-placement and autoclave[J]. Composites: Part A, 2015, 69: 10-20.

[11] M. Doddamani, H.S. Bharath, P. Prabhakar, et al. 3D printing of composites[M]. Singapore: Springer, 2023.

[12] R. McCann, M.A. Obeidi, C. Hughes, et al. In-situ sensing, process monitoring and machine control in laser powder bed fusion: a review[J]. Additive Manufacturing, 2021, 45: 102058.

[13] 刘腾飞，田小永，朱伟军，等. 连续碳纤维增强聚乳酸复合材料 3D 打印及回收再利用机理与性能[J]. 机械工程学报，2019, 55(7): 128-134.

[14] C. Hu, J.Q. Dong, J.J. Luo, et al. 3D printing of chiral carbon fiber reinforced polylactic

acid composites with negative Poisson's ratios[J]. Composites Part B, 2020, 201: 108400.

[15] W.L. Ye, W.Z. Wu, X. Hua, et al. 3D printing of carbon nanotubes reinforced thermoplastic polyimide composites with controllable mechanical and electrical performance[J]. Composites Science and Technology, 2019, 18: 107671.

[16] A. Ericsson, R. Rumpler, D. Sjöberg, et al. A combined electromagnetic and acoustic analysis of a triaxial carbon fiber weave for reflector antenna applications[J]. Aerospace Science and Technology, 2016, 58: 401-417.

[17] 轩立新. 雷达天线罩工程[M]. 北京：航空工业出版社，2022.

[18] W.X. Jiang, X.H. Zhang, D. Chen, et al. High performance low-k and wave-transparent cyanate ester resins modified with a novel bismaleimide hollow polymer microsphere[J]. Composites Part B, 2021, 222: 109041.

[19] 舒亚海. 舰载隐身天线罩现状及发展趋势[J]. 现代雷达，2020, 42(11): 10-14.

[20] A. Nag, R.R. Rao, P.K. Panda. High temperature ceramic radomes (HTCR)-a review[J]. Ceramics International, 2021, 47: 20793-20806.